2016 年 7 月，作者与巴基斯坦高级将领对话

2016 年 8 月，作者到北极哨所调研

2016 年 8 月，作者为边防部队授课

2016 年 9 月，作者参加武警部队警犬技能大赛

2017 年 3 月，作者参加第 244 场中国工程科技论坛（左为夏咸柱院士，右为范泉水少将）

2017 年 5 月，作者到山东公安消防基地授课

2017年9月，作者到某饲料公司参观（左为作者，右为海军某军犬队邹兴贵队长）

2017年11月，作者陪同某饲料公司领导参观女兵六连

2018年10月，作者参加武警部队"忠勇"警犬技能比赛仲裁

战犬诞生

——犬繁育关键技术问答

樊双喜　编著

中国农业出版社

北　京

作者简介

樊双喜，1965年出生，1982年入伍，河北井陉（祖籍山西平定）人，大校军衔。历任北京军区司令部军务装备部兵员处参谋、士官管理办公室主任、军务部副部长等职，现为《当代军犬》杂志社社长兼总编等。曾任中国工作犬管理协会理事、中国畜牧兽医学会犬学分会副理事长等社会职务。曾赴欧洲考察世界工作犬锦标赛、军（警）犬训练中心和搜救犬训练基地，代表我军军犬训练机构与巴基斯坦军队高级将领对话，多次观摩国内公安、武警、军队组织的犬比赛，多次受邀赴部队和地方讲学。作为项目负责人在我军正战区级领率机关首次建设集电子门禁、VR监控、智能调温、自动吹水于一体的新型犬舍；以第一完成人身份研制了军犬作战远程指挥信息系统，探索超视距遥控军犬实施红外侦察、精准搜救、智能攻击的路子。对部队管理和军（警）犬技术有30多年的理论研究和实践探索，在《解放军报》《中国工作犬业》等报刊网络媒体发表文章500余篇，主笔或与他人合作编写了《军队管理教育工作实践》《学管理用管理》《犬与国防》《军（警）犬搜爆与缉毒》等20余部专著。参加全军士官制度改革办公室工作，参与起草了《士官管理规定》等9部规章。多次被原北京军区司令部、政治部表彰为新闻报道先进个人、优秀共产党员，立二等功1次、三等功2次，获"第二届中国犬学杰出贡献奖"。

序一

　　这是一部尘封久远的战犬诞生秘史。从公元前4600年犬被用于军事活动算起，历经木石化、金属化、火器化、机械化、信息化5种战争形态，军事用犬作为战士的无言战友，是如何从狼的遗传基因孕育演变成现代的尖刀利器？本书将撩开军（警）犬身世的神秘面纱，让读者一窥究竟。

　　这是一部军（警）犬官兵在繁育战线默默无闻的工作记录。这些官兵常年摸爬滚打在产房，双手沾满了血水，衣裳沾染了腥气，鼻腔里始终嗅闻着羊水、粪尿和汗水的混合气味，他们既当"接生婆"又当"助产师"，既是"金牌月嫂"又是"家庭医生"，工作鲜为人知，此书将全面展现他们培育犬兵的酸甜苦辣……

　　这是一部引领社会依法养犬和科学育犬的工作指南。军人因为集合了人类最优秀的品质，所以被称为"最可爱的人"。军事用犬既具有狼的强悍智慧，又具有军队的特殊属性，它们勇敢顽强、吃苦耐劳、机警敏锐，有纪律、有速度、有担当，能在各种复杂险恶的环境中生存、繁衍、发展；它们绝对服从于军人的引导指挥，大敌当前，能够同仇敌忾，不畏牺牲，勇往直前；它们所拥有的军事品质和超强的生存战斗能力，无疑是社会各类犬中最优秀的代表。可以说，以军（警）犬的标准指导和规范社会犬繁育，必能繁衍与人类和谐相处的各类犬只，实现犬业界的"中国梦"。

中国工程院院士
军事科学院研究员　夏咸柱

2018年5月10日

不忘初心，为育犬官兵鼓与呼

《战犬诞生》，我是用三个晚上一口气读完的。说句不谦虚的话，我在四十年的军旅生涯中，大部分时间都从事军（警）犬事业，在全军和武警部队中是比较懂繁育的。本书的内容与我对军（警）犬繁育工作的印象和看法是高度契合的。当樊双喜同志请我作序时，我欣然同意。

一是站位高，视野开阔。军队"脖子以下"改革展开之际，许多人都在考虑自己的进退走留，作者却写出这样一本书，说明他情系军队建设，心系军（警）犬事业。本书的特别之处在于，军（警）犬繁育在部队军事斗争准备中所占的比重非常微小，而作者能够站在战区级高级领率机关层面，全面论述繁育工作对军（警）犬形成战斗力的贡献率，对我军和外军军（警）犬繁育的经验做法、矛盾问题、科研发展等情况综合分析、研究判断，像剥白菜一样由表及里把繁育工作全过程、各要素系统地解剖了一遍，读后不仅开阔视野，还有所思有所悟有所得。

二是角度新，内容丰富。书籍有没有市场，"内容为王"。这本书的独特之处主要表现在讲繁育的观点与众不同。我与作者认识已有10年时间，他长期从事士兵队伍和军（警）犬管理工作，为了写好这本繁育书，用了6年多时间搜集和整理资料，与带犬官兵面对面研究探讨，选取了部队最需要、官兵最关心的13个方面100多个问题研究思考、谋篇布局，很多观点和内容给人耳目一新的感觉。一本书能够吸引读者用心阅读并且融入工作，体现了作者思官兵之所想的高度、研读者之所需的深度。

三是语言活，文风纯朴。作者当过战士、排长和连队指导员，知道基层官兵最爱读什么样的书籍。作者也在战区级大机关工作过，撰写了大量的公文材料，在士官队伍建设和军（警）犬技术研究上成果很多，文笔很好。他为了把繁育这门纯技术工作写得活泼，让官兵读起来轻松，认真学习了遗传学、生物学、卫生学、运动学等诸多学科知识，尽量用年轻人时下流行的语言风格，把类似"文言文"的纯学术繁育问题，"活脱脱""短平快"摆在你的面前，既可以让专业人员把这本书当成工具书指导工作，也可以使非专业人员闲来无事慢慢"抠饬"、品味、消遣，潜移默化中提升全社会爱犬、育犬、管犬的水平，促进人与犬之间的和谐发展。

中国畜牧兽医学会犬学分会副理事长　范泉水少将

2018 年 5 月 10 日

犬在军事上的应用，可以追溯到相当久远的年代。

史前人类遗址的考古发掘研究表明，在旧石器时代的末期——距今大约 12 000 年前，人类就开始了对犬的驯化。公元前 4600 年，人类开始用犬围猎、看守牲畜，并开始用于军事活动。后来，人们就把专门训练用于执行军事任务的犬统称为"军犬"。

冷兵器时代，犬在军事上的应用比较简单，主要是扎营放哨、追逐穷寇、驻守城堡。到了近现代，人类创造性地把军犬应用到战地通信、伤员救护、前沿侦察、营地警卫、目标爆破等军事活动中，犬的身份由单纯的"武器"向"战斗员"转变。特别是在第二次世界大战期间，出现了侦察犬、警戒犬、通信犬、救护犬、探雷犬等，这种分化使得军犬作战功能发生质的转变。即使是在信息化作战的今天，军犬依然备受世界各国军队青睐。因此，军犬的发展史从一个侧面反映了人类的战争史，战场是军犬发展的起源。

从军犬的发展历史看，犬自被人类驯服用于军事活动以来，就与士兵如影相随，或身披战甲撕咬搏杀，或驻守城池警惕来袭，或深入敌后致命一击，或栉风沐雨守卫要塞……以其特有的忠诚智勇创造着战场奇迹，同时也在征服与捍卫的博弈中向人类传递着和平的信号。

虽然战争的硝烟未曾完全消退，但和平已然成为当今世界的主题。至此，军犬不再仅是交战双方的战争工具，而是更多地登上维护世界和平的舞台。它们超越了国别，积极活跃于人道主义援助和国际交流合作的众多领域，在灾害救援、清除雷患、反恐维稳、缉私禁毒等方面均有不俗表现，和人类共同守护着地球家园。

中华大地孕育古老文明，将犬运用于军事也有悠久的历史，一些兵书史册中多有记载。从我军 20 世纪 50 年代初期组建第一支军犬队算起，犬在我军的运用情况大体上与新中国建设发展的历程相同，走过了探索性发展、恢复性发展、系统化发展三个阶段，军犬在不同建设时期均发挥了重要作用。随着我军使命任务的拓展，军犬使用也由过去的目标警卫、边防巡逻，扩展到灾害搜救、处突维稳、缉毒检疫、特种作战、国际维和等更为广泛的领域，军犬大量配备于后方仓库、导弹阵地、机场码头、边防口岸等重要目标部位，已成为部队战斗力的重要组成部分，完成多样化军事任务的特殊力量。尤其是近年来，军犬在北京奥运会、60 周年国庆阅兵庆典、上海世博会等重大活动安保安检，汶川、玉树地震和舟曲泥石流等抢险救灾，巴基斯坦、伊朗、海地等国际救援任务中，均以其出色表现为军队和国家赢得了荣誉。

历史方位决定历史使命，当代中国军人的理想是实现"中国梦""强军梦"。要实现中国军犬事业的繁荣腾飞，必须紧紧抓住难得的发展机遇。应当看到，多样化军事任务的牵引、重大活动任务的磨炼、部队安全防范的需求等，都成为推动军犬工作发展的积极因素。

同时，当前世界军犬工作呈现出的编配规模扩大化、作战使用经常化、技术培训专业化、服务保障社会化的趋势，也为我军军犬建设发展提供了借鉴和参考。我军军犬工作必须紧跟军队和国家发展大势，抓住机遇，主动作为，从体制机制、技术支撑、配套建设、法规制度等层面全面推进军犬工作，实现建设世界一流军犬部队的梦想。

为了更好地为全军和武警部队军犬工作者服务，《当代军犬》杂志社在建社之际，就启动了《当代军犬系列丛书》编撰工作。编辑部同志充分利用杂志平台，查阅编译大量军内外文献资料，本着既具有历史纵深、文化内涵，又具有时代特征、实践价值的原则，集思广益，去伪存真，分类归纳。该丛书计划从《犬与国防——军犬的前世今生》编起，继之陆续编撰《军犬基础训练》《外军军犬训练资料集》《军（警）犬训法战法》《军（警）犬搜爆与缉毒》《军（警）犬搜人与搜物》等分册，尽最大可能把国内外、军内外育犬、驯犬、管犬、用犬的最新成果和经验做法呈现给广大军犬工作者和爱犬人士。我们期待，通过《当代军犬系列丛书》这个平台，更好地贯彻寓军于民、军民融合式发展思想，走出一条军队投入较少而繁育、训练、科研、管理水平较高的具有中国特色的军犬事业发展之路。

新一轮发展改革风起云涌，军犬事业建设时不我待。任何一项事业的发展进步都不可能一蹴而就，也不是某个部门、某几个人能够完成的，需要几代人的不懈努力和追求。毫无疑问，推动军犬事业建设发展既是全军和武警部队现役军犬工作者的应尽职责，也是广大民兵和预备役人员的责任，相信有大家的关注、参与和支持，军犬队伍必将在应对多种安全威胁、完成多样化军事任务中锻造成"能打仗、打胜仗"的雄师劲旅。

　　军（警）犬的繁育，是军（警）犬技术工作的基础，是养犬、驯犬、用犬工作的前提，也是实现育犬强军目标和驯犬强国梦想的根本保障。为中国武装力量提供数量充足、质量优异的各类犬，是军（警）犬繁育工作的出发点和落脚点，也是从事繁育专业人员的努力方向。

　　随着新一轮国防和军队改革的全面推进，全军和武警部队军（警）犬的编制和配备也发生了许多变化，除了边海防巡逻、重要目标警卫、反恐防暴维稳等传统用犬岗位外，战场搜救、前沿侦察、接力通信、特种作战等与现代军事斗争准备密切相关的领域也在探索军事用犬试验。信息化战争对军事用犬非常挑剔，要求非常严、标准非常高，既要不断挖掘其独特的嗅闻力、扑咬力、服从力和视听力，还要为其插上创新驱动的翅膀，培养适应多变的地理海洋气候、复杂的电磁频谱环境，锻炼搭乘车舰船和飞机、大纵深机降伞降、远程超视距指挥作战等新型能力，对军（警）犬的基因、品质和神经类型等综合素质要求也越来越高。为此，各级军事用犬领导机关和基层带犬官兵，高度重视军（警）犬繁育工作，坚持立足当前、着眼长远、军民融合、科技兴犬的原则，从军事斗争对犬要求最直接、最现实、最急迫的问题抓起，采取"请进来、走出去"两种方式，继续从国外引进世界一流的犬种，持续不断改善我国军（警）犬犬种结构；同时走军民深度融合发展的路子，凝聚军内外专业人才优势，有序开展同品系自交、两个及以上品系杂交和犬与狼回交试验，打造具有我国犬业特色、能够满足军事用犬需求的系列种犬品牌。卫生防疫和饲养管理是贯穿军（警）犬建设和管理全过程的一项工作，更是繁育工作成败的关键所在。从这个意义上说，抓繁育工作的同时必须抓卫生防疫和饲养管理。只有把卫生防疫和饲养管理工作做到位，培育新型犬种的目标才能实现。

近年来，笔者和同事们搜集整理了军内外有关繁育工作的信息资料，聘请国内顶级专家学者进行筛选和分类，遵循繁育工作的客观规律，认真吸纳繁育工作的新思想、新理论、新观点，积极借鉴繁育工作的新技术、新经验、新做法，全面系统客观地梳理了繁育工作面临的各种重点难点问题，提出了解决的途径和办法。同时，也对繁育工作涉及的饲养管理、卫生防疫、犬舍建设、犬用装具、幼犬训练进行了归纳和梳理。本书成稿后初定名为《军（警）犬繁育》，意为与《军（警）犬繁育员训练教材》相对应，起到辅助教学之作用。后来在征求有关专家意见时，多数人表示，本书中的内容虽然以繁育为主，但涵盖了饲养常识、卫生防疫、犬舍建设、幼犬训练、日常管理等内容，书名可定为《战犬诞生》，可以比较完整地体现军（警）犬在投入军事斗争准备前，繁育工作者所进行的全部工作。所以这本书定名为《战犬诞生——犬繁育关键技术问答》。

本书内容按照培育战犬的先后顺序依次展开，以问答的形式逐个提出解决矛盾问题的钥匙或方案。第一部分先从犬的起源谈起，依次介绍军（警）犬的概念、品种、分类和来源等，让读者对培育战犬有基本了解；第二部分从繁育员的任职资格谈起，读者可以了解繁育员承担的工作任务和培训内容、发展方向等；第三至第五部分详细阐述了种犬、选配、妊娠三个繁育工作最关键阶段的各项工作；第六、七部分讲解了饲料和喂养如何做到保证安全、科学饲养和因犬饲喂；第八至十三部分分别论述疫病防治、犬舍建设、幼犬训练、日常管理、科学研究、繁育咨询等与繁育工作密切相关的工作。全文采取由远及近、由浅入深的写作方法，力求把繁育员日常工作中遇到的最普遍、最难解决的矛盾问题提出来，逐一解答。

　　本书讲的虽然是军（警）育犬，但是繁育工作本身是一项技术工程，是非常典型的军民两用技术，社会各类犬包括海关、检疫、公安等系统以及家养的宠物犬，都可以参照本书进行繁殖和培育工作实践。

　　大千世界，形形色色的动物都有它们各自的生存方式，而人类把各种各样的方式加以归纳和总结，运用到犬的繁育和培训上，就使得犬特别是军（警）犬能够站在动物之巅，成为真正的兽中之王。笔者相信，军（警）犬繁育技术必能借助"互联网＋"这个平台，飞出军营、走向世界，引领全社会关注育犬，实现繁育工作大繁荣大发展。

目录

一、军（警）犬历经冷兵器和热兵器时代的磨炼，被誉为真正的"兽中之王"

1. 何谓犬？为什么说犬是从狼演变来的？

据考古专家研究发现，"犬"字产生在甲骨文或更早的年代，至少有 5 000 年的历史了，"犬"是此物种的原始称谓。关于犬的起源问题，各国的动物学家们做了大量的研究考证，比较一致的意见认为犬的祖先系不同地理群体的狼。大约 14 000 年前，人类开始把捕捉到的小狼崽带回家驯养，经过不断进化和训练，逐渐由"野狼"（图1-1）变成"家狼"，又经过驯化，"家狼"变成"犬"。犬作为狼的

图1-1　野狼

后裔，至今仍然保留了狼的特性，如用尿液和爪子上的臭腺划分势力范围，用嗥叫来呼唤同伴，服从头领、掩埋食物等。

2. 什么是军犬、警犬、战犬？

早在公元前 4600 年，犬就被人类用来从事军事活动，后来人们把专门训练用于作战的犬称为军犬，专门用于警戒护卫的犬称为警犬，把军犬和警犬统称为战犬。军（警）犬历经冷兵器、热兵器两大战争时期和木石化、金属化、火器化、机械化、信息化五种战争形态，在军事斗争准备中，创造出让人类惊

叹不已的各种奇迹。

从狭义上讲，严格按照《中国人民解放军军犬工作规定》来定义，军（警）犬是指纳入部队编制，用于执行作战、警戒、巡逻、搜爆、防暴、刑侦、救援等军事任务和繁育、训练的犬。从广义上讲，凡列入解放军和武警部队编制的犬，或者在国家公安、安全司法等领域担负治安巡逻、警戒看守、刑事破案等任务的警犬，统称军（警）犬。现实生活中，有许多基层部队也养犬，用于边防执勤和重要目标警卫等，尽管没有编制，但是也在部队建设中发挥了重要作用。军（警）犬（图1-2至图1-4）是

图1-2 军犬

部队的一种特殊装备，是军队战斗力的组成部分，是不可替代的军事力量资源。

图1-3 武警警犬

图1-4 公安警犬

3. 军（警）犬为什么被称为"兽中之王"？

我们在这里之所以说军（警）犬是"兽中之王"，主要有以下三个理由：

(1) 犬与老虎、狮子比

犬是人类驯化的第一种动物。在上古时代，人与野兽互为猎物，人的自身安全得不到保证。自从狼被人类驯化成犬后，人类的聪明才智与犬的勇猛威武完美结合，使人类具备了征服虎、狮等其他兽类的先决条件和能力，主人在犬

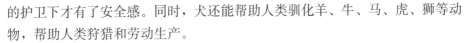

的护卫下才有了安全感。同时，犬还能帮助人类驯化羊、牛、马、虎、狮等动物，帮助人类狩猎和劳动生产。

（2）军（警）犬与其他犬比

军事斗争是你死我活的竞争领域，集合了最优秀、最先进、最可靠的兵力兵器。军（警）犬作为军事斗争不可或缺的重要元素，在理解人的意图、与信息化武器的结合、执行命令的坚定性等方面，都明显优于其他犬。军（警）犬的打仗属性，使其比其他犬更能够适应高原、海岛、丛林，以及复杂气候环境，在炮声隆隆、腥风血雨的战场上能攻善守、进退自如。

（3）军（警）犬与在军中服役的其他动物比

目前在军队和武警部队中还有军马、军驼、军鸽、大象、海豚等，都被称为军人的无言战友，但军（警）犬以其忠诚、聪慧和勇于牺牲的综合品质，在军队动物之中位列第一，即"兽中之王"。

4. 军（警）犬有哪些品种？

目前世界上各国使用的军（警）犬大约有 7 个品种：德国牧羊犬、马里努阿犬、罗威纳犬、拉布拉多犬、杜宾犬、昆明犬和史宾格犬。其中，德国牧羊犬、马里努阿犬占 80％左右。

（1）德国牧羊犬

德国牧羊犬（简称"德牧"），别名德国黑背，即人们常说的——德国狼犬（图 1 - 5）。德国牧羊犬分为工作系和展示系两类，这两类在性格上有很大差异。①展示系德牧：更注重其外观，即通常说的"Show Dog"，是目前国内比较多见的一种；②工作系德牧：顾名思义更注重其工作性，即"ONE ONE DOG"，颜色有太极色、狼灰色、黑色等，它们敏捷且适合动作式的工作环境，能够完成各种任务。在第一次世界大战期间被德军募集，作为军

图 1 - 5　德国牧羊犬

（警）犬服务于部队，由德军取长补短培育后，基本定型。因其体型高大、外观威猛且具备极强的工作能力，而以军犬、警犬、搜救犬、导盲犬、牧羊犬、观赏犬，以及家养宠物犬等多种身份活跃于世界各地。

【体型外貌】德国牧羊犬体型适中，有轻微的延展性；强壮，有强健、发

达的肌肉和骨骼；结构紧凑和谐。公犬的理想肩高 61～66 厘米，母犬的理想肩高 56～61 厘米。体长必须超过体高，超出幅度 10%～17%。

【繁殖性能】母犬的发情周期 4.5～5 个月，最多不超过 6 个月。母犬的发情期与季节、天气、环境、气候有很大关系。总体来说，最理想的配种时间是母犬发情的第 12 天，有个别的母犬发情时间只有 12～14 天。有些犬可以在发情的第 6～7 天配种，有些犬在发情的第 16～17 天前不会让公犬靠近，所以没有固定的规律。每窝产仔数一般为 2～15 只，平均为 8 只。

【饲养管理重点】德国牧羊犬生长发育速度很快，因此保证营养至关重要。由于幼犬的器官没有完全发育成熟，无法吸收过量营养，吃得太多容易导致肠炎等消化问题，所以饲料应比较精致并做到少食多餐。同时注意给予幼犬充足的休息和睡眠时间。德国牧羊犬体型较大，必须给它多些活动空间。

(2) 马里努阿犬

马里努阿犬（图 1-6）原产于比利时。神经类型多为活泼型和兴奋型，具有兴奋性高、胆大凶猛、警觉性高、攻击性强、探求反射强、对物品的衔取欲望强、天资聪颖、记忆力好、反应灵敏、精力极为旺盛、耐力持久、弹跳力好等优点。但对陌生人的防御反射较强，不容易接近。

图 1-6　马里努阿犬

该品种犬在国际上得到了最广泛的使用和发展。它与传统的工作犬德国牧羊犬相比，速度更快，耐力和爆发力更强，兴奋性和敏捷程度更好。因此，该品种犬作为工作犬具有比其他犬种更大的优势。尤其是在发达的欧洲国家，如法国、荷兰、比利时等，马里努阿犬已成为警方的主要工作犬，被广泛应用于追踪、缉毒、警戒、安检、护卫、押解等方面。在美国被普遍用于搜索、护卫等。

【体型外貌】马里努阿犬的头部轮廓分明、结实；眼睛呈杏仁形、褐色，眼球中等大小、不突出；耳朵自然直立，近似一个等边三角形；吻部与额部等长；嘴唇紧凑，呈黑色；牙齿均匀排列，为剪式咬合或钳式咬合；从鬐甲到髋关节，背线平直而流畅；臀部中等长并逐渐变细；胸深而不宽，最低点达到肘部；腹部深度中等，有明显的收腹；尾根结实，尾尖达飞节；肩部长而倾斜，紧贴身体，并与上肢形成一个明显的角度；腿直、强壮，彼此之间相互平行，后躯与前躯相协调；大腿肌肉发达，后肢比较直，强健而有弹性；被毛短，直

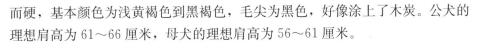

而硬，基本颜色为浅黄褐色到黑褐色，毛尖为黑色，好像涂上了木炭。公犬的理想肩高为 61～66 厘米，母犬的理想肩高为 56～61 厘米。

【繁殖性能】公犬初情期 12～14 月龄，初次配种适宜时间 18 月龄；公犬性欲旺盛，性反射强，精子密度高，可常年配种。母犬性早熟，初情期 8～12 月龄，4～6 个月为一个性周期，初次配种适宜时间 18 月龄，发情期平均为 12 天，妊娠期为 58～62 天。母犬发情无季节性，春秋两季较多。繁殖性能好，母犬受胎率高、窝产仔数多、母性强，仔犬成活率高。

【饲养管理重点】马里努阿犬的弹跳爆发力令人吃惊，优秀的甚至可以爬树，轻而易举地越过 3 米高的墙，因此，犬舍必须加高护栏。

(3) 罗威纳犬

罗威纳犬（图 1-7）原产于德国，俗称"大头犬"。该品种犬具有适应性强、耐粗饲、遗传性能稳定、体格高大等优点。作为军（警）犬一个主要的品种，罗威纳犬以其工作能力强、刚毅凶猛等特点而被军（警）界认可。

图 1-7 罗威纳犬

【体型外貌】成犬的体质坚实粗壮，结构匀称，颅骨宽，头大，耳根高，口鼻突出部发达，耳呈三角形下垂，肋骨深，腿强壮有力，眼呈杏仁形，全身肌肉丰满紧凑，毛短并且紧贴体表，毛暗褐色。公犬的理想肩高为 61～68 厘米，母犬为 56～63 厘米。

【繁殖性能】罗威纳犬原种犬，一代、二代犬繁殖性能方面的差别并不明显。其性成熟一般在 8 月龄左右。母犬一年四季均可以发情，发情率在 1—3 月是 28.57%，4—6 月是 19.6%，7—9 月是 25.25%，10 月至翌年 2 月是 26.58%。平均发情间隔（不包括妊娠期 60 天）为 153.75 天。发情征兆与德国牧羊犬相比，其阴户充血肿胀更为明显，性反射更强，但是阴部的红色分泌物极少，这在发情鉴定上必须要注意。母犬的平均窝产仔数是 6.45，受胎率为 79%。公犬的精子活力平均是 0.85，射精量 13 毫升左右。

【饲养管理重点】通常用牛肉、大米、鸡架骨或是排骨、盐、适量的蔬菜等煮成半流动性熟饲料。其中，牛肉 24%，鸡架骨（或排骨）32%，大米 43%，盐 1%。3 月龄以上的幼犬一天要饲喂 2 次；3 月龄以下幼犬一天应当饲喂 3～4 次。每次的采食量为其胃容量的八成，并且保证充足饮水。熟饲料的水分含量是 82%，蛋白质的含量是 3.13%。

(4) 拉布拉多犬

拉布拉多犬（图1-8）原产于加拿大，是一种中大型犬类，个性忠诚、温和、活泼、忍耐力强，容易训练，智商极高，对人很友善，对繁育员略依赖，是非常适合被选作经常出入公共场合的导盲犬、缉毒犬、警犬、搜救犬和其他工作犬的品种，它也适合成为一个家庭伴侣，与哈士奇、金毛犬并列为三大无攻击性犬类。在美国犬业俱乐部中，拉布拉多犬是目前登记数量最多的品种。

图1-8 拉布拉多犬

【体型外貌】肩高为公犬57～62厘米，母犬54～60厘米。一般体重为公犬27～34千克，母犬25～32千克。头部清爽且线条分明，宽阔的头顶使脑袋看起来颇大。耳朵适度垂挂在头部两侧，略靠后。眼睛大小适中，颜色多为棕色、黄色或黑色，神态十分善解人意。颈部长度适中，不太突出。肋骨扩展良好，两肩较长、稍具斜度。胸部厚实，宽度和深度良好。前脚自肩膀以下至地面挺直，趾头密实拱起。后脚踝适度弯曲，四肢长度适中，与身体各部位均衡配合。有黑色、黄色、巧克力色和米白色4种颜色，最稀有的是巧克力色和米白色，除此之外的其他任何颜色或者组合色都是不纯的。

【繁殖性能】拉布拉多犬约12月龄达到性成熟，18月龄体成熟，达到体成熟即可交配繁殖。每年春季与秋季发情两次，妊娠期为58～65天，每胎产仔4～6只。

【饲养管理重点】拉布拉多犬是容易发胖的犬种，所以喂其肉类食物应适量，另外要保证每天让拉布拉多犬进行2～3小时的运动。它们除了需要足够的食物和饮水之外，更需要主人的关心与呵护。

(5) 杜宾犬

杜宾犬（图1-9），也称为笃宾犬，原产于德国，它是根据培育这一品系人路易斯·杜宾曼先生的名字命名的，是所有品系中极富智慧且身体结构最为优秀、气质最为高贵的一种。杜宾犬是军、警常用的犬只，同时国内也有部分人将未剪耳、断尾的杜宾当做猎犬使用。

图1-9 杜宾犬

【体型外貌】耳朵始终保持立起，眼睛暗褐色、中等大小、椭圆形，鼻端黑色，胸深厚，腹部收起。四肢细长有力，弹跳力好。又细又长的尾巴向下垂坠着，有点像军刀。有些杜宾犬断尾后，尾大约只保留 5 厘米的长度。胆大，性格敏感、坚决、果断，好撕咬。理想肩高公犬为 66～71 厘米，母犬为 61～66 厘米。

【繁殖性能】母犬发情时，身体和行为都会发生特征性变化：主要表现为行为改变，兴奋性增加，活动增加，烦躁不安，叫声粗大，眼睛发亮，阴门肿胀、流出伴有血液的红色黏液，频频排尿，举尾拱背，喜欢接近公犬，常爬胯公犬等。每次发情持续 5～12 天，平均 9 天，少数可达 21 天。

配种的最佳时间应在母犬阴部流血后的第 12～13 天。一定要在母犬交配欲最强，发情征兆最明显的时候交配。配种次数以 2 次为好，即初配和复配。两次相隔的时间以 24～28 小时为宜，以免影响胎儿的发育。

【饲养管理重点】杜宾犬耐热、怕冷，适合城市生活。被毛短，不需要经常梳理。容易训练，但不容易与别的犬相处。易出现臀部发育异常、心脏问题和患气胀病、一种被称为 WILLEBRAND'S 的血液异常疾病。最重要的是耳朵方面的问题，杜宾犬是要求做剪耳的，剪耳做得如何决定了这只杜宾犬的相貌与气质。杜宾犬做立耳手术的最佳时期是 2 月龄、体重达到 6 千克以上的幼犬。年龄太大或者过早，手术都是有危险的。另外，体质太弱的犬只，手术对它们来说也可能有致命的危险。手术后的校绑竖立阶段是决定立耳手术成败的关键环节。

(6) 昆明犬

昆明犬（图 1-10）是我国自主培育的犬种，共有狼青、草黄、黑背三种颜色品系。1953 年开始选育，1964 年培育成功，1991 年荣获国家科技进步二等奖、军队科技进步三等奖。由于是在我国西南地区昆明繁育的，所以被称为"昆明犬"。被广泛使用于边防巡逻、侦察破案、侦查毒品和爆炸物，也可用作单位和个人的护卫犬。它适应于各种气候，尤其是高原立体气候，在鉴别追踪与扑咬等方面具特色。

【体型外貌】体型中等，结构匀称，体质细致结实。头部呈楔状，外形轮廓明显，皮薄；脸部稍长，鼻梁平直，鼻镜黑色；眼呈杏仁形，暗褐色和杏黄色；耳自然直立，前照，大小适中，运动灵活；牙齿剪状咬合；颈稍长；胸深而稍窄，背腰平直，胸部向后经腹部升高，腹围小；体躯接近方形；前肢直立，后肢稍向后弯曲（飞节角度为 148°）；四肢细、关节强健，前后肢多有狼爪；肩和体高相等或略低于体高，尾形为剑状，个别为钩状，长而自然下垂，但不低于飞节，兴奋时翘

图 1-10 昆明犬

起高于背腰水平线。肩高公犬 60～67 厘米，母犬为 52～62 厘米。

【繁殖性能】

公犬：初情期 11～14 月龄，初次配种年龄 24 月龄。性欲旺盛，性反射强（交配次数为每年 100 次左右），可常年配种。精子密度高，活力在 0.7 以上。

母犬：初情期 8～11 月龄，4～6 个月为一个性周期。适宜初配时间 18 月龄。发情期平均为 12 天，妊娠期为 58～62 天。母犬发情无明显季节性。母犬受胎率 80% 以上，窝平均产仔数 8 只以上，仔犬 2 月龄成活率 85% 以上。

【饲养管理重点】昆明犬对高原气候、严寒环境及高温均有较强的适应性，饲养管理与德国牧羊犬相似。

（7）史宾格犬

史宾格犬（图 1-11）又称英国激飞猎鹬犬，曾被认为是欧洲猎人理想的伴侣，显得时尚、匀称、平稳而热情，属于彻底的运动犬，带有明显的猎鹬犬的特征。在家对主人极有感情，性情良好，忠诚，能积极而准确地搜寻猎物并衔回家，可用于各种场所，尤其用于茂密荆棘地带狩猎，也可用作伴侣犬，目前被广泛用于警界、海关等搜查毒品及爆炸物品。

图 1-11　史宾格犬

【体型外貌】其体形匀称、强健、紧凑，头宽，稍呈圆形，嘴唇丰满，上下颌强健，鼻孔充分展开，眼睛暗褐色随毛色而定，耳朵紧贴着头，颈强健而肌肉发达。体格灵活，能以合理的速度在粗糙地面上工作，它的结构显示出其忍耐力。大小适中，公犬的理想肩高是 50.8 厘米，其体重约为 22.85 千克；母犬为 48.3 厘米，体重约为 18.14 千克，比理想标准高或低出 2.5 厘米以上则是缺点。身长（从肩端到臀端的长度）微大于肩高。骨骼良好，连接牢固，骨发达、稳健。

【繁殖性能】公、母犬初配年龄以体成熟为基准。母犬 1.5 岁、公犬 2 岁为宜。应防止未成年犬过早配种繁殖，影响其种用价值。由于种公犬交配时体力消耗大，故种公犬要有良好的体质，旺盛的性欲。一只公犬在一年中的交配次数不能超过 40 次，两次交配至少要间隔 24 小时以上，在时间上要尽可能均匀地分开进行。

【饲养管理重点】史宾格犬具有友好、快乐、勇敢、谨慎的特点，性情良好、忠诚，易驯化和愿意服从。史宾格犬对饲料的消化吸收能力很强，国内外

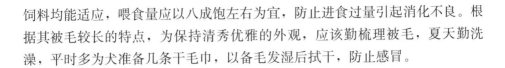

饲料均能适应，喂食量应以八成饱左右为宜，防止进食过量引起消化不良。根据其被毛较长的特点，为保持清秀优雅的外观，应该勤梳理被毛，夏天勤洗澡，平时多为犬准备几条干毛巾，以备毛发湿后拭干，防止感冒。

5. 军（警）犬如何分类？

军（警）犬通常分为种犬、幼犬、训练犬、使用犬四种。

担负繁育任务的犬称为种犬；由部队自主繁育、年龄尚幼、尚未投入专业训练的犬，称为幼犬；由军（警）犬繁育训练单位组织进行专业训练的犬，称为训练犬；经过专业训练考核合格、按照编制配备部队，担负作战、执勤、教学等任务的犬，称为使用犬。

6. 军（警）犬的服役年限是多少？

犬的寿命一般为10～15年，军（警）犬的服役年限按照驯养和使用过程区分：① 仔犬是3月龄（断奶）以内的犬；② 幼犬是指满3～6月龄的犬，有的品种可延长至8月龄；③育成犬是指6（8）～18月龄（体成熟）的犬；④成年犬一般是指18月龄以上的犬。外军通常是在犬满1岁以后才开始进行正规科目的训练，我军通常在6～8个月就开始投入训练，1.5～7岁为服役期。军（警）犬服役的最高年龄确定在7岁（图1-12），少数体

图1-12　军犬退役

质弱、性能退化的军（警）犬可以报批提前退役，体质好、能力强的还可以延长至9岁。种犬的使用年限，母犬不超过6周岁，公犬不超过7周岁。

7. 军（警）犬有哪些来源？

目前我国武装力量军（警）犬的来源主要有以下几个渠道：①从国外引进种犬；②从国内购买种犬或训练犬；③军队与地方采用军民融合方式联合培育新型犬种；④部队自行繁育和训练后配发的犬。

二、繁育员是母犬分娩时的"接生婆"，
也是照料母幼犬的"金牌月嫂"

🐕 8. 什么样的人才有资格担任军（警）犬繁育员？

专门从事军（警）犬繁育工作，负责种犬的挑选、配种，孕犬的护理和仔幼犬的接生、饲养，哺乳犬的护理，种犬和幼犬的训练、疾病防治的军官、士兵或文职人员，要求热爱军（警）犬繁育事业，经过有关院校或训练机构专门培训，取得上岗资格（图2-1）。

图2-1 军（警）犬繁育员

🐕 9. 军（警）犬繁育员应接受什么科目培训？

军（警）犬繁育工作是一项年复一年、日复一日的周期性、基础性工作。按照部队有关规定，繁育员应接受半年以上的专业技术培训，学习军（警）犬饲养、管理、疾病防治、繁育和幼犬培训等内容，分为理论知识和操作技能两部分进行考核。

🐕 10. 军（警）犬繁育专业士兵如何取得国家职业技能资格证书？

按照中国人民解放军和中国人民武装警察部队关于军（警）犬专业士兵职

业技能鉴定的规定，从事军（警）犬繁育的人员，应按照国家职业标准和部队军（警）犬专业鉴定考核大纲，由授权的军（警）犬专业士兵职业技能鉴定机构对军（警）犬繁育员必需的理论知识和操作技能进行考核与认定，这是评价繁育专业士兵能力素质的重要制度，是选拔使用繁育员、确定繁育员相关待遇的重要依据。军（警）犬专业士兵分为初级技能、中级技能、高级技能和技师、高级技师五个等级，鉴定通常每年一次，结合老兵退役或专业培训结业时进行，由部队主管部门颁发国家职业技能资格证书。

11. 军（警）犬繁育员能服役多长时间？

根据国家和军队有关军官、士兵和文职人员服役规定，从事繁育专业的军官，分为初级、中级、高级3个专业等级，其中取得高级技术等级资格的，可以服役至退休；取得中级技术等级资格的，年龄满50岁或军龄满30年的可以退休；达不到退休条件的中、初级技术等级资格的，可以按照政策规定选择计划安置、自主择业、复员等方式退出现役（图2-2）。从事繁育专业的士兵，分为义务兵、初级士官、中级士官、

图2-2 繁育员退役

高级士官4个层级，其中高级士官可以服役至退休；中级士官原则上服役12～16年后安排转业；初级士官和义务兵原则上分别服役8年、2年后安排复员。从事繁育专业的文职人员，每3～5年签订一次合同，经考核合格的可以连续录用，工作至退休。

三、种犬是军（警）犬的"极品"，繁育基地称得上"军犬的摇篮"

12. 为什么说遗传基因是犬繁育后代的关键？

凡是生物都能把本身的形态结构、生理活动和生化代谢等性状传给它的后代，这就叫做遗传。遗传的物质基础是基因。基因是具有遗传效应的 DNA 片段，支持着生命的基本构造和性能，储存着生命的种族、血型、孕育、生长、凋亡等过程的全部信息。遗传分为平等遗传、特异遗传、归先遗传和变异遗传。选择优良的品种和采用科学的育种方法，是获得优良仔犬的关键。

1）平等遗传　是犬繁育的常见形式。两个亲代的形态和性质同时出现或混合出现，叫做平等遗传。如灰色的公犬和黑色的母犬交配后，生出黑灰颜色相间的犬，这是同时出现。如果生出深黄色的犬，就是混合出现。

2）特异遗传　在犬繁育中不常见。偏传两个亲代的形态和性质之一或是其一体，叫做特异遗传。比如一只青色的公犬和一只黑色的母犬交配后，其产出的所有仔犬不但都是公犬，而且也都是青色的，这就是偏传相亲形态和性质之一的反映。又如一只舌上有黑斑的母犬所生仔犬舌尖也带黑斑，这也是特异遗传。

3）归先遗传　在犬繁育中属于个例。二、三代以上甚至数十代前的形态和性质，忽然出现在后代身上，这叫做归先遗传。例如，有的公犬、母犬都是短毛，交配后所生仔犬中突然发现有长毛的，这是因为他们的先代中曾有过长毛的缘故。

4）变异遗传　在犬繁育新品种时有特殊作用。动物的遗传性是把本身的形态和性质遗传给后代，但是有的由于外界条件的变化或育种方式的不同，就会产生变异，甚至完全不像它的亲本。一代有变异，传给下一代，时间越长，变异越大，最后就产生一种新的品种。在犬育种工作中，应充分利用生物的遗传和变异，改善犬的品种质量。

13. 犬的生殖器官有哪些功能？

(1) 公犬的生殖器官

公犬的生殖器官由睾丸、附睾、阴茎、阴囊、输精管、尿生殖道、前列腺等部分组成。

睾丸：作用是产生精子，通过输精管射精。精子形状似蝌蚪，是肉眼看不到的极微小细胞，精子在精液中能浮游，交配时精子射出，通常能在母犬子宫内生存4周，最长可达8周，每毫升精液有精子10万个以上。

附睾：精子成熟和存储的地方，位于阴囊内。

阴茎：交配器官，其中有一部分是尿生殖道。阴茎有弹性，其体积增大和伸张时称为勃起。

阴囊：为一袋状囊腔，内藏睾丸、附睾和部分精索，垂于体外，可使睾丸的温度低于体温。

输精管：开始于附睾，结束于尿生殖道，主要作用是输送精子。

尿生殖道：是犬尿液和精液排出的共同通道。

前列腺：产生分泌液，增强精子活力。

(2) 母犬的生殖器官

母犬的生理器官由卵巢、输卵管、子宫、阴道等部分组成。

卵巢：位于腰的下部，共两枚，呈椭圆形，有产卵和分泌功能。

输卵管：是连接卵巢与子宫的管道。滤泡在卵巢内成熟后，通过输卵管进入子宫角。

子宫：是孕育胎犬的地方，通过分泌激素调控母犬的发情周期。向前与输卵管相连，向后通入阴道，犬的子宫很短，而子宫角很长，从外形上看似Y形。

阴道：是阴户通向子宫的通道，黏膜多，并富有弹性。

14. 什么是犬的体成熟与性成熟？

不同犬的品种和个体之间体成熟和衰老的时间不完全相同，性成熟早于体成熟。

（1）体成熟

体成熟是指犬的生长发育停止，组织器官的功能已经发育完善。不同的品种、个体间的体成熟时间是有差异的。通常母犬的体成熟时间在 18 月龄左右，公犬的体成熟时间在 24 月龄左右。小型品种的犬体成熟时间稍早于大型品种的犬。按照繁殖技术规范的要求，体成熟以后才能投入繁殖，否则会影响个体自身的发育。同时也不利于胎儿的发育和分娩。

（2）性成熟

出生后的公、母犬发育到一定时期，并始表现出性行为，具有第二性征，生殖器官成熟，母犬排出能够受精的卵子，公犬产生具有受精能力的精子，具备生殖能力，即性成熟。性成熟意味着犬生殖系统的功能已经基本发育完善，具备了繁衍后代的能力。母犬的第一次发情称为初情，被看做是性成熟的标志。

性成熟的时间，在不同的品种、个体间，不同的生活环境条件下是有差异的。通常小型犬的性成熟时间早于大型犬，在 6～10 月龄达到性成熟，而大型犬在 8～12 月龄。通常都是在母犬第二次发情、公犬 2 岁时才参与繁殖活动。

公犬性成熟稍晚于母犬。影响性成熟的因素很多，群养犬早于单独饲养的犬，饲养管理条件良好的犬早于饲养管理条件差的犬，体质好的犬早于体质差的犬；无不良应激的犬早于有不良应激的犬；另外还与犬的遗传因素有关。

15. 什么是犬的性行为？

性行为是成熟犬的一种行为表现，是一系列两性接触中的常见现象，它关系到配种的成败及效果的好坏。公犬的性行为不受季节和时间的限制，而母犬只有在发情期才有交配欲。它们都有各自的表现形式，双方协同作用才可以保证有效的配种结果。这种行为是由机体内部和外部的特殊刺激因素相结合而引起的一种正常生理反应，是一切繁殖活动的基础。

（1）性行为的表现形式

性行为有不同的表现形式。犬虽然经过驯化，但仍然保持着野犬的某些特性。如发情后，犬会表现出地域性行为，攻击"入侵者"，即使这种反应没有野犬那样明显，但地域标记、嗅闻或在木柱或其他物体上撒尿，都是犬的正常性行为。

1）公犬的性行为　公犬的性行为按一定的程序表现出来。大体上经过性兴奋、求偶、勃起、爬跨、交配、射精、交配结束等过程。在这些行为反应中，母犬往往处于被动地位，做出相应的行为反应，配合公犬完成性行为。

求偶：公犬在母犬愿意接受配种前很长时间内即已被母犬所吸引，通常对母犬表现出一些"友好"的动作，但此时母犬往往拒绝求爱，甚至显得很凶恶。只有在发情流血停止后的一段时间内，才愿意让公犬爬胯和交配。通常母犬在这段时间内也会变得非常"轻佻"，喜欢挑逗公犬。公、母犬见面后，相互之间嗅闻对方的外阴，然后互相追逐。母犬将尾巴摆向一侧，露出阴门，阴唇松弛，使前庭呈平直状态。对于不甚主动的公犬，母犬会做出与公犬交配的动作，爬到公犬背上抱住公犬，后躯来回推动。公犬的性欲及冲动是母犬发情期间分泌激素及肛门腺分泌物化学刺激的结果。

勃起：公犬阴茎的勃起可分为两个阶段，第一阶段动脉血液供给海绵松弛体，使其充血，同时由球体及海绵体放出静脉血液。在插入阴道时，阴茎骨支持阴茎半举起的状态；第二个阶段是在插入后开始，由于阴茎及阴唇的肌肉收缩而增加其静脉的压力。由于阴茎外围纤维圈的动脉继续输送血液于海绵体及球体而形成充血状态。

交配：公犬阴茎勃起后，前腿迅速爬到母犬背部并抱住母犬后躯前部。此时母犬站立不动，将尾巴摆向一侧，露出阴门。有些神经质或胆小的母犬即使到了发情期也不让公犬爬胯。对于这样的母犬，最好将公犬和母犬关在一起，增加交流机会，消除恐惧感。有些缺乏经验的公犬，在阴茎插入阴道以前迟迟不能伸出或不知爬胯。对于这样的公犬，必须进行配种调教。公犬爬胯成功以后，腹部肌肉特别是腹直肌突然收缩，后躯来回推动，将阴茎插入母犬阴道内。

射精：当阴茎插入阴道时，就开始射精（无精子），经过几次抽动及阴道的节律收缩，阴茎充分勃起，才将精子射入子宫中。

犬的整个射精过程中可分为三个阶段。第一、三阶段是清亮透明、不含精子的水样液体，只有第二阶段呈乳白色黏稠状的液体才是含有大量精子的精液。

交配结束：阴茎插入阴道后，头端膨隆，阴道括约肌困闭在膨隆体的四周，从而使公、母犬的生殖器官无法分离而形成栓结。通常公犬从母犬背上爬下成相反方向相持一段时间后才可分离，栓结的时间一般为几分钟到半小时，个别可长达 2 小时。在此阶段，公犬完成第三阶段的射精（多为无精子）。不可强行将公、母犬分开，否则会对公、母犬的外生殖器官造成伤害。

射精完毕后，公犬性欲降低，母犬阴道的节律收缩也减弱，阴茎由阴道中抽出，缩入包皮内。

2）母犬的性行为　母犬的性行为并不显著，主要有以下两种表现。

吸引公犬的行为：当母犬发情时，通常喜欢接近公犬，再加上释放的气味及外生殖器官的可见暗示，对公犬具有极大的吸引力。但是有些母犬只是有选择地允许某些公犬爬胯，而不允许其他公犬爬胯。

允许插入的行为：一旦发生交配，母犬的行为则完全是为了配合公犬的插入行为。

（2）影响性行为的因素

通常与遗传因素、外界环境和生理状况等有关。

1）遗传因素　性行为在不同品种乃至同品种内的不同个体间都有很大差异，这些差异表现在个体间的交配行为等各个方面。犬性反射是先天的，其行为的表现形式是由个体的基因构成以及作用于该个体的环境因素决定的。

2）外界环境　季节和气候对公母犬都有影响。夏季炎热，公犬精子生成减少，精液品质下降，性欲降低。春秋两季气候温和，公犬性欲旺盛。母犬的发情在任何季节均可发生，无明显季节差异。

环境的改变对某些犬的性行为也有影响。在母犬发情时，把公犬引进母犬舍有利于配种；有些公犬当有观察者在场时，可能导致性抑制；有些公犬在有熟识的人在场时，特别是有母犬调情时性冲动明显。当犬需要经过长途运输后方可进行配种活动时，应当注意判断适配时间，并提前数天到达配种地，配种后不宜马上进行长途运输，否则会影响配种质量和效果。

3）性经验　性经验对公、母犬的性行为都有明显影响。尤其是在人工饲养管理条件下，初次配种的公母犬没有性经验，经常造成配种困难。

对母犬调教的办法是让其与公犬进行充分交流；选择配种能力强、有经验的公犬；进行必要的人工辅助。

对公犬进行调教的方法是选择经产母犬让其与之交配；让其观看其他公犬交配，激发其性行为；对于性情温驯的公犬，可以进行人工辅助诱其交配。

4）性抑制　性抑制是由多种因素造成的性反应缺陷。除上述因素能引起性抑制外，通常都是由于错误或粗暴的管理手段所导致。如交配或采精时的恐惧、痛感、干扰和过分的刺激等，这些因素对于容易建立条件反射的犬特别明显。如公犬在交配时受到某人给予的抑制性刺激，则以后配种时只要看到此人在场，便会表现得非常胆怯，而不敢与母犬交配。

5）配种前性刺激　在配种前进行一定的性刺激对配种有帮助。

应当注意的是，有些犬在选择配偶方面是有偏好的，因此在正式配种前，应对公、母犬进行试配，对确实交配困难的，应当重新配对。

16. 母犬发情有什么规律？

发情是指母犬发育到一定年龄时所表现的一种周期性的性活动。以初情为起点，伴随犬的终生。发情周期是指母犬初情期以后，在一个繁殖季节内，生殖器官和生殖行为发生一系列的周期性变化，直至生殖机能停止，这种现象称为发情周期。一般是指一次发情开始到下一次发情开始的这段时间。发情分为发情前期、发情期、发情后期和休情期四个时期。母犬在不同的发情时期具有不同的生理变化和行为表现。为此，要提高受孕概率，必须根据母犬的生理变化，选择好交配时机。正常情况下，刚刚排出的卵子活力较强，受精能力也较高，多数犬只的精子在配种或输精后半小时内即可到达受精部位。此外，完成获能作用的精子与受精能力强的卵子相遇，精卵结合完成受精的可能性也最大。一般情况下，配种距离排卵的时间越近，受胎率越高，产仔数越多。这就要求对母犬的发情鉴定尽可能准确，才能做到适时配种受精。

（1）母犬初情

① 母犬生长发育到一定时期就会性成熟，表现出发情征候，称初情。

② 母犬初次发情时间一般为 8～10 月龄，但因品种、气候、营养、运动、健康情况等因素的影响而略有差异。

③ 从实践中看，小型犬种的初情时间比大型犬种早；温暖地区犬比寒冷地区犬早；营养水平高犬比营养水平低犬早；环境卫生好的犬比环境卫生差的犬早；运动充足的犬比运动不足的犬早；健壮的犬比体弱多病的犬早。

（2）母犬性成熟期

母犬初情过后，就进入了性成熟期。每年一般要发情两次，并出现周期性变化。

（3）母犬发情前期

母犬发情前期的特征为：

1）从时间上看　母犬阴道排出血样分泌物起至开始愿意接受交配止。

2）从生理特征看　母犬外生殖器肿胀，触诊阴唇发硬，阴道充血，排出血样分泌物，随着时间的推进，其分泌物逐渐变淡。

3）从化验结果看　阴道涂片检查可见大量红细胞、有核上皮细胞、少量角质化细胞、白细胞。

4）从行为表现看　此期的母犬变得兴奋不安，注意力不集中，涣散，服从性差，接近并挑逗公犬，甚至爬胯公犬，但不接受交配，饮水量增加，排尿频繁。

5）从气味散发看　发情母犬分泌物和尿液中含有雌激素，可诱导公犬，刺激公犬的交配欲望。发情前期的持续时间通常是 9 天左右。

6）从训练管理上看　应搞好犬舍环境和母犬卫生，防止母犬阴部病原体逆行感染。此期母犬注意力下降，训练效果较差，其散发的气味也影响其他训练犬的训练效果，最好停止训练半个月左右。

（4）母犬发情期

母犬的发情期紧接在发情前期，两期之间是一种自然过渡，没有严格的界线。

1）从行为上看　这一时期，母犬明显的表现是开始愿意接受公犬交配。出现较强的交配欲望，兴奋异常，敏感性增强，易激动；繁育员抚摸母犬尾部，母犬尾偏向一边，并站立不动，喜欢挑逗公犬，愿接受公犬爬胯和交配。

2）从生理特征上看　此时的母犬外阴肿胀，大而柔软，内壁发亮，分泌物增多，排出物颜色变成淡黄色，阴唇变软而有节律地收缩。

3）从化验结果上看　母犬阴道涂片中含有很多角质化上皮细胞，较前期红细胞减少，无白细胞，此期为排卵时间；排卵后，同时出现退化的上皮细胞。

4）从时间上看　母犬发情期的持续时间为 9 天左右，此期也是最佳交配时期，一般情况下在犬滴血后的 9～12 天内交配，易受孕。

（5）母犬发情后期

母犬进入发情后期，以母犬开始拒绝公犬交配为标志。

1）从性欲上看　由于母犬血液中的雌激素含量逐渐下降，性欲开始减退，卵巢中形成黄体，大约在 6 周黄体开始退化。

2）从生理特征上看　发情后期的犬无论是否妊娠，都会在孕酮的作用下，子宫黏膜增生，子宫壁增厚，尤其是子宫腺囊泡状增生非常明显，为胚胎的附植做准备。

3）从化验结果上看　母犬阴道涂片中含有很多白细胞（开始 10 天数量增加，然后减少，20 天后不存在）、非角化的上皮细胞及少量角化上皮细胞。

4）从外观上看　此时的母犬明显消瘦、安静和驯服。

5）从时间上看　母犬发情后期的持续时间，以黄体的活动来计算为 70～90 天，以子宫恢复和子宫内膜增生状态来计算，则为 130～140 天。

（6）母犬休情期

母犬休情期也称为乏情期或称间情期，是发情后期到下次发情前期的一段时期。犬与其他某些动物不同，它是单发情动物，这个时期不是性周期的一个环节，是非繁殖期。

1）从生理特征上看　此期母犬除了卵巢中一些卵泡生长和闭锁外，其整个生殖系统都是静止的，无阴道分泌物。

2）从化验结果上看　母犬阴道涂片中上皮细胞是非角质化的，但到发情

前期前，上皮细胞变为角质化。

3）从行为上看　在母犬发情前期前数周，通常会呈现出某些明显症状，如喜欢与公犬接近、食欲下降、换毛等。在发情前期前数日，大多数母犬会变得无精打采、态度冷漠，偶见处女母犬会拒食，外阴肿胀。

4）从时间上看　母犬休情期的持续时间为 90～140 天，平均为 125 天。

5）从特例上看　如果母犬饲养管理差，营养缺乏，休情期可能延长；如果母犬上一窝产仔过多，或连产 3 窝以上，由于体能消耗过多，也会推迟下次发情时间；如果上一次发情没怀孕，休情期也可缩短或提前发情。

（7）母犬的发情间隔

① 母犬发情时，其生殖器官及整个有机体会发生一系列的周期性变化，周而复始，一直到停止性机能活动的年龄为止（8 岁左右）。母犬从上一次发情开始到下一次发情开始的间隔时间称为发情间隔。

② 母犬发情间隔一般为 6 个月，一年一般只发情 2 次，每次持续 50～60 天。季节对犬发情影响不大，只是春秋季节发情母犬相对多些。为此，应根据母犬的发情征候和行为反应及生理变化的特点，确定不同的发情时期，适时交配。

17. 母犬发情间隔受哪些因素影响？

一般来说，母犬的性成熟比公犬早几周，集中饲养的犬四季都能繁殖，但发情集中于春末和冬初。

（1）品种与体重对母犬发情间隔有影响

成年母犬一年发情两次，两个发情周期的间隔平均为 6～7 个月。实践证明，品种是比体重对发情间隔影响更大的因素。某些品种的母犬有更规律的发情周期，这是一个可有效进行控制的品系特征。

（2）发情期时间对母犬发情间隔有影响

母犬的发情间隔在很大程度上受制于乏情期的时间。小型品种可能 5 个月为一个周期，而大型品种可能 10 个月为一个周期。4 岁之前，多数犬的发情间隔均随年龄增长而略增加。老龄母犬的发情周期通常都不规则，且乏情期常常延长。

18. 母犬的异常发情有哪些？

春秋季是母犬集中发情的季节，但受到生理、体质、营养、疾病、环境等

因素影响，部分母犬往往表现异常发情。如果不能及时发现，采取措施，就会延误配种，造成母犬利用率下降，给繁育工作带来不利后果。异常发情常见于初情期至性成熟前，性机能尚未发育完全的一段时间内。性成熟后，环境条件异常、营养失衡、身体瘦弱、严重应激、饲养管理不当、细菌感染等也可引起母犬的异常发情。常见的母犬异常发情包括安静发情、假性发情、持续发情、短促发情、断续发情、慕雄狂等。

1）安静发情　指有生殖能力的母犬虽然排卵，但是外观无发情表现或外观表现不很明显。这种母犬在发情时，由于脑下垂体前叶分泌的促卵泡生长素量不足，卵泡壁分泌的雌激素量过少，致使这两种激素在血液中含量过少所致。母犬年龄过大或过于瘦弱，营养不良往往也会出现脑下垂体前叶分泌的促卵泡素和卵泡壁分泌的雌激素量少，出现安静发情的现象。

2）假性发情　指母犬虽有发情表现，但实际上是卵巢根本无卵泡发育的一种假性发情。母犬在妊娠期间的假性发情，主要是母犬体内分泌的生殖激素失调所造成的。当母犬发情配种受孕后，妊娠黄体和胎盘都能分泌孕酮，同时胎盘又能分泌雌激素，孕酮有保胎作用，雌激素有刺激发情的作用，通常妊娠母体内分泌的孕酮、雌激素能够保持相对平衡。但是当两种激素分泌失调后，即孕激素分泌减少，雌激素分泌过多，将导致母犬血液里雌激素增多，这样个别母犬就会出现妊娠期发情现象。

3）持续发情　指母犬发情时间延长，卵泡迟迟不排卵，可维持20天以上。这主要是由于母犬有卵巢囊肿或母犬两侧卵泡不能同时发育所致。发情母犬的卵巢有发育成熟的卵泡，越发育越大，但就是不破裂，而卵泡壁却持续分泌雌激素。在雌激素的作用下，母犬的发情时间延长。此时假如发情母犬体内黄体分泌较少，母犬发情的表现则非常强烈；反之若体内黄体分泌过多，则母犬发情表现沉郁。当母犬发情时，一侧卵巢有卵泡发育，但发育几天即停止，而另一侧卵巢又有卵泡发育，从而使母犬体内雌激素分泌的时间延长，致使母犬的发情时间延长。

4）短促发情　指母犬的发情时间很短，从3～4天到7～8天不等。短促发情多见于青年犬，原因是内分泌失调，卵巢快速排卵而缩短了发情期。短促发情的母犬如果不注意观察，极易错过交配时间。

5）断续发情　指母犬发情时断时续，发情表现时有时无，可维持20天左右。原因可能是卵泡交替发育所致。先发育的卵泡中途停止发育，萎缩退化，新卵泡又开始发育，导致断续发情的出现。

6）慕雄狂　指母犬长时间处于性兴奋状态，变得不安和兴奋，饮水量增

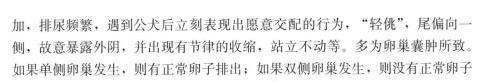

加，排尿频繁，遇到公犬后立刻表现出愿意交配的行为，"轻佻"，尾偏向一侧，故意暴露外阴，并出现有节律的收缩，站立不动等。多为卵巢囊肿所致。如果单侧卵巢发生，则有正常卵子排出；如果双侧卵巢发生，则没有正常卵子排出。

19. 什么是繁殖力？犬的繁殖力受哪些因素影响？

(1) 繁殖力

繁殖力表示动物的生殖机能和生育后代的能力。

1）母犬的繁殖力　评价母犬的繁殖力包括性成熟的时间、发情周期、发情频率（次数）和季节性、排卵数、卵子受精率、受胎率和每次受胎配种次数、妊娠的建立和维持、胚胎成活率、妊娠持续期、分娩情况、产仔率、每胎产仔数、哺乳期时间、哺育仔犬的能力、产仔至再次配种的能力等指标。

2）公犬的繁殖力　评价公犬的繁殖力主要包括性成熟时间、每次射精量、精子质量、配种能力等指标。

(2) 影响繁殖力的因素

1）品种与家系　不同品种个体，或同一品种不同家系、同一家系不同个体，其繁殖力均受遗传因素影响。犬的各品种繁殖力遗传因素，是犬在长期进化过程中，受多种环境因素影响而逐渐进化产生的。

① 母犬的发情次数、排卵数、卵子受精率、受胎率、产仔数甚至仔犬活力、窝重、成活率等都受品种遗传因素的影响。如藏獒通常一年只发情1次，每年只产1胎，而其他品种犬一年多发情2次，每年繁育2胎。

② 不同品种的母犬平均产仔数有所差异。如德国牧羊犬平均产仔数为6只，罗威纳犬平均为7只左右，拉布拉多犬平均为7～8只。

2）营养水平

① 营养不良：

公犬：营养不良可造成睾丸发育不良，表现为睾丸体积小、精子数量少、精子生成迟缓。如果摄入蛋白质不足，则精子生成发生障碍，精子数和精液量减少。如果摄入维生素A、维生素E不足，则精子生成减少，并发生畸形。如果摄入钙、磷、钠盐不足或钙磷比例失调，则精子数和精液量降低，精子活力差，影响繁殖力。

母犬：营养不良会延迟青年母犬初情期的到来，对成年母犬造成发情抑制；造成发情不规律，排卵率降低，乳腺发育迟缓，甚至增加胚胎早期死亡率和初生仔犬的死亡率。

② 营养过剩：

公犬：营养过剩，特别是过于肥胖的公犬，配种能力低下，会明显影响繁殖力。

母犬：营养过剩也会影响母犬的繁殖力。如饲喂过量的蛋白质、脂肪或碳水化合物饲料，同时缺乏运动，可以使母犬过肥，卵巢脂肪沉积，卵泡上皮脂肪变性，从而造成母犬不发情、死胎和弱胎增多。

3）环境质量

① 母犬居住环境突然发生变化，可使其不发情或发情不排卵。

② 公犬在改变交配环境或交配时有外界人员干扰等情况下，可使其性欲产生抑制，影响交配质量，甚至引起配种失败。

③ 长期禁闭公犬，可使其性欲下降。

④ 温度变化对犬的繁殖力影响很大，尤其是对种公犬精液品质的影响较大。如南方高温季节，当环境温度超过 35 ℃持续 1 周以上时，种公犬的精液质量会明显降低，配种的受孕率严重下降。

4）配种时机　配种时机是否掌握得当，对繁殖力有着直接影响。母犬的发情期较长，而排卵时间只有几天，卵子排出后若不能及时与精子相遇完成受精，则随着时间的推移，其受精能力会逐渐减弱，直至失去受精能力。

5）疾病　种犬的多种疾病都会对繁殖力产生影响，尤其是生殖系统疾病影响更为显著。

① 犬的生殖器官发育异常将直接影响犬的繁殖力，造成先天性不孕不育。如母犬生殖器官畸形多造成不育，常见的有阴门和阴道闭锁、尿道瓣过度发育、子宫发育不全、无子宫角或只有一个子宫角、子宫颈短缺、双子宫颈等，以及母犬有两性生殖器官，母犬到达性成熟后生殖器官仍不发育等。公犬常见的有隐睾、阴囊疝、包皮过长等。

② 各种后天获得性生殖系统疾病如生殖器官遭到损伤，感染引起生殖道严重炎症，特别是某些严重的细菌性感染，如布鲁氏菌、李氏杆菌等感染，以及弓形虫病、钩端螺旋体病，均可引起犬的流产及不孕不育。

20. 为什么要进行选种？选择种犬要考虑哪些因素？

选种是指按照目标要求，科学合理地从犬群中选择优良个体作为种用。军

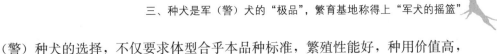

（警）种犬的选择，不仅要求体型合乎本品种标准，繁殖性能好，种用价值高，而且还要求适用于军事训练和作战使用，具有良好的学习能力、运动能力和神经类型，种犬的表现型和基因型都要符合军用要求。

(1) 体型外貌

作为种犬，在体型外貌方面必须是该品系的优秀代表。基本要求是体型大小适中，外貌各部均匀，优美健壮，肌肉发达，姿态端正。考察犬的体型外貌需要进行体尺测量。

(2) 适配年龄

犬的初配年龄以体成熟为根据，母犬通常为 1.5 岁，公犬为 2 岁，应防止未成年犬过早配种；超过 8 岁的犬已进入老年期，一般不再用于配种。

(3) 血统系谱

血统系谱是选择种犬的重要依据，没有血统系谱的犬原则上不能作为种犬。血统记录要求完整准确，祖先三代来源清楚，无不良记录。公母犬在祖先四代之内无血缘关系；人工选择育种方向时，可酌情考虑。

(4) 神经类型

要求犬的兴奋与抑制过程强而均衡，相互转化灵活。犬的神经类型可分为兴奋型、活泼型、安静型、抑制型。活泼型、安静型、兴奋型是作为种犬的基本条件，抑制型则应予以淘汰。

(5) 生理机能

种犬要求听力、视力良好，嗅觉灵敏，嗅认方式好。要求种公犬遇到处于发情期的母犬时，能够表现出正常的性兴奋、求偶、勃起、爬胯、交配、射精等性行为，精子品质高、活力好、无畸形。母犬发情周期稳定，易于接受交配，卵子发育正常；无生殖系统和其他重要器官疾病及损伤，无严重的神经系统疾病、消化道系统疾病、皮肤病及寄生虫病等。繁殖性能具体要求如下：

① 公犬是不分季节随时都可以交配的，但公犬精液品质会随季节的变化而变化。在评定公犬繁殖力时，不宜过分强调精液品质。射精频率对公犬的性欲和精液的输出量及品质均有较大影响。

a. 犬连续 5 天每天采精 1 次，其精液品质不会受到明显影响，但连续 5 天每天采精 2 次则会对其造成一定影响。

b. 若每天采精 3 次，射精第二阶段里的畸形精子数会大大增加（上升到46%），精液中带有未成熟的细胞质微滴，是因其从附睾头里过早排出所致。

c. 高频率的射精可使总的精子数增加，但可能导致繁殖力减退，长久会使精子质量得不到改善。

② 母犬每窝产仔 6～8 只，所产仔犬健康，发育良好，无死弱胎、畸形胎，无狼爪，无杂毛，同窝仔犬整齐度高，初生体重和两月龄体重离平均体重偏差不超过 20%，存活率 80% 以上。后裔生长发育良好，各项指标符合或达到年龄段的生长发育指标。

(6) 工作性能

犬类某些先天的特性可以稳定地遗传给后代，后天养成的某些特性，也可以遗传给后代。易接受训练，并且具有良好服从性的犬，绝大多数来源于经过训练的双亲。当然，这种特性遗传可能要经过若干代的增减才能形成并得以巩固，因此有计划地坚持选择进行合理训练的种犬，是提高后代优良品质的有效方法之一。

1）凶猛性好　种犬对各种环境、他人的挑逗无害怕表现，能吠叫示威，甚至主动攻击。

2）衔取欲望强　对物品反应比较兴奋，衔取物品速度快。

3）运动机能良好　运动灵活，体态优美，步态匀称，肌肉发达有力，奔跑速度快，能够跳越一定高度的障碍物，能够完成一定数量的训练科目。

总之，体型外貌和生理机能是衡量种犬的重要评价指标。不符合种犬标准与等级评定要求的，即淘汰。在现行种犬数量基本稳定的情况下，提高体型外貌和生理机能的达标率，是提供量足、质优受训犬的一个便捷、有效的途径。

21. 军（警）犬有哪些选种育种方法？

军（警）犬选种育种方法的发展离不开遗传学理论的发展，遗传学理论的发展决定军（警）犬选种育种方法的进步。在遗传学理论的指导下，军（警）犬选种育种方法经历了常规选种育种、数量遗传学选种育种、生物技术选种育种、分子遗传标记选种育种和现代育种值估计选种育种 5 个不同发展阶段。前两个阶段是建立在数量遗传学基础之上，将基因的作用作为一个整体考虑，只能利用表型和系谱信息。随着生物技术和计算机信息技术的飞速发展，军（警）犬选种育种进入了分子选种育种新阶段，即利用生物技术方法、分子遗传标记方法和现代育种值估计方法进行动物选种育种的后 3 个阶段。

(1) 常规选种育种方法

常规选种育种方法是指以表型选择为主的育种措施，以遗传学的基本理论为基础，根据表型值推断基因型或计算育种值，进而作出性能的总体评估，作为留种依据决定种犬的选择与淘汰。选种是育种的前提和关键，只有选出优秀

的种犬，才能得到品质优良的后代，从而使基因得到改良。

1）性能测定法　是根据个体本身成绩的优劣来决定取舍，也称为成绩测验，适用于遗传力高、能直接度量的性状。

2）系谱测定法　是通过分析各代祖先的生产性能及其他材料来推断其后代可能表现的品质，多用于尚处于幼年或青年时期种犬的测定。

3）同胞测定法　是根据同胞的平均表型值来对个体作出选留与淘汰的决定，适用于遗传力低的性状、限性性状和活体上难以度量或不可能度量的性状。

4）后裔测定法　是根据后裔的综合表现来评定种犬的一种方法，也是种犬评定最可靠的方法，多用于公犬，但会延长世代间隔。

（2）数量遗传学选种育种方法

数量遗传学选择原理充分考虑了环境因素对微效多基因控制的数量性状的影响力，从表型方差中剖分出基因型方差，通过运用资料设计和统计模型估计有关的遗传参数，最后达到选种的目的。

数量遗传学主要应用于估计遗传参数、通径分析和动物育种估计的模型方法等几个方面。

（3）生物技术选种育种方法

在动物选种育种中，转基因技术、胚胎工程技术、动物克隆技术及受DNA重组技术影响的多种分子生物技术等现代生物技术已被广泛应用。

① 随着现代生物技术的发展，传统选种育种工作中杂交选择法的缺陷日益明显，而现代分子选种育种技术则显示出越来越强的生命力，并逐渐成为动物选种育种的趋势和主流。

② 现代生物技术的综合应用，结合传统的选种育种方法，可以有效地加快选种育种进展。

（4）遗传标记检测选种育种技术

现代生物技术的发展使得利用分子遗传标记检测进行选种育种成为可能。

① 分子遗传标记是以物种突变造成DNA片段长度多态性为基础的，具有许多优点：a. 直接探测DNA水平的差异，不受时空的限制；b. 标记数量丰富、多态性高；c. 共显性标示，可以区分纯合子与杂合子；d. 可以解释家系内某些个体的遗传变异；e. 可以鉴定不同性别、不同年龄的个体。

随着基因工程特别是DNA重组技术的发展，现在人们已确知犬不但有毛色、体态、血型、染色体的多态性，而且有DNA水平的多态性，分子遗传标记应用于犬育种成为现实。

② 通过检测碱基位点差异，区别个体特异性的遗传特征，进而准确地判别基因型。

（5）现代选种育种值估计方法

随着数理统计学（尤其是线性模型理论）、计算机科学、计算数学等学科领域的迅速发展，动物选种育种值估计的方法发生了根本变化。以美国动物选种育种学家 C. R. Henderson 为代表发展起来的以线性混合模型为基础的现代选种育种估计方法——BLUP 选种育种值估计法，将动物遗传选种育种的理论与实践带入一个新的发展阶段。这一方法的最大优点在于同一估计方程组中，既能估计模型的固定效应，得到其最佳线性无偏估计值（BLUP），又能预测随机的遗传效应，得到其最佳线性无偏预测值（BLUP），从而很大程度地提高了选种育种值估计的准确性。

22. 什么是种犬资格认证？

种犬资格认证是指对满 12～24 月龄的预留种公犬及未满 18 月龄的预留种母犬，是否具备种犬繁育基本条件进行评定。主要从体型外貌、血统系谱、神经类型、生理机能 4 个方面进行认证。

23. 选种时，如何进行体尺测量？

体尺测量是指运用专用或通用的测量工具，按一定要求和规范对犬的指定位置间或固定范围内进行数据读取与记录。测量后的数据与标准体尺相比较形成的参数是衡量犬成长指标、外貌标准和种用价值等的重要依据，是进行正规、科学管理的有效手段。

（1）常用工具和测量方法

常用的体尺测量工具有专用测杖、通用软尺、直尺、测角计等。

犬的体尺测量由三人完成。一人保定犬，使犬在正常姿势下保持稳定的站立姿态，供其他人量取数据。要求人要与犬熟悉，不能给犬造成恐慌心理。另一人测量，按规定量取各体尺数据，技术要熟练，测量部位要准确，动作要轻柔，避免给犬造成紧张情绪；再一人记录，记录所测数据要准确、翔实。

（2）主要指标、测量部位及意义

体高：指犬在水平地面以正常姿态站立，鬐甲到地面的垂直距离。为使数据准确，可以测量 3 次，取其平均值。所考察的内容主要是肩胛骨和前肢骨的发育状况：用测杖量取。

体长：通常指体直长，即犬在水平地面以正常姿态站立，肩胛骨前缘到坐骨结节的直线距离。所考察的内容主要是中轴骨的发育状况，用测杖量取。

体斜长：是用软尺测得的肩胛骨前缘到坐骨结节的距离，是整个躯干部的弧度长。

胸围：指鬐甲后两指，胸部的周长。所考察的内容是胸部的发育状况。用软尺测量。

胸深：指鬐甲后两指，背线到胸下部的直线距离。所考察的内容是胸部的发育状况。用测杖测量。

胸宽：指肩胛角左右两垂直切线间的最大距离。所考察的内容是胸部的发育状况。用测杖测量。

肩高：指犬在水平地面以正常姿态站立，肩部最高点到地面的直线距离。所考察的内容是肩部和后肢部的发育状况。用测杖测量。

管围：指左前肢管部上 1/3 最细处的周长。所考察的内容是管部的发育状况。用软尺测量。

头长：指鼻镜至颅顶的直线距离。所考察的内容是头部的发育状况。用测杖和直尺测量。

体重：通常在进行体尺测量前利用适宜的秤及器具测量犬的体重，以确定犬的总体健康状况。一般应当称取早晨空腹时身体的重量。

另外，也可以根据需要选择多项其他测量指标。

（3）体尺测量注意事项

为得到体尺测量的相对准确数据，需考虑犬生活规律中的客观因素，同时也要克服测量者的主观因素对测量结果产生误差。一般应当注意以下几个方面：

1）被测犬的站立姿势　测量时，犬一定要以正常的姿态立于平坦地面上，任何不正确的姿势都会造成测量结果的误差，尤其对体高、体长、肩高等指标的影响较大。为使犬保持正常的站立姿态，需要保定人员与犬相互熟悉，在测量时尽量让犬保持自然状态。同时，保定人员也要熟悉测量技术，知道犬应该以何种姿势站立。

2）测量人员的操作技术　测量人员对操作技术的熟练程度与测量结果有十分重要的关系。测量人员不但要熟悉所有操作技术的要点，同时还要了解犬的情绪，只有这样才能最大限度地保证测量结果的准确性。

3）测量工具的精确程度　测量工具的精确程度直接决定测量结果。因此，要选择标识准确的测量工具，以免影响测量结果。同时，在测量前要检查、校准工具。

4）测量的时机 测量及称量的时机往往可以对测量结果产生较大影响，因此通常在早晨 6:00—8:00，且在排出大小便及喂食进水前少许运动后操作为宜。

四、选配是繁育工作的关键环节，是禁止军（警）种犬"私生"、防止"畸形儿"等问题的前提

24. 军（警）犬为什么要实行"计划生育"？

根据部队有关规定：

军（警）犬繁育应当遵循生物学规律，坚持种源优良、计划繁殖、科学培育、确保质量的原则。

军（警）犬种群的品种类别、公母比例、年龄结构等应当合理搭配，补退有序，保持相对稳定。

种犬选配必须坚持人工干预、择优组合，通常以纯种交配为主，也可以在技术成熟基础上实施有序杂交。

军（警）犬繁育应当建立并实行种犬发情、交配、妊娠和分娩登记、报告、审批制度。

25. 犬的选配是如何分类的？

犬的选配可分为个体选配与种群选配两类。在个体选配中，按交配双方品质对比的不同，可分为同质选配与异质选配两种；按交配双方亲缘关系的远近，可分为近交与远交两种。在种群选配中，按交配双方所属种群特性的不同，可分为纯种繁育与杂交繁育两种。

（1）品质选配

品质选配就是基于交配双方品质（如体型外貌、育种值等）对比情况的一

种选配，分为同质选配与异质选配两种。

① 同质选配：是以表型相似性为基础的选配，选用性状相同、性能表现一致或育种值相似的优秀公母犬来配种，以期获得与亲代品质相似的优秀后代。

② 异质选配：是以表型不同为基础的选配。一种是选择具有不同优异性状的公母犬相配，将两个优良性状结合在一起，获得兼有双亲不同优点的后代；另一种是选择同一性状但优势程度不同的公母犬交配，以良好性状纠正不良性状，后代能取得较大的改进和提高。

（2）亲缘选配

亲缘选配就是基于交配双方亲缘关系远近的一种选配。如交配双方有较近（通常指六代以内）的血缘关系，就叫做近亲交配，简称近交；反之则叫远亲交配，简称远交。近交可以保留其纯合子性状。

（3）纯种选配

纯种选配就是在品种范围内，通过选种选配、品系繁育、改良培育等提高品种性能的一种方法，简称纯繁。

（4）杂交选配

杂交选配就是运用两个以上品种相互杂交，创造出新的变异类型，然后通过育种手段将它们固定下来，以培育出新品种或改进品种的个别缺点。

26. 如何组织犬的杂交？

（1）杂交的目的

杂交就是通过两个或两个以上品种杂交培育新的类型，再运用适宜的育种手段，使这些变异类型得以固定，从而育成新品种的一种方法。主要原理是由于不同品种具有各自的遗传基础，通过杂交时基因的重组能将各亲本的优良基因集中在一起，同时由于基因的互作可能产生超越亲本品种性状的优良个体，而通过选种、选配等育种手段可使有益基因得到相对的纯合，从而使它们相对稳定地遗传。目前，杂交育种仍然是培育犬新品种的一个重要且常用的途径。

（2）杂交的方法

1）选择杂交的亲本品种

① 杂交是为了培育新的理想类型，而新类型的性状取决于所用的品种。

② 亲本品种要具有较强而且稳定的遗传基础，必须具有新类型所需要的

全部主要性状。

③ 在选择亲本品种时，应对其形成历史、优缺点及杂交利用的有关材料进行认真的分析研究，在进行对比分析后作出选择。

④ 亲本品种的选择宜精不宜多，每选出一个品种都要有明确的目的。

2）选择杂交用的个体

① 须选用典型个体，尤其要注意选择具有突出性状的个体。

② 典型个体不一定就是完完全全的理想型，可以具有各自的优良性状。

③ 这些既具有典型性，又具有某一优良性状的个体，在新品种的培育工作中往往具有极其重要的作用。它们可用来带动理想型的固定和提高，又可用来建立品系。

3）制订杂交的计划和方法　有了合适的品种和优良的个体，下一步应制订好杂交计划：①确定哪个为父本，哪个为母本。②应该采用先进的繁育技术，以保证优良种犬优良性状的充分发挥及杂种犬正常的性能表现。

4）认真培育杂种　培育的目的不是改变其遗传基础，而是为了使其充分发育，以获得理想型个体。不具备一定的饲养管理及训练条件，再好的遗传基础也不能得到充分的表现。

5）抓紧理想型固定工作　一旦获得了足够的理想型个体，就应立刻停止杂交，改为自群繁育。通过选择具有共同优良祖先的个体进行同质选配，逐步稳定后代的遗传基础，从而使它们尽快固定下来。

6）适当采用近交　近交是迅速固定理想型的有效手段，要大胆采用。但是，一定要防止因近交造成生活力降低而出现的各种衰退。为此，选种时要坚决淘汰体质不良、健康不佳或生活力差的个体。

7）严格选留种犬　要实行严格的淘汰制度，凡是达不到理想型要求的个体一律排除在育种核心群之外，绝不能作种犬使用。

8）及时建立品系　为了加速新品种的育成和进一步提高品种质量，应及时建立品系。品系的建立应在自群繁育固定理想型过程中进行。

9）积极扩群　扩群就是积极繁育理想型个体，迅速扩大理想型个体的数量。这样一方面可避开不必要的近交，避免因过度近交引起的品质退化，同时可扩大种犬的选择范围，有利于进一步提高新品种的质量。

10）及时研究和改进　培育新品种是科学性、技术性很强的工作，其方法和步骤都不是固定不变的，这就要求在整个育种过程中要及时研究分析，不断改进。

27. 如何组织犬的近交？

（1）近交的目的

近交，是指六代之内彼此有亲缘关系的犬互相交配而产生后代。通过对近交的特点和应用分析可以得出结论，各种近交的方法归根到底是使基因纯合，使优良性状得以表现或遗传缺陷得以显现，但凡近交都可能在后代各性状中表现出优者更优和劣者更劣两种结果。

1）固定优良性状　近交能够增加纯合子频率，降低群体均值，因而在新品种的育种和品种特性的固定上得以广泛应用。

2）揭露有害基因　通过近交，后代品质退化的，采取严格的淘汰。

3）保持优良个体血统　通过这种繁育手段，使一个品种或者培育出来的个体具备人们所期望的指标和性能，而成为该品种的典型代表和各性状的标准所在。

4）提高犬群的同质性　保持和发展一个品种的优良特性，增加品种内优良个体的比重，克服该品种的某些缺点，达到保持品种的纯度和提高整个品种质量的目的。

（2）近交的原则

通常情况下，军（警）犬近交要遵循"优者更优，劣者更劣"的原则。

① 在近交中，由于母犬与公犬的血缘非常接近，两者交配时，它们的遗传因子会加强，更加纯化。

② 在一窝近交的仔犬中，可能有某一只犬表现出它本身血统所有的优点，即优者更优；同样有机会出现一只犬汇集所有劣点于一身，即劣者更劣。

③ 使用任何繁殖方法，都是以该犬种的标准为参照物。凡与参照物更接近的为优，反之为劣。

④ 按照生物学规律，同一父、母所生的仔犬中，会存在三种情况：一种是集中优点的，一种是优劣点参半，另一种则是集中劣点的。因此，"优者更优，劣者更劣"的机会是均等的。

假如军（警）犬繁育过程中出现了一只与该品种标准非常接近、近乎完美的犬，则繁育员需对这只犬进行研究，查其血统，看六代之内的犬在各类犬赛、繁殖或作业考核中的表现等是否非常优秀。如果成绩较好，则可以开展近交试验，将优良的血统遗传给子代，然后再繁衍、再延续，将这只犬的优点保留下去，代代相传。

(3) 近交需要注意的问题

1）要注意建立理想犬的血统

① 要分析已有的犬有哪些优点和缺点，心目中要有一个理想的形象。

② 在已有的犬中挑选一只最接近完美的犬开始进行繁殖。

③ 近交能较快地把遗传基因拉近，遗传基因越接近，遗传的显现性也就越强。

④ 不得用不同血缘不同形象的犬进行繁殖，防止后代犬出现性状不可预测和不稳定的现象。

⑤ 如果用不同地域的犬相互交配，虽会引入优点，但同时也会引入缺点，很难纯化遗传基因，难以使犬种良好的形象和血统延续下去。

2）要注意外交配法　为防止近亲交配的退化现象，可以将存在退化现象的母犬与一只优秀的、毫无血缘关系的公犬交配，这种交配方式称为"外交配法"。

3）要注意把握近交的步骤

① 确定拟展开近亲交配的标体犬（简称为 A 犬）。

② 寻找一只与这只 A 犬形象及血统接近的犬作交配（简称为 B 犬）。

③ 假设 A 犬是公犬，A 犬与 B 犬交配后产下的仔犬中，保留仔犬中的母犬（简称为 C 犬），然后让 A 犬与 C 犬交配，这便是近交。

④ 假设再在 A 犬与 C 犬交配得出的后代中，能出一只很优秀的母犬（简称为 D 犬）时，便又把这只 D 犬与 A 犬交配。

⑤ 同上，反复用 A 犬与后代母犬交配，使 A 犬的遗传基因优点稳定传承下来，可以建立一个血统，到第三、四代时，其后代的遗传基因便会充分地固定下来。

28. 组织犬交配时应遵循什么顺序？

(1) 自然交配优先

在选择好种犬并对其繁殖能力进行确认后，繁育者让公母犬相互接触，进行交配。最好是在交配前对公母犬的外生殖器官进行消毒，以减少疾病的传播（尤其是犬疱疹病毒）。相比于长期使用有杀精作用的消毒剂，良好的预防性卫生措施（定期清理包皮、清洁地板等）和定期进行血液检查更为可取。对于长毛犬，繁育者可以通过梳理或修剪母犬阴户和公犬阴茎周围的毛发来进行消毒工作。

大多数情况下，如果时机正确，公、母犬会自然交配，此时不应加以干扰。然而远距离的观察是非常有必要的，这样可以确定公、母犬双方是否相互接受，锁合现象是否发生。即使锁合现象未发生，母犬仍可能受孕，但其繁殖率明显降低。在交配48小时后再进行一次配种能够提高母犬受孕率。母犬在发情期有发生乱配（与多个不同公犬发生交配行为）的风险，因此繁育者应将母犬与其他公犬隔离。如果公、母犬因各种原因而不能进行自然交配，则繁育者可以采取人工授精方法。

（2）人工授精

人工授精是指将公犬的精液以人工的方式用器械采取出来，经过科学处理后，再用器械把精液注入发情母犬的生殖道内，使精卵结合产生后代的一种配种方法。

1）新鲜精液人工授精　即母犬在场的情况下，收集公犬精液样品，检查精液质量，并快速将其注入母犬生殖道内，为人工授精的一种方式，使用的是新鲜精液。该技术用于母犬和公犬交配困难时：①处于主导地位的母犬拒绝交配；②一方或双方缺乏经验；③生殖道狭窄（阴户闭锁，阴户或阴道畸形，发情期与雌激素分泌相关的阴道脱出等）；④交配过程中，一方感到疼痛（椎骨，臀部阴茎骨，阴道等）；⑤性欲缺乏；⑥用于交配的犬体型不成比例（公犬体型太大或太小）。另外，人工授精可保护公犬远离性传播疾病（STDs）。

当确认母犬不能接受交配行为时，兽医或者繁育员可以在有发情母犬的地方采集公犬精液。一旦获得精液，可将其置于热玻片上在显微镜下检查其数量、外观和精子运动状况。如果精液质量合格，就可使用导管将精液注入母犬阴道或子宫内。导管可选择配有球泡（Osiris阴道导管）的柔质导管或硬质导管（Scandinavian导管）。尤其需要注意的是，在进行人工授精的各个过程中，要避免精子受到热、机械损伤或化学刺激。如果做到以上要求，并确认了母犬排卵期，利用新鲜、高质量的精液进行人工授精可以获得与自然交配相同的结果，母犬受孕率为70%～80%。

2）冷藏精液人工授精　冷藏精液人工授精主要用于相距较远的公、母犬配种。精液采集完毕后，兽医或卫生员对精液进行质量检查，然后将其放入保护性营养液中稀释，于4℃封存。如需将精液运送至母犬所在地，则需对冷藏的备用精液进行进一步检查，然后置于保温容器中。正确冷藏的高质量精液在4～6天内能够保持良好的活性，但这需要全过程的完美执行，如繁殖力高的种公犬、优良的采精设备、对母犬发情的紧密监测和快捷的运输等，因此运输距离也不能过长。经历这些人工处理过程后，精子活力可能会略有下降，但整体精液质量基本与正常交配过程产生的精液无异。

3）冷冻精液人工授精　精液采集完毕后，精液中精子质量和数量要确保达到以下指标：处于运动状态的存活精子数不少于 1.5 亿个，精子畸形率小于 30％。使用细胞保护液稀释精液，并将其分装于多个试管中，集中储藏在一个保温容器内，然后浸置于－196 ℃液氮内，这样可以长期保藏。精液采集最好在公犬繁殖力最强的年龄进行，而不要在公犬繁殖力下降、发生疾病或需要进行绝育手术时进行。该技术具有许多优点：①便于因检疫法规限制或远距离分隔的国家或地区之间进行犬的基因交换；②长期保留优良遗传性状，即使犬丧失繁育能力或死亡，其精液仍可使用；③某些犬种即将灭绝时，可以用此方法挽救其基因。

如操作得当，并对母犬发情周期进行有效监测，该技术的受孕成功率可达到 70％。子宫内授精可提高该技术的受孕成功率。

29. 如果犬私自交配怎么处理？

由于发情母犬处于性欲高潮期时，有主动寻求公犬的行为，而公犬也会根据母犬发情气味，跳出犬舍寻找配种机会，如果管理不当就会发生意外而导致私自交配。

（1）危害

若发情母犬与劣犬或野犬交配，则会导致繁育计划失败。完成配种的母犬如果与其他公犬意外交配，也会对胎儿产生不良影响及造成繁育记录混乱。未交配过的处女犬，如果与劣犬或野犬交配，不仅会造成该窝仔犬淘汰，而且其劣性可能会影响到以后若干代。未成年犬私自交配怀孕后，会影响自身的正常发育。正在投训的母犬若私自交配，则会使训练计划无法完成。

（2）预防措施

繁育人员在母犬发情期间要严格管理，采取有效措施，避免发生意外。当发情母犬进行散放运动时，不准解脱牵引带，同时主动回避公犬。加强犬舍防护措施，防止母犬跑出及公犬跳入。严禁野犬进入军（警）犬管理区域。

（3）消除后果

一旦发生私自交配，不能当场强拉硬拽使两犬分开，也不可打犬和处罚犬，防止其对配种产生畏惧。应当立即报告，让其自然解脱后，由专业人员采用适宜的紧急避孕药物或方法避免受孕，也可以采用注射雌激素的方法进行堕胎。

30. 如何提高种犬交配成功率？

（1）合理使用公犬

应定期检查公犬的精液品质，根据情况调整饲养管理措施。配种前一段时间让其充分运动，给予全价饲料，适当增加蛋白质、维生素和矿物质的含量，利于公犬产生品质优良的精液。不能过度使用种公犬，1周使用2～3次。

（2）重复或双重配种

① 重复配种是用同一公犬隔一段时间重复配种几次。在确定种公犬精液品质优良或需留种的情况下，建议使用重复配种。时间间隔及配种次数根据是否在最适配种时间而定。一般情况下，间隔16～24小时，配2次即可。

② 双重配种是用不同的公犬隔一段时间先后配1次，可在无法确定种公犬精液品质的情况下使用，以确保受孕。

（3）调控配种环境

为了利于受孕，在种犬配种期间，应保证安静舒适的环境（15～25 ℃）。

1）种公犬　精子适宜存活于比体温稍低的温度环境（36～38 ℃）。随温度的上升，精子活力将降低，死亡率增加，达到40 ℃时，精子将无法存活。当在炎热的夏季或在高温的环境下，外界环境温度的升高往往会超出睾丸自身调节温度的能力，致使睾丸温度上升，造成种公犬精液品质急剧下降。若在这段时间进行配种，则母犬的受胎率很低。

2）种母犬　高温不利于卵子的受精及受精卵在输卵管中的运行。高温会使母犬的受胎率降低，胚胎特别是早期胚胎死亡率将增加。即使已妊娠的母犬，特别是早期，也很容易引起胚胎死亡。因此在繁殖季节，特别是在夏季，控制环境温度尤其重要。

（4）营造交配氛围

使用公犬刺激，即将母犬放入公犬舍中让公犬追，每天或隔天放1～2次。将不发情或迟发情母犬置于发情母犬群中有利于促进发情，激发其群体效应。也可合理使用孕马血清促性腺激素（PMSG）、人绒毛膜促性腺激素（HCG）等催情药物进行诱导发情。

（5）做好交配前准备

① 配种前2小时让公、母犬自由散步，排清粪便后配种。

② 配种前公犬不宜吃饱，不宜做剧烈运动。

③ 夏季配种时，宜在早上凉爽时间进行，尽量减少公、母犬的户外活动，

以免由于体温升高而影响受精。

④ 夏季配种后，应将母犬放于阴凉的活动场所自由活动，禁止散放于户外作剧烈运动和晒太阳。

⑤ 种犬配种后，应给予低能量全价饲料，约 15 天后逐渐提升饲料品质。

（6）做好交配后的护理工作

给予犬充足的运动和合理的休息时间，可以增强犬的体质，为繁殖打下坚实的身体基础，尤其对于公犬来说，可以提高种公犬的性欲、交配能力及精液品质，减少无精、畸形精子比例。

31. 配种时可能有哪些障碍？是什么原因造成的？

（1）军（警）犬常见配种障碍

1）发情障碍　包括提前发情、推后发情、发情征候不明显等。

2）交配障碍　包括公犬不配和母犬不配等。

（2）常见配种障碍比例分析

1）母犬发情异常比例　通过对长江以北和长江以南 2 个军（警）犬基地近 5 年来的母犬进行调查发现，年平均母犬存栏数近百只，共发情 500 多只次，共有 90 只次发情异常，占发情总数的 17%。其中，德国牧羊犬 32 只次，占发情异常总数的 35.56%；马里努阿犬 58 只次，占发情异常总数的 64.44%。提前发情的占发情总数的 28.89%；推后发情的占发情异常总数的 43.33%；发情征候不明显的占发情异常总数的 27.78%。

2）母犬交配障碍比例　通过对华北地区某军犬基地近 5 年中 800 余只次配种情况调查发现，共有 42 只次的犬发生交配障碍，占交配总只数的 5.25%。

（3）种犬发生配种障碍的原因

1）犬自体因素

① 先天发育不良：在调查中发现，发情不正常的犬中属于生殖器官先天发育不良的，占发情异常总数的 7.78%。卵巢先天发育不良的犬，不能正常分泌性激素和排卵。

② 初配母犬：初配母犬因没有交配经验，在公犬阴茎插入时易产生痛感，个别母犬会因精神紧张造成阴道肌肉痉挛，表现为逃避、撕咬，拒绝公犬交配，形成交配障碍。

③ 生殖道畸形：最常见的是"处女膜"过厚，即所谓的"石女犬"，公犬

阴茎不能顺利刺破"处女膜"而造成交配障碍。

④ 阴道发育异常和子宫发育异常：这两个方面也能造成交配障碍。

2）**热应激因素** 犬发生繁殖障碍具有明显的季节性。在我国南方 7—8 月持续高温季节，温度为 28～38 ℃，有时可达 40 ℃ 的高温天气，这时犬繁殖障碍的发生率大大高于其他季节（约占全年发生空胎比例的 50%）。在这一季节中，种犬由于高温的影响，呼吸急促，食欲下降，体温有不同程度的升高，可影响母犬发情，发情后种犬性欲低，公犬的精子产生和活力受到严重影响。

3）饲养管理技术因素

① 繁育人员素质有待提高：繁育人员素质不能适应军（警）犬繁育工作的需要，专业技能的岗位培训和升级培训落实不够好；繁育人员工作量大，饲养的种犬数量过多，有的还要兼做其他工作；繁育人员经验少，对犬发情鉴定不够准确，错过最佳交配时机，这些都直接影响了繁育工作效率的提高。

② 种犬犬舍设计不合理：部分单位的犬舍面积小，采光条件差，潮湿，特别是有的单位饲养密度大，种犬不能进行必要的散放，以及有效的运动和体能锻炼。

③ 营养供给不合理：营养不良，包括营养不足、不平衡、不全价，饲料结构单一，以及营养过剩，均可引起繁殖障碍。

④ 管理不当：长期不运动或运动不足，长时间不接受光照，可导致母犬发情异常、不孕，导致公犬兴奋性差、性欲下降。

⑤ 配种技术欠佳：主要是交配时间把握不准，对发情征候不明显的犬极易发生这种失误，错过最适交配期。此外，交配过程中人为粗暴对待犬或骚扰犬也可影响犬的交配，造成配种障碍，影响受胎率。

4）营养因素

① 种公犬：日粮中蛋白质不足，易引起精子生成发生障碍，精液量、精子数量显著下降。维生素 A、维生素 D、维生素 E 与种公犬的配种能力有密切关系，若长期缺乏，可导致钙、磷等不足或比例失调，公犬睾丸退化，性欲下降。精液量和精子数量降低，精子活力差，影响繁殖力。

长期饲喂过多的蛋白质、脂肪和碳水化合物等饲料，可造成公犬过肥，性欲下降，不配种或配种障碍；

② 种母犬：饲料中营养水平过低会推迟母犬的性成熟和体成熟时间，造成母犬发情抑制，发情不规律，排卵率降低，乳腺发育迟缓，甚至增加胚胎早期死亡率、死胎和初生仔犬的死亡率。长期缺乏营养，可引起机体代谢障碍，激素分泌不足。缺乏维生素 A 可造成子宫黏膜、卵泡变性而出现不发情、不排

卵。缺乏维生素 D 可导致卵泡生成和排卵障碍，造成钙磷代谢紊乱。缺乏维生素 B_1 时可使子宫收缩机能减弱，影响卵细胞生成和排出，长期不发情。

母犬过肥，可造成母犬发情异常。调查表明，大约有 8% 发生繁殖障碍的犬与营养过剩有关。

5）疾病因素　引起繁殖障碍的疾病主要有弓形虫病、布鲁氏菌病、钩端螺旋体病、疱疹病毒病，以及其他原因引起的阴道炎、子宫炎、卵巢囊肿、化脓性阴道炎、外阴炎等母犬生殖器官疾病，以及睾丸炎、附睾炎、前列腺炎、尿道炎及包皮炎等公犬生殖系统疾病。

32. 判断母犬最佳配种时机有哪些方法？

(1) 根据外部观察及公犬试情情况判断

① 母犬发情前期的特征是外生殖器官肿胀，自阴门流出血样分泌物，分泌物逐渐增多，阴门前庭变大、触感硬胀。此时用公犬试情，母犬不接受爬胯，公犬爬胯时蹲坐于地面。

② 母犬发情为滴血发情，较易掌握，主要特征为阴道红肿，渗出鲜红血液。

③ 母犬滴血持续 8 天后，达到高峰，进入发情期。血液颜色由鲜红转深后再逐渐转淡，阴门及前庭大而柔软，此期母犬出现站立反应等待交配。此期多数为发情前期起第 9～13 天，年老的母犬较早进入发情排卵期，年轻的迟些，在此期间可以配种。此时用公犬试情，母犬站立不动，尾巴偏一侧，阴门有节律地收缩，愿意接受公犬爬胯等，24 小时后开始排卵。结合滴血时间，血液颜色由鲜红转深时，实行配种，时间最佳。

④ 个别犬只发情阴门红肿但不滴血，此时结合公犬试情法效果较好。

(2) 根据母犬阴道黏液电阻值判断

阴道黏液的电阻是可测的。电阻值随发情周期的变化而发生改变。在排卵的 48 小时内，阴道黏液电阻值逐渐增高然后降低。相对于数值，繁育者应对曲线变化更加重视。这种监测要求每天进行，一天 2 次则更为可靠。孕酮检测也应同步进行。使用欧姆表可能会引起感染，因此要非常注意卫生问题。

(3) 根据母犬阴道涂片判断

阴道涂片可以提供大量信息。对于大多数母犬来说，这是判定排卵日期（排卵前或排卵后）的好方法。此时让母犬与能产生高质量精液的公犬进行交配，就极可能受孕。在某些情况下，如涂片结果难以分辨、涂片与母犬行为不一致、人工授精精液质量低下、使用冷冻精液授精等，繁育员需要采取更精确的方法来确定排卵期，如孕酮检测和卵巢超声检测。

(4) 根据血液中孕酮水平判断

某些母畜（奶牛、母猫等）只有在排卵后才会分泌孕酮。然而对于母犬，排卵前48小时即开始分泌孕酮。血液中孕酮水平在发情前期为基础水平，排卵前可进行测定。因此为了获得更为准确的信息，应依据兽医或卫生员的要求在排卵早期就进行有效监测。有2～5种通用的检测方法进行监测。在排卵时，血液中孕酮水平为4～9纳克/毫升，因母犬个体和实验室检测精确度而有所变化。因此，只有进行检测的实验室才能对检测结果的变化做出合理解释，此时也可以咨询兽医。

一旦通过孕酮检测精确判定了排卵期，其后2天便是最佳受孕时间，因此最佳交配期为排卵48小时后。

(5) 根据卵巢超声检测判断

近年来，超声检测技术飞跃发展，其优点为能够立即看到卵巢，最精确地对排卵状态进行判定。然而超声检测费用较高，并且需要在排卵期每日进行检测。因此，该方法通常只用于繁殖周期异常或有生育问题的母犬，有时也用于利用冷藏精液人工授精的母犬。

五、妊娠与分娩是母犬重要的生理阶段，确保胎儿健康成长是护理工作的重点

33. 什么是犬的妊娠与分娩？

犬的妊娠是指从受精卵形成早期胚胎，在子宫内着床，胚胎发育成胎儿至分娩整个过程的生理状态。犬的分娩是母犬排出成熟的胎儿及胎盘、胎膜、羊水的生理过程。

34. 早期妊娠诊断有什么意义？

早期妊娠诊断的价值较高，对未妊娠的母犬，可以及时进行检查，找出未孕的原因，从而采取相应的治疗和管理措施，提高母犬的繁殖效率。对确诊已经妊娠的母犬，可以注意加强饲养管理，保障母犬健康，促进胎儿发育，防止流产，预测分娩日期，做好产仔准备。

通过对东北地区某军犬基地近 5 年的犬繁殖情况进行调查，共配种 427 只次，其中 89 只犬发生假孕、不孕和流产，妊娠异常发生率为 20.8%。

通过对华中地区某警犬基地近 4 年犬繁殖情况进行调查，共产仔 1 739 只，其中发生胎儿发育异常 102 只，占产仔总数的 5.86%，其中德国牧羊犬 42 只，马里努阿犬 60 只。其中：死胎 56 只，占胎儿发育异常总数的 54.9%；弱胎 34 只，占胎儿发育异常总数的 33.3%；畸形胎 12 只，占胎儿发育异常总数的 11.76%。

据统计，西北地区某军犬基地近 3 年共产 329 胎，发生分娩异常 28 胎，发生率为 8.51%。

空怀是指适龄母犬交配或人工授精之后没有怀孕的现象。有资料显示，南方部分军（警）犬繁育单位母犬的空怀率平均达到了 45.33％。近 5 年共计配种 2 250 次，其中德国牧羊犬 6 720 只次，比利时犬 680 只次，昆明犬 900 只次，总的空怀率为 45.33％。品种分布情况为：德国牧羊犬 50.75％，比利时犬 51.47％，昆明犬 36.67％。三个品种的空怀率有一定差异，德国牧羊犬与比利时相对较高，超过了 50％，昆明犬稍低为 36.67％。

从季度上分析，德国牧羊犬在 7、8、9 月 3 个月中出现的空怀率显著上升，达到了 63.16％，可见高温季节对德国牧羊犬的繁育性能影响比较明显。比利时犬和昆明犬在 1、2、3 月的发情配种数比较少，分别仅占全年发情配种数的 7.35％和 6.66％，而空怀率却相对比较高，可能高温对比利时犬、昆明犬的繁育影响较小。

35. 如何从外部观察母犬是否妊娠？

（1）看行为

妊娠后母犬的行动变得迟缓而谨慎，性格变得安静而温驯，喜欢安静温暖的场所并嗜睡。呼吸次数增加，粪、尿排出次数增多。

（2）看食欲

妊娠后母犬的食欲和采食量明显增加，增加的幅度主要受妊娠时期和胎儿数量的影响。

（3）看体尺

妊娠后母犬的体尺变化主要表现为腹围增大。体重在妊娠前期增加缓慢，后期增加较快。

（4）看卵巢

整个妊娠过程中，妊娠黄体持续存在，以维持母体的妊娠生理机能。随着胎儿体积的增大，胎儿下沉入腹腔，卵巢也随之下沉，子宫阔韧带由于负重而紧张拉长，以至于卵巢的形状有所变化。

（5）看子宫

随着妊娠的发展，子宫逐渐变大，以适应胚胎的生长。胚胎植入前，子宫内膜的特征性变化是血管分布增加、子宫腺增长、腺体卷曲及血细胞浸润。胎儿植入后，子宫开始生长，包括子宫肌肉增大、结缔组织基质广泛增加，纤维成分及胶原含量增加。在子宫扩张期间，子宫的生长微弱，但其内容物快速生长。在怀孕前半期，子宫体积增长主要是子宫肌纤维的肥大及增长，至后半期，则是由于胎儿使子宫壁扩张，因此子宫壁变薄。同时，子宫颈完全封闭，子宫阔韧带伸长并且绷得很紧，为了满足胎儿生长发育所需要的营养，子宫血管分支增加而且扩张变粗，输入子宫的血量增加。

36. 如何通过检查来判断母犬是否妊娠？如何判断胚胎发育的情况？

如果母犬配种成功，经 5～10 大受精卵和缓地滑进子宫，此时胚胎已达 16～32 个细胞阶段。受孕后 18～20 天，受精卵微弱地附着在子宫内壁上。在妊娠第二阶段开始后，联系物（系带）出现，一个胚盘就形成了。通过研究妊娠期间孕囊直径、头直径、眼球直径、脊椎长度 4 项参数在不同时期的变化规律，并确定线性分布好、测量误差小的参数作为日龄诊断依据和做线性回归分析。结果表明，孕囊直径可作为 20～40 天的妊娠日龄诊断依据，胎儿脊椎长度可作为 40～60 天的妊娠日龄诊断依据。犬妊娠期正常为 58～63 天。

(1) 利用触诊法判断

当母犬妊娠第 5 周时，利用腹壁触诊法可确切地诊断妊娠。妊娠后期腹部膨大，乳头胀硬且有青色的色素沉着。

(2) 利用 B 超判断

母犬配种后 20 天，通过 B 超可探到孕囊，形态为不规则圆形暗区，边缘为双层膜机构，可作为妊娠阳性诊断的依据。此时孕囊不易被发现，不能作为判断胎儿数量的依据。待 30 天以后，孕囊容易被发现，可判断胎儿数量。

1）待检母犬　为 2 岁以上且有正常生育能力的母犬。

2）检查仪器和设备　本田 HS‐2100 医学超声波诊断仪器（3.5、5 或 7 兆赫），医用耦合剂，毛剪。

3）试验方法　将犬保定，使犬仰卧（如犬不配合，也可以采取侧卧势）。

4）剪毛　以倒数第二乳头为中心开始剪毛，上至肋弓后缘，下至最后一对乳头。

5）探查　均匀涂抹耦合剂，将频率调整至 3.5 或 5 兆赫，以第二乳头为中心，使探头与皮肤纵切，线形移动进行探察。

犬的妊娠期是 58～63 天，受精卵着床后，胎儿发育到出生的时间为 40～55 天。判断胎儿生长发育程度的指标一般有两种：①胎儿体重；②胎儿的生长情况。由于妊娠阶段影响胎儿体重的因素较多，因此用胎儿的体长来表示胚胎发育情况更精确。

从特征上判断，胚胎出现时间为 20～22 天，胎儿心跳开始出现在 22～25 天，头部轮廓开始出现在 28～30 天，胎儿脊椎开始清晰可见在 36～38 天，胎儿眼睛开始清晰可见在 40～45 天。

根据胎儿生长数据判断：

20 天时，孕囊直径为（1.51±0.08）厘米。

25 天时，孕囊直径为（1.98±0.12）厘米。

30 天时，孕囊直径为（3.05±0.21）厘米，此时头直径为（1.72±0.10）厘米。

35 天时，孕囊直径为（3.94±0.28）厘米，头直径为（1.77±0.09）厘米。

40 天时，孕囊直径为（5.12±0.26）厘米，头直径为（2.01±0.12）厘米，此时脊椎长度（4.01±0.23）厘米。

45 天时，孕囊直径为（6.83±0.37）厘米，头直径为（2.20±0.12）厘米，脊椎长度（4.69±0.27）厘米，此时眼球直径为（0.51±0.02）厘米。

50 天时，孕囊直径为（8.93±0.62）厘米，头直径为（2.38±0.16）厘米，脊椎长度（5.54±0.35）厘米，眼球直径为（0.57±0.05）厘米。

55 天时，孕囊直径为（11.17±0.55）厘米，头直径为（2.57±0.15）厘米，脊椎长度（6.21±0.35）厘米，眼球直径为（0.69±0.04）厘米。

60 天时，孕囊直径为（15.85±0.69）厘米，头直径为（2.76±0.16）厘米，脊椎长度（6.88±0.42）厘米，眼球直径为（0.78±0.05）厘米。

37. 如何做好母犬待产的准备工作？

母犬的妊娠期一般为 58～63 天。在产前的几天内，对母犬的饲养管理非常重要。

（1）准备好产房设施

1）做好产房准备　临产前，要将母犬转入产房。在夏季，产房要有防暑降温设施；在冬季，产房要有防寒保暖设施。在孕犬进入产房前要对产房进行彻底消毒。

2）母犬产房内要设产床　产床内要铺好垫草，垫草要求清洁、干燥、柔软，不能垫发霉变质、质地很硬或潮湿的草。冬季母犬产仔前后，分娩室内温度要达到 26 ℃左右，以保证体质虚弱母犬及体温调节功能不健全仔犬的正常生命活动。

3）将怀孕母犬单犬单舍饲养　犬舍要宽敞、清洁、干燥，采光通风要好，保持安静。防止怀孕母犬与其他犬相互咬架。

4）犬舍要大小适度，通风、保暖性好　妊娠期母犬的犬舍应宽敞，防止挤压腹部，同时不要让陌生人接近犬舍，以免妊娠期母犬出现应激反应，也不要用手抱犬，让其自由行动和休息。

（2）检查母犬身体

① 待母犬进入产房后，繁育员要用肥皂水擦洗犬的乳房，洗后把水擦干，检查母犬的膘情和乳房发育情况。如果产前母犬乳房发育不好，则要增加母犬日粮中蛋白质的含量，促使乳房发育和利于产后泌乳；如果产前母犬乳房发育状况很好，为防止产后初期乳量过多、过稠，引起乳房发炎和仔犬下痢，在临产前的几天内，要适当地减少母犬的饲喂量，不要喂容易引起便秘的饲料。

② 对怀孕后 30 天的母犬以保持静养为主。应停止训练和使用，切忌让犬剧烈运动和跳跃障碍，更不能随意打犬。

③ 保持孕犬情绪稳定。为防止怀孕母犬惊恐不安，应尽量避免让陌生人观看和受到外界刺激。

（3）清洁母犬身体

① 在母犬临产前，繁育员要对母犬的全身，尤其是臀部、阴部、乳房用 0.5％的来苏儿或 20％的硼酸进行洗涤，用清水冲洗干净，并用毛巾擦干。

② 禁止孕犬接触冷水。冷水洗澡会造成母犬的体温下降，导致流产。母犬也不能饮用过冷的水。

③ 注意乳房和阴部卫生。对于长毛犬要修剪乳房附近的毛，方便新生仔犬找到乳头吮乳；修剪肛门及外阴部的毛，以免生产时造成污染。同时可用温肥皂水擦洗乳房和会阴部，洗完后用干净毛巾擦干。有些母犬在怀孕期间会持续排出绿色分泌物，这是一种由胎盘所产生的物质，属正常现象，最后 2 周分泌量会减少。

（4）保证母犬饮水

母犬在分娩后的 6 小时内，繁育员不要给母犬喂食，只要在母犬的身旁准备好清洁的饮水即可，以保证母犬在产后有足够的饮水。母犬在产后如饮水不足或是没有饮水，易发生母犬吞食仔犬的现象。母犬产仔后，还可以让母犬饮用红糖水或麦麸汤，有利于母犬身体恢复。

（5）调控母犬饮食

① 要控制母犬食量。怀孕母犬食量的增加要适度，不要过食。要注意增

加食物的营养，增喂一些容易消化的食物。

② 要预防母犬下痢。严重的下痢会导致母犬流产。

③ 要谨慎给母犬用药。怀孕期间的母犬禁止注射疫苗，禁止使用易导致流产的药物。

（6）控制母犬运动

1）把握运动形式　母犬的运动形式多种多样，如抛物衔取、跑笼慢跑、牵犬跑、自由散放等。在妊娠期间一般不对母犬进行科目训练，特别是受精卵着床期间更应避免剧烈的散放运动。对兴奋型的母犬还必须适当控制其活动方式，尽可能避免外界的干扰，以防母犬在犬舍内过分剧烈地跑动、跳跃而引起流产。

2）把握运动强度　运动次数、时间和速度应根据需要灵活掌握。在母犬妊娠前、中期，要保持大运动量，户外运动一般每天不少于 4 次，每次 30 分钟左右，以散放自由运动为主，最好是单独散放；在妊娠后期，母犬运动时间要缩短，每天 2 次，每次不少于 20 分钟，运动的速度要减慢，剧烈程度要下降，每次以母犬稍微感到疲劳为好。在运动和散放过程中，要注意机械碰撞、跳高和攀爬，避免机械刺激或运动不当导致流产、早产或死胎。

3）把握运动规律　通常情况，应根据母犬的品种和年龄决定运动的具体形式和强度。小型母犬以抛物衔取和慢跑为主，运动量可小些；中、大型母犬以多种运动形式结合为好，运动量可大些。年龄大的母犬，运动量可小些；年龄小的母犬，运动量可大些。科学合理的运动，是保证母犬体质和胎儿良好发育的前提和保障。在高温、高湿季节母犬进行日光浴或户外运动时，要注意防暑降温。

（7）要细心观察母犬围产期的表现有无异常

母犬围产期一般会持续 1 周的时间。分为母犬产前 1 周、产前 4～5 天、产前 2～3 天、产前 1～2 天 4 个阶段。

1）母犬产前 1 周的表现　性情较为温驯，行动小心迟缓，食欲开始有所下降，腹部明显下垂，乳房明显胀大，用手挤之可有淡黄白色乳汁流出，小便频繁，大便次数增多。

2）母犬产前 4～5 天的表现　精神开始不安，行动迟缓，有的母犬常用头部或四肢翻动犬床，扒地，衔草做窝，排尿更为频繁。

3）母犬产前 2～3 天的表现　懒散，恋窝，不愿外出；食欲开始明显下降；体温开始下降，最低体温可达 37 ℃；频繁排尿，大便次数显著增加，有时每间隔 2～3 小时就排便一次，大便稀软、量少。

4）母犬产前 1～2 天的表现　有 78％ 的母犬体温下降；精神烦躁不安；几乎废食；阴部明显肿胀，阴道内有乳白色黏稠液体排出，母犬常舔舐外阴部。

38. 如何推算和判断母犬的分娩日期？如何帮助母犬生产？

母犬妊娠期为 58～63 天，从第一次交配开始推算，以便提前做好接生准备工作。早于 58 天分娩为早产，晚于 67 天分娩的为晚产。繁育员应当准确判断母犬分娩初兆，做好正常分娩、人工助产、难产的各项准备（图 5-1）。

图 5-1　繁育员帮助母犬生产

大多数母犬在分娩时会出现以下征兆：焦虑不安，坐卧不宁，自己做窝，扒地，呻吟或尖叫，食欲降低，乳头肿胀，有时会出现腹泻或粪便颜色变黄等情况。

为帮助母犬顺利生产，应做好以下几项工作。

（1）做好分娩前的准备

在母犬分娩时要保持产房的安静，产房光线不应太强，以微暗为宜。分娩前要准备好接产用具和必要的药品，如剪刀、止血钳、纱布、脱脂棉、消毒液，以及催产和止血药物等。

（2）观察母犬分娩时的表现

据全军和武警部队军（警）犬基地对怀孕母犬分娩时及产后的观察记录：母犬分娩时，90.62％ 取侧卧姿势，9.38％ 取排便姿势；分娩的开口期，子宫开始阵缩，无明显努责，母犬表现精神不安，在犬床周围不停转圈，用头部或双肢不断地翻动犬床，趴地呼吸、脉搏急促、左顾右盼，常做排尿动作，有时也有少量粪尿排出；一般初产犬表现明显，而经产犬相对安静。产程通常 3～24 小时，产出期阵缩和努责同时发生且强烈，腹壁肌肉强烈收缩，节律越来越快，强度越来越大，直到破水，羊膜呈淡黄色，仔犬产出。仔犬产出后，母犬立即咬断脐带，舔舐仔犬全身，并用头或爪将仔犬移到腹部乳房处。

母犬分娩时仔犬胎位的表现：58.59％处于"正生胎位"，两前肢平伸将头夹在中间，朝外伏卧。产出的顺序是前肢、头、胸腹和后躯。36.87％处于"倒生胎位"，其顺序与正生胎位相反。4.54％处于"胎位不正"，主要表现是横胎位，有的胸腹部对着产道，有的颈背部或背部臀部对着产道，这种胎位的胎犬往往造成难产。

母犬分娩持续时间的表现：母犬分娩的持续时间，取决于母犬的体质状况和仔犬的数量。在6小时之内完成分娩的占71.88％，在6～12小时完成分娩的占21.87％，超过12小时的占6.25％。

母犬分娩时胎衣排出期的表现：母犬分娩时胎衣排出期，是从每只仔犬排出后到胎衣完全排出为止的时期。这一阶段母犬的特点是轻微阵缩，偶有轻微努责。胎盘膜一般在每只仔犬娩出后15分钟内排出，有的可能与下一只犬娩出时一起排出。胎盘具有丰富的蛋白质，母犬通常会吃掉胎盘和胎膜，同时舔拭阴部流出的黏液，清洁阴门。

母犬正常分娩的特征：母犬如果正常分娩，第一只幼犬进入产道，母犬的腹部肌肉明显收缩，帮助子宫推出运动，并且会有一明显的胎囊出现在阴门处，之后落地。母犬的本能会将胎囊撕破并咬断脐带，舔干新生仔犬身体上的羊水并把胎衣吃掉，促其进行首次呼吸。

(3) 做好助产与护理

据统计，78.13％的母犬能自然生产，无需人为助产；但有21.87％的母犬不能完全独立地完成分娩，需要助产。

① 当母犬不撕破胎膜时，要及时帮助其把胎膜撕破。撕破胎膜要掌握时机，不要过早，避免产水过早流失而造成产出困难。

② 有些母犬特别是初产母犬和年老母犬的产力不足时，要使用催产素，同时用手指压迫阴道刺激母犬反射性的增强努责。这里需要特别注意的是，催产素的使用必须在分娩发动后，子宫口开张到足够大才可使用，在子宫口未开之前，千万不可使用，否则很可能造成子宫破裂的严重后果。

③ 仔犬过大或产道狭窄时，必须采取牵引术进行助产。方法是消毒外阴部，向产道注入充足的润滑剂。先用手指触及仔犬掌握胎儿的情况，再用两手指夹住仔犬，随着母犬的努责慢慢将其拉出，同时从外部压迫产道帮助挤出仔犬，或使用分娩钳拉出仔犬，使用分娩钳时应尽量避免损伤产道。

④ 胎位不正时，要帮助纠正位置，正常胎位的分娩一般不会出现难产，而且有40％左右的以尾部朝外的胎位分娩也属正常。当胎位不正引起产出困难时，应进行整复纠正。方法是将手指伸进产道，并将仔犬推回，然后纠正胎

位。手指触及不到时，可使用分娩钳。

⑤ 正常助产如果没有效果，则可能发生难产，应及时做进一步处理，必要时进行剖腹产。

⑥ 对产出的仔犬应及时清除黏液，擦净羊水，存留过长的脐带要及时剪除，注意防止事故发生。

⑦ 要妥善处置后续工作。繁育员要按胎儿出生顺序编号做好标记并称重，然后将仔犬送回母犬身边吃奶。同时清除污物，更换垫子（草）。如果出现胎儿窒息情况，应将胎儿倒着提起，头向下，握紧犬身和头，拇指和食指将嘴分开左右轻摆，将仔犬吸入嘴内和肺部的羊水排出体外。如果出现难产等情况，要及时通知卫生员或送军（警）犬医院进行救治。

⑧ 做好母犬产后体况的恢复。产后要使母犬得到充分休息，产后 3 天，如果母犬体况正常，在天气晴朗时可把母犬放入运动场让其自由活动，以利于母犬身体的恢复。

39. 如何避免和处理难产？

(1) 积极主动做好避免母犬难产的工作

1）了解怀孕母犬的基本情况　主要需要了解病史，查阅配种日期、胎次、与配公犬的品种与大小、分娩的启动时间、产前体温变化、胎儿产出的间隔时间以及阴道排出物颜色等。

2）对怀孕母犬进行产科一般检查　检查时，将犬的会阴部和助产者手臂消毒后，助产者一手托住母犬腹部，另一手食指伸进阴道内检查。主要检查子宫颈是否开张，感受子宫阵缩的频率和力度，判断胎儿胎位是否异常，以及是否具有吮吸或肛门收缩反应等生命特征；必要时可利用开膣器观察子宫颈开张情况，以及大型母犬的胎囊情况。

3）对怀孕母犬进行仪器检查　可以借助 X 线检查，确定胎儿能否通过母犬的骨盆入口，尤其对于怀单胎所致的怀孕期延长和难产，X 线检查更为必要。为了查明胎儿数量或胎儿是否存活，可采用 B 超进行检查。

4）适当运动　适当运动可促进母体及胎儿的血液循环，增强新陈代谢，保证母体和胎儿的健康，有利于分娩。因此，运动应有一定的规律，持之以恒。一般在妊娠前期每天运动 2 小时左右，妊娠后期每天运动 3 小时左右，临产前 2～3 天可在室内运动。但要注意在妊娠的前 3 周内，最容易引起流产，所以不能有剧烈的运动，妊娠中后期（6 周左右），母犬腹部开始有些增大，行动迟缓，此时应避免剧烈的跳跃运动及通过狭窄的过道，并应减少运动量。

5）合理控制母犬的营养　母犬怀孕后要根据不同时期的营养需求特点，注意蛋白质、能量、维生素和钙、磷等的供给。怀孕中后期适当增加饲喂次数，饲喂量要根据母犬的具体情况来确定，不宜过肥，也不能过瘦，以免分娩时发生努责无力或由于母犬营养过剩导致胎儿过大而发生难产。天气炎热时要特别注意钙的补充，以免因缺钙而导致收缩无力。

6）选择种母犬

① 对有难产史，或患有骨盆骨折、子宫肿瘤等其他与产科相关疾病的母犬，应尽量少配或不配。

② 杜绝体型大的公犬配体型小的母犬，遵循体型相近或差距较小的公、母犬相配原则。

7）减少外界环境对母犬的应激刺激　母犬分娩前应提前进入产房，让其熟悉分娩环境，尽量避免陌生人进出产房，保证产区安静。

（2）掌握母犬难产的表现及原因

如果母犬子宫收缩或产仔时间间隔超过 2 小时，则说明母犬出现了难产，如原发性子宫收缩无力（疲劳、低血糖和低血钙引起）或继发性子宫无力（横产位、胎儿过大、产道同时出现两只仔犬、产道阻塞）。

1）母犬难产时的临床表现

① 母犬的预产期正常为 58～63 天，一般为 60～62 天。而母犬的妊娠天数超过了 72 天。

② 母犬出现叼东西、铺窝等生产前的征兆，频频努责，并伴有少量的尿液排出，但经过 6～10 小时仍未见胎儿产出。

③ 胎水已流出 2～3 小时，但没有努责表现。

④ 外阴分泌物呈绿色，但无胎儿产出。

⑤ 产出 1 只或数只后，经 4 小时以上无继续宫缩现象，但腹部触诊仍有胎儿。

⑥ 产道异常，如盆骨骨折、胎儿卡在产道内等。

⑦母犬临产前体温重新升高，但未分娩。

⑧母犬生产过程中阵缩无力。

⑨母犬产出胎儿时间过长。

2）母犬难产发生的常见原因

① 母犬因素：母犬配种过早，骨盆发育不全，或骨盆有骨折病史，骨盆发育畸形造成骨盆狭窄等，易造成胎儿在分娩时不能顺利产出。未达到体成熟的犬，骨盆、子宫及产道的发育都未达到生育要求，应在母犬体成熟时配种，

而不应在犬刚刚性成熟时配种，防止因过早配种而造成难产。一般母犬初配不应早于第2次发情，在第3次发情时配种最好。因为母犬身体已经发育成熟，可以防止因过早配种而造成难产。

母犬怀孕期间内分泌失调、过度肥胖、运动不足，年老体弱，怀胎过多、胎儿体积过大、或羊水过多引起母犬子宫过度扩张，产程较长致使母犬过度疲劳，腹壁的机械损伤等因素，易造成母犬分娩时收缩和努责无力。

分娩时膀胱积尿或肠内有大量积粪，母犬阴道瘢痕、阴门狭窄、阴门水肿致使产道肿胀狭窄，以及子宫先天畸形、子宫扭转、子宫颈开张不全等影响胎儿正常分娩。

助产过早或不正确的反复助产，导致阴道损伤、水肿，影响胎儿正常分娩。

更换分娩环境，分娩前或分娩过程中受到强烈刺激，造成母犬精神高度紧张、恐惧而出现应激反应。

② 胎儿因素：配种不适，仔犬数少，母犬在后期营养过剩而导致胎儿过大等。

胎儿胎位、胎向、胎势不正，在生产时难以顺利娩出，常见有胎儿头侧弯、下弯，颈部屈曲，臀部前置，侧位和横位等。

两个胎儿同时进入产道，当两个胎儿从两侧子宫角同时进入产道时，由于产道相对狭窄，胎儿互相妨碍，不能同时娩出，造成难产。

犬在孕期滥用药物及补品，或某些先天因素导致胎儿死亡、畸形造成难产。

（3）难产的解决措施

在助产过程中准确地判断母犬发生难产的因素，及时给予正确的处理，可以有效避免母体生殖道和胎儿的损伤。难产处理的原则：①既保母又保子，使胎儿产出并成活，母子平安。②弃子保母，尽力保证母犬安全。

1）产力性难产　母犬分娩过程中依靠阵缩和努责将胎儿娩出。母犬年龄偏大、体质较弱或过于肥胖，容易导致阵缩、努责无力，从而易发生产力性难产。正常母犬分娩过程中，首先被娩出的几个胎儿的间隔时间在10～30分钟，然后有2～4小时的休息，接着排出余下的胎儿。若长时间未见胎儿产出且母犬表现腹部收缩无力、喘息等，可以诊断为产力性难产。处理时应首先让母犬子宫松弛，每只犬可静脉缓慢注射10%葡萄糖酸钙5～15毫升，10%葡萄糖溶液20～50毫升，30分钟之后皮下或肌内注射3～5国际单位催产素。如通过以上处理依然未见胎儿娩出，则应及时进行剖腹产。

2）产道性难产　产道性难产多发生于初产犬，主要表现为骨盆狭窄及阴门狭窄。在骨盆狭窄时，胎儿不能顺利通过，需要及时进行剖腹产；阴门狭窄，可在阴户上方扩创，待胎儿产出后再缝合好扩创部位，进行外科处理。少数犬在生产过程中会出现如发热、精神沉郁、腹痛等现象，则应考虑是否发生子宫捻转或中毒，这时可立即进行剖腹产。对于部分犬分娩迟迟不能发生，子宫颈开放不完全，可以耐心等待，必要时注射雌激素加快子宫颈的开放过程，待检查子宫颈开放后，注射 3～5 国际单位催产素，胎儿可正常娩出。

3）胎儿性难产　胎儿性难产多数是由于胎儿的胎位、胎向、胎势发生异常以及胎儿过大所致。正常分娩过程中，胎儿与母体正常的位置关系是背上位，呈纵向，头前置于骨盆开口处。临床中最常见的为倒生，即表现为胎儿臀部前置骨盆口，一般经过阴道检查触摸到尾和肛门可以准确地判断。此种情况在判断产道开放、胎儿尚有肛门收缩反应等生命特征的情况下，可以利用镊子适当地采用牵、拉等助产手法进行助产。有时在分娩过程中，胎儿前肢或头部屈曲于子宫骨盆口处，此时需要利用子宫正常阵缩间隔，借助产科器械采用推、送、牵、拉的方法进行矫正。其他异常位置造成的难产在矫正困难的情况下，可以剖腹产将胎儿取出，保证母犬生命安全。

40. 如何对犬实施剖腹产？

剖腹产是指通过切开母犬腹壁及子宫以取出仔犬的手术。在遇难产采取各种方法都无效时，需及时地进行剖腹产。在进行剖腹产手术时，要特别注意卫生消毒工作，术后加强护理，防止发生感染。

准确判断母犬能否顺产，果断实行正确的助产手术，保证母犬、仔犬的性命及母犬以后的繁殖力，这是检验繁育员、卫生员、兽医工作成效的重要标准。随着兽医技术的发展，犬剖腹产手术成功率一般都在98%以上。遇以下情况时应果断进行剖腹产：骨盆先天性发育不良（骨盆畸形骨盆腔狭窄）；骨盆骨折变形；产道肿瘤以及软产道剧烈水肿、严重干燥，无法进行人工助产；阵缩努责无力，经药物催产无效；胎儿方向、位置及姿势严重异常，胎儿过大或畸形，胎儿水肿或死胎发胀；子宫扭转破裂，人工助产无望。

（1）做好准备工作

经检查确诊适合剖腹产手术时，应快速而充分地做好术前准备工作。

1）实行术前的健康检查　检查母犬体温、心率、呼吸频率、宫缩情况及宫内仔犬的情况，母体精神状态等，以便决定麻醉方式和手术方案，并与军

（警）犬繁育员进行术前交流沟通。

2）建立静脉通路　填埋静脉留置针，以便诱导麻醉、输液、应急抢救时使用。

3）手术器械的准备及消毒　手术刀柄1把、手术刀片2张、组织剪2把、眼科小剪1把、手术镊有齿和无齿各1把、直止血钳5把、弯止血钳5把、持针钳1把、缝合针若干、牵拉器1对、巾钳5把、组织钳2把、有沟探针1支、丝线若干。用布包裹好放于高压锅内蒸汽高压消毒20分钟。监护仪、高频电刀调好备用。

4）准备药品及物品

麻醉药品：吸入麻醉，如丙泊酚、异氟醚等。肌肉静脉麻醉，如舒泰、犬眠宝等。

常规药品：抗生素、生理盐水、5％葡萄糖、安络血、阿托品。

急救药品：肾上腺素、地塞米松、速尿。

物品准备：带针医用羊肠线、一次性灭菌创布、剃毛刀具、接产用品（毛巾、丝线、剪刀、纸箱、保温袋）。

5）确定麻醉方式　麻醉方式的选择是手术能否顺利完成的关键。

有条件的军（警）犬医院使用吸入麻醉，它具有稳定性强、可持续麻醉时间易控制、安全稳定、全身肌肉松度好、不影响仔犬等特点。麻醉前应做好麻醉机调节，诱导麻醉，气管插管等工作。

如果没有吸入麻醉条件的，可采用舒泰、犬眠宝等肌肉麻醉方式，但麻醉前应预估手术时间以确定适宜的麻醉剂量，尽量减少麻醉风险。

6）分配医生及助手　手术医生及助手全程实行无菌手术操作，助手负责血氧监控、麻醉监控、应急处理及配合手术医生的无菌操作。

（2）实施剖腹产手术

术中稳健熟练的无菌操作是整个剖腹产手术成功的关键；手术通路的准确定位，医生与助手的默契配合是手术快速顺利完成的关键。

1）进行术前准备　对手术犬实行麻醉，术部剃毛清洗，仰卧保定，术部双重消毒，先碘酒后酒精，盖上固定创布，准备手术。

2）打开手术通路　在脐孔后腹正中线做一切口，遇横向腹部表皮血管时可结扎或用止血钳钳压止血，分离皮下脂肪肌肉，避免伤及乳腺组织，暴露腹膜。分离腹肌，暴露腹膜，找到腹膜正中白线，用手术镊夹起腹膜，用手术刀开一小口，用有沟探针导剪扩大切口到合适大小。

3）取出整个子宫　用拉钩拉开切口，轻轻牵拉和挤压腹壁，取出整个子

宫，用灭菌创布垫好整个子宫，用灭菌纱布密封子宫与腹壁间的空隙。

4）取出仔犬　在子宫体与子宫角交会处血管较少的位置，用眼科小剪刀尖钻一小孔，再用止血钳钝性分离，扩大小孔到可取出仔犬为止，轻轻挤压靠近切口处的仔犬，使之靠近切口以便取出。取仔犬时，切勿太快，要连同胎膜、胎盘一齐取出，依次取出所有的仔犬及胎膜、胎盘。

5）接产　主刀医生取出仔犬后，接产助手接过仔犬，用手撕开其头部胎膜，用准备好的毛巾擦干仔犬头部黏液，并向后擦去全身的胎膜、胎水，动作宜快，力争几秒内完成，用已消毒好的丝线结扎脐带并用剪刀剪断，用碘酒消毒断端，将仔犬置于纸箱中，依次接产剩下的仔犬。对发生窒息的仔犬，将其吸入鼻腔气管中的羊水清除干净，将其头部向上放于掌中，做多次屈伸动作将其气管中的羊水压出，使仔犬尽快恢复自主呼吸及心脏功能。待仔犬呼吸好转后转到纸箱中保温，由其慢慢恢复。如果仔犬呼吸仍然很弱，最好尽快供氧和注射肾上腺素抢救。

6）缝合子宫复位

① 清洗宫内：仔犬、胎膜、胎盘确定全部取出后，用配有抗生素的生理盐水从切口处灌入子宫角内，清洗里面的积血及胎盘污物。清洗完后对子宫切口实行两层缝合：第一层连续缝合，第二层包埋缝合。

② 清洗宫外：用带抗生素的生理盐水清洗缝合好的整个子宫，移走垫布、纱布，清理完毕后，把整个子宫按正确的方位还纳腹中。

7）闭合腹壁切口　子宫还纳腹中后向腹腔撒入一定量抗生素，用羊肠线依次连续缝合法缝合腹膜、腹肌，用丝线结节缝合法缝合皮肤，创口涂上碘酒，停止吸入麻醉或催醒，整个剖腹产手术顺利完成。

（3）应注意的问题

① 手术全程要求无菌操作，避免术后母体感染。

② 手术全程实行血氧心率监护，做到出现异常及时快速抢救。

③ 剪开腹膜时必须向上适当提高，使用有沟探针导剪切口，以免伤及内脏和子宫。

④ 子宫切口尽量避开血管丰富的位置，实行钝性扩开切口，避免大出血。

⑤ 缝合时注意间距及肌肉的韧性，避免缝合后切口裂开。

（4）做好产后护理工作

术后除进行全身应用抗生素外，还应配合镇痛、补充能量及营养、输液等治疗，但用药应坚持少而精的原则，以防止应激过大；术后护理主要应注意保暖、伤口消毒、母体卫生，以及保证食物的营养与清洁，防止便秘或腹泻等。

1）术后母犬的护理

① 术后给母犬戴上伊丽沙白圈，防止母犬舔咬伤口。

② 术后给母犬注射3～5国际单位缩宫素，促进排乳及子宫瘀血、污物排出，止血等。

③ 术后视母犬的虚弱程度实行输液治疗。

④ 术后每天使用一定量的抗生素实行抗菌消炎。

⑤ 伤口使用碘酒涂擦消毒，用电磁灯烘干有血清渗出的伤口。

⑥ 术后母体食欲较差时，应人工灌喂肉汤或料糊以增强体质。

经术后精心护理和抗菌消炎，第7天伤口应全部愈合，拆线，手术完满成功。

2）术后仔犬的护理

① 保暖：仔犬取出后应置于具有保暖功能的箱中，也可用布包裹暖水袋模仿母体置于仔犬旁边。

② 吸足初乳：母犬手术完毕后，尽快人工辅助仔犬吸足初乳，以提供能量及免疫球蛋白。

③ 人工辅助哺乳：母犬术后7天内伤口没愈合无法自带仔犬的，必须人工辅助哺乳，并辅助其大小便。白天每隔3小时人工哺喂1次，夜间每隔5小时人工哺喂1次。如果母体无乳，可使用犬专用代乳品人工定时哺喂，每隔4小时1次。

④ 母犬自行哺乳：母犬7天后拆线，伤口无问题时仔犬由母犬自行护理。自此，仔犬人工护理任务完成。

（5）剖腹产母犬产仔过程例证

1）手术

① 难产前期：某部队一只4岁的比利时犬母犬于2016年3月10日发情，3月25日和3月27日交配2次。该母犬5月26日上午出现产前征兆，扒窝，烦躁，于17点45分开始产第1只仔犬，至当晚20点50分产下第4只仔犬后，由于第5只仔犬胎位不正，至5月27日上午9点30分由兽医师人工助产，仔犬死亡。10点10分产下第6只仔犬后，第7只仔犬又出现胎位不正。

② 实施手术：母犬生产第7只仔犬时，体力明显下降，呼吸急促，兽医师决定实施剖腹产。手术于17点20分至19点10分进行，剖腹后取出4只仔犬，其中2只死亡、2只存活。当时如果用以往的剖腹产手术方法，伤口在两排乳房之间，不利于犬手术后的哺乳和伤口愈合，于是将手术刀口放在右侧后

腹部，这样手术后既不影响母犬哺乳，又有利于伤口的愈合、干燥。

③ 术后护理：手术当日，母犬缝合伤口后接受输液治疗，呼吸急促，体温 39.8 ℃。安排人员通宵看护，母犬到次日有近 15 小时不能哺乳，为防止仔犬不能吃到初乳出现死亡，于 5 月 28 日当晚用 5 月 26 日刚产过仔的母犬代哺。由两名工作人员轮流每隔 2 小时哺乳 1 次，并人工辅助刺激仔犬排尿、排便，以度过对于初生仔犬最危险的阶段。

2）护理

① 牵回犬舍：手术后第 2 天，由于该母犬体质较健壮，经过一夜的治疗、休息，体力有所恢复，兽医师决定将其牵回犬舍，边哺乳边治疗。于当日用少量的鸡汤、小块鸡肉、稀饭喂食。母犬出现排尿，未见排便，至晚间体温降至39.1 ℃，但呼吸仍显急促。

② 调整饮食：为防止碰到母犬伤口，仔犬的哺乳由人工看护，母犬乳水较充足，能基本满足仔犬的摄取。考虑到人工加喂鲜乳会出现仔犬消化不良等反应，故未采取人工哺乳，只是在母犬的饮食上进行调整：将原来的一日 4 餐改成一日 6 餐，做到少食多餐，食物以煮熟的碎鸡肉、稀饭、鸡汤、碎熟牛肉为主，每餐食物量控制在 300～400 克。为利于消化和吸收，食物中严禁有鸡骨头和硬物的出现。手术后第 2 天，母犬及仔犬的情况较稳定，从而证实了护理和饲养管理方法的科学有效。

③ 调养母犬：手术后第 3 天，母犬继续接受治疗，在母犬及仔犬的饲喂上继续沿用前一天的方法。不同的是，在母犬的食物中添加颗粒饲料，增加粗纤维的摄入，以促进母犬排便。母犬于当日中午 11 点 40 分左右排便，体温下降到 38.7 ℃，已达到正常体温标准，呼吸平缓。

④ 关注仔犬：5 月 30 日至 6 月 3 日，母犬继续接受治疗，发现伤口和阴部出现渗水，经兽医治疗处理后好转。母犬情况较稳定，发现 3 只仔犬不长。因为母犬治疗过程中使用了大量抗生素，母乳质量不好，其中剖腹产取出的最后一只仔犬于 6 月 3 日衰竭死亡，其余 6 只仔犬体重开始稳步增加。

⑤ 术后保健：6 月 5 日，母犬伤口拆线，伤口有部分未愈合，经兽医师治疗后于 6 月 13 日伤口愈合良好，仔犬生长发育正常。

3）经验

① 母犬在怀孕期间运动量适中，体质健壮，这是剖腹产后身体恢复良好的基础。

② 兽医师选择在侧位开刀，不影响母犬哺乳，并在母犬手术后采取了较科学的治疗和护理方法。

③ 精心护理，在术后恢复中及时调整饲料，用易消化的饲料、少食多餐的方法，使母犬顺利度过产后危险期。

④ 手术后 2 天，仔犬用分娩时间相近的其他母犬代哺（两小时间隔）、专人值班，使仔犬度过最危险的产后 2 天，这是仔犬存活率高的关键因素。

41. 如何处理新生仔犬假死问题？

（1）原因

仔犬产出后心脏跳动而呼吸障碍或无呼吸，或心跳、呼吸有但昏睡不醒，这些都统称新生仔犬假死或窒息，如急救不当，常发生仔犬死亡。

由于胎盘或脐带血液循环障碍而使临产胎儿缺氧窒息的原因有以下几种。

① 倒生胎儿脐带被自身压迫，使胎盘血液循环受阻，娩出缓慢而胎儿缺氧；顺产娩出时间延长，胎盘血液循环障碍。

② 分娩中胎儿胎盘已脱离母体胎盘，未能及时娩出使胎儿缺氧。

③ 胎儿体内 CO_2 蓄积，刺激呼吸中枢，反射性地过早出现呼吸，使胎儿吸入羊水。

④ 子宫强直性收缩，胎盘和脐带前置受压或脐带缠绕胎儿某一部分等都可使胎儿发生假死。临产母犬有热性病、过劳、大出血或贫血时血中缺氧，通过胎盘使胎儿 CO_2 蓄积，刺激呼吸中枢出现过早呼吸而吸入羊水。

⑤ 麻醉母犬时通过胎盘循环可将胎儿麻醉。在难产时，助产用麻醉药麻醉母犬，若仔犬娩出后心跳、呼吸基本正常，仅出现昏睡不醒，处于麻醉状态，这是真正的假死。

（2）症状

① 角膜反射存在，脉搏快而弱，呼吸不匀。

② 可视黏膜青紫色。

③ 舌垂于口外，口鼻中有黏液。

④ 呼吸时口一张一合，胸壁剧烈扩张，吸气时间延长，肺部听诊有湿啰音，四肢无力。

⑤ 重者黏膜苍白，全身松软，反射消失，呼吸停止，心跳微弱。

（3）急救措施

1）疏通呼吸道 繁育员或卫生员应清理仔犬呼吸道，将仔犬倒提或高抬后躯，用纱布或毛巾揩净口鼻内的黏液，然后做人工呼吸，也可倒提仔犬抖动、甩动，拍击颈部，都有刺激呼吸反射而诱发呼吸的作用。

2）进行人工呼吸

① 有节律地按压胸部，借横膈的活动，使胸腔容积交替扩大和缩小诱发呼吸。

② 用羽毛刺激鼻黏膜或将氨水瓶放于鼻端刺激黏膜。

③ 用凉水冲头部。

④ 将仔犬仰卧头部放低，一人按压两侧季肋，交替扩张和压迫胸壁，扩张时助手拉出犬舌于口外以利吸气，压迫时将舌放入口腔，如此反复进行以诱导呼吸。

3）进行人工注气　清除呼吸道黏液后，有节律地向气管内注入空气，压力不可过大，以防导致肺气肿。

4）注射药物

① 给母犬用麻醉药而将胎儿麻醉者静脉注射苏醒灵，用量按每千克体重 0.01～0.015 毫升计算。

② 给因麻醉剂致仔犬假死者注射强心剂，如强尔心等，以及皮下注射兴奋呼吸中枢的 10 克/升尼可刹米溶液 0.05～0.1 毫升等。

42. 如何处理母犬噬仔问题？

（1）母犬噬仔表现

母犬噬仔行为一般属于偶然情况。

【例一】犬名"娇娇"，系某军犬基地一只昆德杂交犬，3.5 岁。体况良好，经产。

2016 年 9 月 1 日配种，11 月 2 日 18 时生产，产前检查呼吸、心跳、体温等指标正常，饮水自由、充足。分别于 2017 年 5 月 20 日、2018 年 3 月 1 日各产仔一窝。

分娩过程：11 月 2 日 18 时，娇娇开始分娩，顺产一仔犬。值班人员发现后将仔犬捧入怀中，随即通知犬主。母犬见状即尾随其身后，约 15 分钟后主人赶到，将仔犬放上产床后，娇娇才安静下来。3 分钟后主人换好衣服进入产房发现，仔犬已失去左后肢及尾部，不久呼吸停止。随后在主人的看护照料下母犬又陆续顺产 6 只仔犬。

2017 年 5 月 20 日深夜，娇娇再次分娩，管理人员发现时，产下的 2 只仔犬已被母犬咬死，其中一只失去左前肢，另一仔犬失去右后肢及尾部，后在主人的照料下顺产 7 只仔犬。

2018年3月初，娇娇再次分娩，主人守在一旁，母犬安静顺产5只仔犬。从此以后，该犬的繁殖顺利正常。

【例二】犬名"丽丽"，系武警某警犬基地一只德国牧羊犬，3岁，体况良好，经产。2017年11月10日配种，2018年1月27日深夜产仔，产前检查各主要生理指标正常，食欲良好，饮水自由、充足。

2月11日早上值班人员发现丽丽已分娩，但全部仔犬均被咬死，无一完尸，仔细分辨为5只仔犬。

以上两例是较典型的母犬"噬仔"行为。这类现象的发生虽属偶然，但存在诱因。

（2）原因

1）从饲养管理上分析　两只母犬产前体况良好，食欲正常。饮水自由、充足，均无异嗜现象。各主要生理指标及大、小便正常，所以肯定这不是犬的异嗜行为。

2）从环境因素上分析　"娇娇"和"丽丽"分属长江以南和以北地区，生活环境大不一样，但都出现相同的"噬仔"行为，必存在内在的心理因素影响，使其产生相同的行为。

3）从分娩当时情况分析　娇娇分娩时，主人不在身边，值班人员将仔犬捧入怀中的行为，致使母犬对幼犬出现较强的不安全感，产生恐惧心理，并抑制了母犬对幼犬的母性，从而发生"恐惧性噬仔"，恐惧心理应是内在的因素。

丽丽分娩时，主人不在身边，时值春节期间，鞭炮声此起彼伏，响声巨大。节前也进行过此类声音训练，但没有达到如此密集、巨大的强度。母犬对超强的鞭炮声产生恐惧心理，同样抑制了母犬对仔犬的母性，导致出现"恐惧性噬仔"。

娇娇第二次分娩再次发生"噬仔"，除主人不在身旁的原因外，上一次的恐惧心理没有得到有效安抚和消除，作为一次超强刺激如"烙印"一样仍深记大脑，同时缺乏对人的信任等都是诱发娇娇第二次分娩再次发生"噬仔"的原因。这说明母犬在分娩时，主人、值班人员是否在位是个重要的影响因素。

4）从犬的群体行为角度来分析　可将犬的行为活动分为基本行为和异常行为。

① 基本行为：特性不会因人类驯养而改变，这类行为常见于犬的日常生命活动，又称为显性行为。如犬对主人的依恋（依赖）行为，对领地、物品、食物或主人的占有行为，犬群内部的等级行为（这是犬群平衡相处和繁衍的基础），犬的探求好奇行为等；母犬对幼犬的爱抚、保护行为，分娩时咬断脐带、舔干幼犬体表及鼻孔内黏液的行为；犬的"臭迹行为"，犬常在活动区域排尿

排粪，并在"臭迹标志"处抓扒地面，这种"臭迹标志"还可向公犬传递母犬接受交配的信息，往往公犬比母犬更善于利用这种标志。

② 异常行为：产生必有诱因，又称为隐性行为，属于管理者有意识无意中、环境等外部因素变化使犬出现的行为。如有目的地使用一定手段，让犬具备的服从、追踪、鉴别、搜索行为。母犬发生的"恐惧性噬仔"即异常行为，没有外因（鞭炮声）的干扰，这一行为是不会发生的。这些外因产生的刺激强度是超常的，超过了分娩母犬在产仔这一特殊时期所能承受的阈值，可以说"噬仔"行为是母犬的一种被动性保护行为。

曾给一只叫"黑豹"的犬做过一次预防注射，从此以后一听到人们的说话声，该犬就躲藏起来，直到人们离开。这说明该犬将声音同针刺建立了联系，注射的疼痛对犬产生了恐惧记忆。

（3）措施

在分析了娇娇和丽丽产生"噬仔"行为的原因以后，首先认定了值班员的错误行为，要求做到每次分娩主人都在现场。

1）建立人、犬之间较为巩固和信赖的亲和关系　怀孕期间，饲养及管理活动一般由主人亲为，把犬对人的信任融入日常活动中。

2）与犬经常交流　平常多同犬在一起，"意识交流无处不在"，一言一行其实都是同犬在进行情感交流和信息沟通，熟悉犬的肢体语言和心理活动。

3）给犬创造一个清静的分娩环境　在犬分娩时，主人守在一旁，用温和的语言、温柔的动作辅助犬生产。犬能做的让犬自己做，如舔羊水、咬脐带；犬不能做好的，如清除幼犬鼻孔中黏液、脐带消毒等可人工辅助，但要求动作自然。同时，做好产房的防寒保暖、防暑降温及防蚊等工作。

4）加强声光的训练　消除其"恐惧记忆"。

43. 如何解决母犬缺乳问题？

犬的产后保健，首要任务是保证犬有充足的乳汁供仔犬吸吮（图5-2）。为此，繁育员要切实做好母犬的乳房保健工作。

（1）表现

母犬产后乳汁分泌很少甚至无乳称之为产后缺乳，常发生于初产

图5-2　帮助幼犬吮乳

母犬或老龄母犬。临床主要表现为母犬产后厌食、精神萎靡、乳房无乳汁分泌或泌乳期间乳腺机能紊乱，不愿让仔犬吸乳。

（2）原因

1）环境因素　产犬舍面积过小，约束了分娩母犬的自由并对其产生一定压力，增加了分娩母犬在生产时对紧张刺激的敏感性，从而造成母犬在生产过程中过于紧张、恐惧和烦躁。分娩及泌乳期间需要安静的环境，但分娩或哺乳过程中常突然出现一些噪声，如鞭炮声、雷电声、汽车喇叭声或陌生人群的嘈杂声等强烈刺激，易使母犬泌乳机能受到抑制，从而导致母犬发生缺乳现象。

2）营养因素　母犬过肥或过瘦都易引起母犬产后缺乳，特别是在妊娠后期日粮营养不良或饲料搭配上缺少如蛋白质等有效营养成分，未能满足母犬营养需要时，易导致母犬产后消瘦甚至无乳。母犬分娩过程中因体力消耗较大，会流失大量水分，此时如果没有提供足够的干净饮水或补充多汁饲料的话，也易导致母犬出现产后缺乳现象。

3）疾病因素　产后感染易导致母犬出现体温升高、食欲减退、精神不振，触诊母犬乳腺膨大、水肿，乳腺上有红色斑点等症状，母犬泌乳机能发生紊乱，分泌含有脓汁或血汁的乳汁。由于仔犬吮乳时损伤母犬的乳腺，导致母犬发生乳房炎症，也是造成母犬产后缺乳的主要原因。由于妊娠期母犬运动量不足使母犬易发生难产、分娩时间延长、胎衣碎片滞留及子宫继发性细菌感染引起自身中毒等，都易导致母犬产后缺乳现象。

4）配种年龄因素　一般来说，母犬要到 1.5 岁以后才能达到体成熟。母犬过早进行配种，此时初产母犬乳腺发育尚未完全，导致促进泌乳的激素和神经机能失调，从而使母犬易出现产后缺乳现象。母犬达 8 岁后进入老龄期，身体各项机能逐渐衰退，也容易出现产后缺乳现象。

（3）措施

1）通过均衡的营养供给防止母犬缺乳　母犬妊娠期间加强均衡的营养供给，增强体质是母犬产后泌乳的基础，特别是在妊娠后期及产前、产后期间要增加青绿多汁饲料的供给，同时要及时补充富含蛋白质、矿物质及维生素的全价配合饲料，有条件的要饲喂妊娠期专用饲料，以保证母犬妊娠期的营养均衡，增强母犬体质，为产后泌乳奠定良好的基础。

2）通过提供舒适的分娩及泌乳环境防止母犬缺乳　妊娠期要合理安排母犬的散放运动，及时排除产犬舍周边的应激源，把产舍内的噪声控制在最低限度。在产前 1 周将母犬转移至已消毒的产犬舍内，谢绝外人参观，防止母犬受到惊扰。保持犬舍内安静、洁净及良好的采光通风，为母犬泌乳提供良好的环境。

六、饲料是满足军（警）犬营养需要的物质，也是完成繁育工作的重要保障

44. 什么是犬的营养需要？

犬的营养需要是指每只犬每天对能量、蛋白质、矿物质和维生素等营养物质的需要量。不同品种、年龄、性别、体重及生理阶段的犬，其营养需要有所差别。

45. 各类犬的营养需要特点是什么？

(1) 幼犬

给幼犬提供的能量既不能过多，也不能过少。过少则犬生长发育受阻，身体瘦弱；过多则可导致犬肥胖。

处于生长阶段幼犬所需的蛋白质，不仅量要足，而且品质也要好。因为蛋白质的品质对于幼犬生长的影响比成年犬更大。如果饲料中缺乏必需氨基酸，幼犬的生长发育将受到严重影响。生长期蛋白质的需要量应包括维持需要在内，维持部分随体重的增加而增加；而构成单位重量新组织的需要量，则随年龄和体重的增加而减少。生长犬每千克体重每天约需蛋白质9.6克。

犬在生长阶段，骨骼的增长很快，骨盐沉积较多，故生长期钙、磷的需要量很大。维生素D与钙、磷的吸收和利用有关，也是生长期骨骼生长所必需的。

犬对矿物质和维生素的需要量如下（每千克体重每日需要量）：钙484毫克，磷396毫克，钾264毫克，铁2.64毫克，铜0.32毫克，锰0.22毫克，

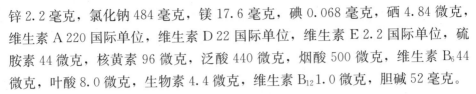

锌 2.2 毫克，氯化钠 484 毫克，镁 17.6 毫克，碘 0.068 毫克，硒 4.84 微克，维生素 A 220 国际单位，维生素 D 22 国际单位，维生素 E 2.2 国际单位，硫胺素 44 微克，核黄素 96 微克，泛酸 440 微克，烟酸 500 微克，维生素 B_6 44 微克，叶酸 8.0 微克，生物素 4.4 微克，维生素 B_{12} 1.0 微克，胆碱 52 毫克。

（2）孕犬

孕犬营养需要的特点是妊娠后期比前期需要多，妊娠的最后 1/4 阶段是最重要的时期。

孕犬在妊娠前 5 周，可采用维持时的代谢能，到了第 6、7、8 周需要量则在维持的基础上分别增加 10%、20%、30%。妊娠后期代谢能需要量约为每千克体重 0.79 兆焦。

妊娠期的蛋白质需要量高于维持需要但低于泌乳期需要。妊娠后期，每千克代谢体重需要代谢蛋白质 5～7 克。妊娠期母犬日粮中，钙磷比约为 2：1。其他矿物质元素和维生素略高于维持时的量，低于哺乳期的需要量。

（3）种公犬

公犬代谢旺盛，活动量较大，所以与同体重母犬的维持需要相比，种公犬需要较多的能量。种公犬日粮中若蛋白质不足，可引起射精量、精子数量显著下降。一般日粮中含钙 1.1% 和磷 0.9%，可满足种公犬的需要。

维生素 A 与种公犬的性成熟和配种能力有密切关系。维生素 A 在体内有一定贮备，一般不会缺乏。长期缺乏维生素 E 时，可导致公犬睾丸退化。

（4）哺乳犬

哺乳犬在泌乳的第 1 周，代谢能需要量为维持状态的 1.5 倍；在第 2 周时为维持状态的 2 倍；在泌乳的第 3 周达到高峰，代谢能需要量是维持状态的 3 倍；之后逐渐下降。哺乳母犬每千克代谢体重需要代谢能 1.97 兆焦。

蛋白质需要量为每千克代谢体重 12.4 克。

矿物质和维生素需要量是维持状态下需要量的 2～3 倍。每天每千克体重的摄入量不低于生长期幼犬的摄入量。

（5）军（警）犬

已成年的军（警）犬，每天每千克代谢体重所需代谢能为维持状态的 2 倍；对于训练强度大又处在生长发育期的未成年军（警）犬，每天每千克代谢体重需要代谢能为维持状态的 3 倍。

成年军（警）犬蛋白质需要量为在维持状态的基础上增加 50%～80%；未成年训练犬则为在维持状态的基础上增加 150%～180%。

军（警）犬对矿物质和维生素无特殊要求，与生长犬需要相同即可。

46. 矿物质对犬的生育有什么影响？

矿物质统称为无机盐或灰分。犬维持机体生命所必需的矿物质元素有钙、磷、钾、钠、氯、硫、镁、铜、铁、锰、锌、钴、氟、碘等，对犬的生殖功能必不可少。下面重点介绍以下几种元素。

（1）钙

钙是自然界分布最广泛的元素之一，是犬生长发育过程中必需的物质。它存在于犬的骨骼和血浆中，参与凝血和兴奋性传递，是犬的牙齿和骨骼的主要成分，与磷、维生素D代谢的关系密切。

钙缺乏：在钙、磷比（1.1～1.2）：1时，机体对维生素D的需求量最少。如果钙缺乏，幼犬就会出现骨组织钙化不全、生长发育障碍、发生佝偻病、食欲下降、生长迟缓等；成犬则易发生骨组织软化（软骨症）和自发性骨折，甚至有的犬会出现抽搐、出血或繁殖失败等。

钙过量：此情况较为少见。钙过量时多沉积在软组织和关节内，导致出现关节炎或排入尿中，是尿路结石的成分之一，同样会对机体产生不良后果。

1）犬缺钙的原因　如果犬出现缺钙现象，要么是犬自身的代谢出现了障碍，要么是人为造成的。

① 饲养管理者缺乏钙的常识。对犬的饲养管理知识一知半解，一味追求低成本饲养，在补钙措施上随意性较强。

② 所用钙剂不科学。目前，补钙的药物类有钙糖片、活性钙、高钙、葡萄糖酸钙等；食物类有各类动物骨骼或熬汤等；饲料添加剂有脱脂骨粉、骨粉、贝壳粉、蛋壳；其他还有钙营养粉等。有些繁育员选用钙剂不合适，导致犬吸收不够。

③ 补钙对象随意性。不分犬的年龄、性别、品种、生长发育阶段等，随意补钙。

④ 补钙针对性不强。搞不清是预防还是治疗，只要发生缺钙症状，不找兽医或卫生员诊治，就随意补钙。

2）给犬补钙要考虑犬的消化和饮食习惯　从犬的生理构造看，犬的消化道短，口腔咀嚼不充分，不善于细嚼，粗嚼、撕咬食物多；舌头味蕾细胞不发达，多靠嗅觉寻找辨别食物并判断其可食性；横纹肌为犬食管的主要肌肉，也是犬能随意呕吐的原因。犬的胃排空迅速，采食后3小时开始排空，8～10小时可完全排空，食物在小肠消化吸收，水分、电解质在大肠进行吸收。为此，

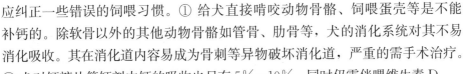

应纠正一些错误的饲喂习惯。① 给犬直接啃咬动物骨骼、饲喂蛋壳等是不能补钙的。除软骨以外的其他动物骨骼如管骨、肋骨等，犬的消化系统对其不易消化吸收。其在消化道内容易成为骨刺等异物破坏消化道，严重的需手术治疗。② 犬对钙糖片等钙剂中钙的吸收也只有 $5\%\sim10\%$，同时仍需伴喂维生素 D。

当决定给犬补钙时，应当在以下几个方面做足功课：

如果是预防性的补钙，重点应放在怀孕母犬及幼犬。

如果对幼犬补钙，应详细了解怀孕期母犬的营养状况及母犬的健康状态。

如果对幼犬进行人工补食，可以使用全价幼犬粮。

如果补钙用的是钙剂，一般的钙剂都应研磨成粉状，目的是充分增大钙剂的表面积及其在消化道内的吸收面。

如果决定补钙，在补钙的同时，还应关注犬对维生素及微量元素的需要。

如果要从根本上解决补钙问题，应当进行科学的饲喂和管理。如果饲喂全价犬粮，一般不会发生钙、磷等矿物质和微量元素缺乏的状况，而且可有效防止代谢性疾病。

(2) 锌

锌是犬机体必需的微量元素，是体内 200 多种酶的组成成分。它与公犬生殖系统及精子发生过程中的一系列酶活性密切相关，参与性腺的发育及精子的生成、成熟、获能和顶体反应过程，从而影响生殖功能。母犬缺锌时，垂体合成与分泌的卵泡刺激素和黄体生成素减少，卵泡的生长、成熟及排出受到影响，进而影响母犬生殖健康。

锌在饲料中的添加形式有无机锌、简单有机酸锌和锌的氨基酸 3 类。

常用的无机锌包括硫酸锌、氧化锌、氯化锌和碳酸锌 4 种。纯品七水硫酸锌含锌 22.7%，水溶性好，吸收率高，在生产中常以其作为标样，生物学效价按 100% 计。氯化锌生物利用率与硫酸锌相仿，但其具有毒性及腐蚀性，氯化锌含锌 80.3%，能溶于酸也溶于碱，对动物的生物学效价与其他锌化合物相比较没有明显差异。氧化锌可以生产成纳米产品，但生物学作用尚待研究。有机酸锌，如醋酸锌、葡萄糖酸锌、丙酸锌；锌的氨基酸，如蛋氨酸锌、赖氨酸锌、甘氨酸锌等。科研人员比较了葡萄糖酸锌、醋酸锌、氧化锌、硫酸锌在小鼠体内的沉积情况，结果表明葡萄糖酸锌组最高，其次是硫酸锌、氯化锌组，醋酸锌组最低。

(3) 硒

硒是犬维持生命活动所必需的基本营养元素之一。目前发现硒缺乏对公犬生殖能力的影响非常显著，低硒动物的繁殖能力下降。体内缺乏硒的公犬，血清睾酮含量显著降低，精子数量显著减少、畸形率显著增高，曲细精管萎缩，管腔内精子数量明显减少并出现空腔。补充硒可改善精液质量。

低硒可抑制腺垂体释放促黄体生成激素，或作用于下丘脑的促性腺激素释放激素，从而抑制促黄体生成激素的释放，影响排卵，降低母犬的繁殖能力。硒缺乏，会使母犬受孕率显著降低，死胎数、着床前丢失率、着床后丢失率增高，胎仔体重显著降低。

（4）锰

锰是维持犬正常生殖功能所必需的微量元素，锰缺乏也是引起公犬不育的原因之一。锰缺乏可干扰精子成熟，导致曲细精管出现退行性病变，精子数量减少，导致犬不育。锰严重缺乏不仅会使精子数量降低，影响精子活力，而且还可导致性功能障碍、性欲减退。母犬锰缺乏时，表现为阴道开放延迟，发情期不正常，排卵障碍，产仔少且死亡率高。摄入大剂量锰亦可损伤犬的生殖功能，使公犬精子减少、活力降低。

（5）铜

铜可干扰犬的生殖功能。铜可直接影响垂体促性腺激素的释放，以及促甲状腺素、肾上腺皮质激素和儿茶酚胺的合成，抑制精子的氧化酵解过程，降低精子活力。正常公犬和不育公犬精液中铜离子含量有明显差异。不育公犬精浆中的铜含量较高，可抑制精子活力，且影响精子的存活率，使精子穿透宫颈黏液的能力显著降低。铜可干扰母犬生殖功能。氧化铜可减少子宫颈分泌物的黏稠度，影响精子穿透宫颈黏液。铜离子可抑制分泌期子宫内膜细胞中碱性磷酸酶、碳酸酐酶及透明质酸酶的活性，提高增殖期子宫内膜细胞中酸性磷酸酶的活性，干扰孕卵着床。铜能干扰卵巢排卵，促使花生四烯酸转变为前列腺素F，改变输卵管纵形和环形平滑肌收缩的振幅和频率。

47. 维生素对犬受孕有什么影响？

维生素是一组化学结构不同、营养作用和生理功能各异的化合物。在饲料中含量虽然不多，但是在犬的生命活动中却起着极大的作用。维生素的种类很多，目前已知的有30多种，分为水溶性（B族维生素、维生素C）和脂溶性（维生素A、维生素D、维生素E、维生素K）两大类。

（1）维生素A

维生素A又名视黄醇，是一个具有酯环的不饱和一元醇，参与胚胎的正常发育，并维持机体多种生理活动。维生素A是公犬生殖系统发育和维持正常生殖机能所必需的营养物质，在精子发生中起重要作用。但补充浓度过高的

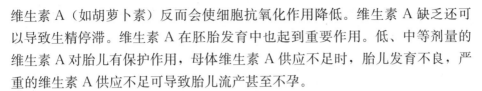

维生素 A（如胡萝卜素）反而会使细胞抗氧化作用降低。维生素 A 缺乏还可以导致生精停滞。维生素 A 在胚胎发育中也起到重要作用。低、中等剂量的维生素 A 对胎儿有保护作用，母体维生素 A 供应不足时，胎儿发育不良，严重的维生素 A 供应不足可导致胎儿流产甚至不孕。

（2）B 族维生素

B 族维生素种类很多。在自然界中，B 族维生素比其他维生素分布得更加广泛。在动物性饲料的脂肪和蛋、蔬菜中均含有 B 族维生素。B 族维生素缺乏的犬妊娠率降低，早期流产风险增加。大量摄入 B 族维生素可导致神经损害和生殖系统损害，精子数量和精子存活率减少、活力降低、畸形率增高，但不影响雄激素的分泌。B 族维生素缺乏主要与神经管畸形、早期妊娠流产等不良妊娠结果的发生有关，也可降低卵巢对超促排卵的反应。

叶酸属于 B 族维生素的一种，是合成犬 DNA 的必需维生素，并与细胞分化等功能密切相关。叶酸缺乏可影响精子生成，甚至导致不育。补充叶酸后可改善精液质量，增加精子密度和活力，降低精原细胞的比例。同型半胱氨酸浓度与卵泡成熟度呈负相关，而接受体外受精治疗的患者补充叶酸后，卵泡液中同型半胱氨酸浓度显著降低。卵泡液和精液中同型半胱氨酸的浓度与取卵后第 3 天的胚胎质量相关，但是否与妊娠率相关仍有待证实。红细胞内的叶酸是早期妊娠的保护因素。叶酸缺乏还可导致胎儿发育异常，如出现神经管畸形。血清叶酸水平低者更易出现早期流产。

（3）维生素 C

维生素 C 又称抗坏血酸，既可参与氧化反应，又不失还原作用。维生素 C 是辅酶的组成部分，在犬体内参与多种代谢过程和反应，也是生育过程中一种必需的生化物质。维生素 C 对精子有保护作用，在精浆内的浓度是血液中的 10 倍，从而可以保护精子免受自由基如活性氧的损伤，防止精子 DNA 过氧化损伤。补充维生素 C 可提高精子活力，减少精子畸形率。维生素 C 与卵母细胞和胚胎的发育有关，可促进卵泡破裂，减少卵丘细胞凋亡，提高囊胚发育率。

（4）维生素 D

维生素 D 的主要功能是调节体内钙、磷代谢，维持血钙和血磷的水平，促进牙齿和骨骼的正常生长发育，也与生殖功能相关。维生素 D 缺乏或受体突变可导致性腺功能不全，母犬子宫发育不良、卵泡生成受损，公犬睾丸发育不良、精子数量和活力下降。维生素 D 受体广泛存在于母犬和公犬生殖系统中，可能参与调节精子细胞内钙离子的含量，降低甘油三酯含量，增加脂肪酶活性，激活丝裂原活化蛋白激酶和糖原合成酶激酶 3 等信号通路，从而影响精子存活和获能。

（5）维生素 E

维生素 E 是体内具有广泛生理功能的一种重要的脂溶性维生素，也是一种有效的抗氧化剂。维生素 E 可通过清除自由基、抑制脂质过氧化反应的形成等保护细胞膜结构的完整性，从而对抗生殖系统的氧化应激损害，保护精子免受损伤，提高胚囊的发育率。维生素 E 缺乏会影响生殖系统功能，如不易受精、易发生习惯性流产和不孕症等。补充维生素 E 可以提高精子活力。维生素 E 可以有效缓解某些毒物，如二噁英和氯化汞等对生殖系统的毒性作用。维生素 E 缺乏与自然流产密切相关。正常妊娠过程中，血浆各种脂蛋白含量升高，脂类过氧化水平增加，如抗氧化剂缺乏，使体内自由基的产生和清除失去平衡，过多的自由基对生物大分子产生毒性作用，导致核酸断裂、碱基改变，胚胎发育不良或畸形，最终流产。在犬胚胎期和生长期，维生素 E 严重缺乏会导致仔犬神经系统发育畸形，出现明显的结构和功能损害。补充适量的维生素 E 可改善孕期母犬健康，降低出生缺陷、早产及低体重的发生率。

48. 益生菌对犬有什么作用？

益生菌通常是指一类对宿主有益的活性微生物，定殖于犬肠道、生殖系统内，能产生确切的健康功效，从而改善宿主微生态平衡、发挥有益作用的活性微生物总称。

（1）促进营养物质吸收

芽孢杆菌、酵母菌等益生菌能够分泌蛋白酶、淀粉酶、脂肪酶等多种消化酶，降解饲料中复杂的营养物质，促进营养物质的消化和吸收。用芽孢杆菌、乳酸菌和酵母菌组成的活菌制剂，饲喂 30 只 60 日龄的德国牧羊犬。结果表明，该益生菌制剂能够明显提高仔犬的平均日增重、降低腹泻率和料重比，且前期比后期效果明显。幼犬的胃酸分泌不足，胃中 pH 较高，抑制了胃蛋白酶的活性。而摄入芽孢杆菌后能够降低肠道 pH，激活胃蛋白酶，促进营养物质的消化和吸收。给犬饲喂乳酸杆菌后，大肠杆菌的数量显著下降，有益菌的数量有所上升，犬对食物的消化率也大大提高。

（2）抑制有害菌的繁殖

益生菌能在犬肠道内通过细胞壁磷酸与肠道黏膜上皮细胞相互作用占据肠黏膜表面，降低肠道内的 pH，形成酸性环境，从而抑制致病菌的入侵。同时，也降低了腐败菌在机体内产生的代谢产物总量。芽孢杆菌还能分泌短杆菌肽、多黏菌素等抗菌物质，抑制病原菌增殖，从而减少疾病发生。酵母细胞壁的主要成分之一甘露寡糖（MOS），不会被消化酶降解且能携带病原菌通过肠道，因此可以起到防止病原菌定植的作用。用浓度为 5×10^8 个菌落单位/毫升嗜酸乳杆菌、干酪乳杆菌和屎肠球菌制成的微生态制剂治疗人工感染的犬细菌性腹泻，治愈率高，效果好。对患急性肠道疾病犬在抗生素治疗后的恢复期使用益生菌效果也非常好。

（3）促进有益菌生长和营养物质的合成

有益菌一般为厌氧菌或兼性厌氧菌，像枯草芽孢杆菌、酵母菌等生长时，能迅速消耗环境中的游离氧，造成肠道低氧环境，促进有益菌生长，并产生乳酸等有机酸类，降低肠道 pH。给犬增加摄入益生菌群，有助于合成维生素 B_1、维生素 B_2、维生素 B_6、烟酸等多种 B 族维生素，促进钙、铁、维生素 D 的吸收。在犬粮中添加益生菌后，犬粪便中乙酸、丙酸和丁酸的含量明显增加，异戊酸、吲哚、3-甲基吲哚等腐败物质的含量均有所下降，可减少有害气体的产生及对环境的污染，还可以减轻口臭，保持口气清新。

（4）提高免疫力

Benacerraf 和 Sebestyon（1957 年）研究发现静脉注射来自酵母细胞壁的酵母聚糖，能增加吞噬细胞的吞噬活性，诱导肝、肺和脾脏中吞噬细胞增殖，是吞噬细胞的激活剂。在特殊状态下（注射疫苗、换料、环境变化、运输等）使用益生菌，能够提高机体的抵抗力，减少因应激引起的各种疾病。益生菌能够刺激犬免疫器官的生长发育，激活 T、B 淋巴细胞，提高免疫球蛋白和抗体水平，增强细胞免疫和体液免疫功能，提高犬整体免疫力。酵母细胞壁的主要成分 β-葡聚糖和甘露寡糖（MOS）还可以引起直接的抗体应答，充当免疫刺激因子，增加犬体液和细胞免疫能力，吸附犬体毒素。

益生菌作为一种天然的胃肠调节剂与免疫增强剂，不仅效果确实，而且安全、环保，不存在耐药性、药物残留问题，备受军（警）犬工作者喜爱。因此，重视益生菌类产品的开发和扩大其在犬临床上的应用，对于犬的健康保健具有十分重要的意义。

49. 犬用饲料是如何发展的？

犬用饲料的历史可以追溯到 19 世纪，最早出现在农村，当时是用屠宰的下脚料，以及谷物、燕麦、猪油、厨房里的剩饭（菜），在此基础上补充一些牛奶作为犬的饲料。

历史上第一个商业化犬用饲料出现在 1860 年，是由 James Spratt 在英国发明的，饲料是用肉＋面粉＋蔬菜＋其他混合物制成的，并在 1860 年传入美国。1908 年美国的 F. H 班尼特公司生产了一种称为"奶骨头"的幼犬饲料，主要由肉、奶、谷类和一些混合物组成，并采用不同规格的包装，生产了不同品种犬需要的饲料。

1922 年出现了第一个犬用罐头，是罗克福德兄弟用马肉制成的，到 1930 年就发展到有 50 万只犬食用。

20 世纪 30 年代，出现了干燥、粉碎、混合制成的混合饲料。1925—1950 年，宠物在美国的地位得到上升，随之宠物饲料也迅速发展。20 世纪 40 年代，出现了一种无肉饲料，结果导致出现了维生素 B_{12} 缺乏症，并由此确定了在以蔬菜为主要原料的饲料中，应增加维生素 B_{12} 以改善犬的生长与繁育。20 世纪 50—60 年代，犬用饲料的形式主要有粉状、颗粒状、饼干、罐头、混合型等。

普瑞纳公司用小型挤压机生产了一种具有牛奶味的犬用谷物类产品。St. louis 研制了膨化挤压机，目前大部分犬用饲料均采用膨化挤压工艺。膨化工艺的特点：先对原料进行混合，然后快速熟化（通过专门的高压装置对混合物进行加压挤压）。这种饲料具有颗粒大小均匀、易消化、适口性好（抽粒后再在颗粒表面喷涂一层脂肪和诱食剂）等特点，不会因碳水化合物的熟化问题而导致腹泻等特点。同时还实现了产品的多样化，包括幼犬饲料、哺乳期饲料、防止肥胖的饲料、使犬毛色发亮的专用饲料、老年犬饲料，而且在饲料的颜色与形态上也实现了多样化。

前瞻产业研究院《2018—2023 年中国宠物饲料行业市场需求与投资战略规划分析报告》数据显示，2010 年以来，宠物饲料（图 6 - 1）行业销售收入增速保持在 20% 以上，市场规模扩张速度较快。到 2016 年，宠物饲料行业收入达到 456.95 亿元，同比增长 38.7%，产销率为 99.26%，表明行业产销衔接较好。德国统计网站 statista 的最新数据显示，8 100 万德国人在 2017 年养了 3 000 万只宠物，宠物市场年销售

图 6 - 1　宠物饲料展览

额达到 90 亿欧元。美国是全球第一宠物经济大国，根据美国劳动统计机构的数据，预计 2018 年宠物经济可达 860 亿美元。

50. 饲料是如何分类的？

按其来源，可将饲料分为动物性饲料、植物性饲料、矿物质饲料和人工合成产品饲料等几类。

（1）动物性饲料

动物性饲料指来源于动物机体的一类饲料，包括畜禽的肉、内脏、血粉、骨粉、蛋、乳汁等。因其含有比较丰富而且质量高的蛋白质，所以又称为蛋白质饲料。动物性饲料还含有丰富的铁及 B 族维生素。

对犬来说，禽类、水产品肉是其最可口的饲料，不仅蛋白质含量丰富，而且氨基酸比较全面，极易被犬消化吸收，是犬的一种优质饲料，在犬的日粮中占有很重要的位置，可以为犬提供优质的蛋白质、脂肪和矿物质。猪肉、牛肉、羊肉、鸡肉、兔肉的蛋白质含量一般为 16%～22%，鱼肉中的蛋白质含量为 13%～20%，鸡蛋的蛋白质含量约为 12.6%。

（2）植物性饲料

来源于植物体的饲料称为植物性饲料，包括农作物的籽实（如大米、大豆、玉米、麦子、马铃薯、红薯等）、农作物加工后的副产品（如豆饼、花生饼、芝麻饼、向日葵饼、米糠等）及蔬菜等。植物性饲料种类繁多，来源方便，价格低廉，是犬饲料主要成分。

小麦粉、大米、玉米面、燕麦、高粱等含有大量的碳水化合物，其碳水化合物的含量基本都在 70% 以上，能提供能量，是主要的基础饲料。缺点是蛋白质含量低，氨基酸种类少。植物性饲料中 B 族维生素和磷的含量也比较高，另外还含有较多的纤维素。纤维素虽不易消化，营养价值不大，但却有重要的生理意义。纤维素在体内可刺激肠壁，有助于肠管的蠕动，对粪便形成有良好作用，并可减少腹泻和便秘的发生。

蔬菜是重要的维生素、矿物质、有机酸、胶质物质、植物杀菌素等的来源。饲喂犬蔬菜能促进犬消化腺的分泌和增加酶的活性，改善消化状况和提高日粮消化率。

（3）矿物质饲料

矿物质饲料来源于矿物质、动物骨骼和贝壳等。犬的生理过程需要多种矿物质元素，这些元素在动、植性饲料中都有一定的含量，但往往种类不全或含量不足，需在犬的日粮中另行添加骨粉、鱼粉、食盐等以补充矿物质元素。

（4）人工合成产品饲料

日常饲养中，通常还在犬饲料中添加一些添加剂，如维生素、抗生素、香料等。军（警）犬饲料，就其成品而言，可以按调制方式分为传统饲料和合成饲料两类。传统饲料指沿用人类食物的烹调方法制作的犬食，即熬煮的犬食；合成饲料则是指采用机械配合加工生产的熟化固型的全价饲料的总称，如膨化颗粒饲料、罐头饲料等。

51. 制作犬粮需要了解掌握哪些问题？

（1）了解犬的消化特点

犬具备肉食动物的特点，但由于经过长期的人工驯养，目前犬在某些方面已接近杂食动物，但又与典型的杂食动物有明显的差别。犬的门齿短小，犬齿尖锐发达，臼齿不发达，所以犬不适合于咀嚼食物，特别是比较硬的植物纤维。但犬适合于捕获食物并将其撕成小块。犬对食物的咀嚼不完全，属"狼吞虎咽"。犬消化道的相对长度（消化道与体长之比）较短，其肠道长度是体长的 3～5 倍，而草食动物在 7 倍以上。这表明，食物在犬消化道内的停留时间短，消化液对食物的作用不彻底，因此其消化能力相对较弱。食物在犬胃内的停留时间约为 6 小时，通过整个消化道的时间约为 12 小时。犬消化道中蛋白酶和脂肪酶含量丰富，淀粉酶较少，且其消化道中没有能使纤维素发酵降解的微生物。这说明犬的消化道对含有较高水平的蛋白质和脂肪的动物性饲料消化能力较强，而对植物性饲料特别是含有大量粗纤维的消化能力较弱。

（2）了解犬的日粮配制方法

犬在一昼夜内所采食的所有饲料称为犬日粮。目前国内外市场上有许多品种的犬用配合饲料。配合饲料是经过科学方法配制而成的全价饲料，适口性好，营养全面，容易被消化吸收，使用也非常方便。自行配制的日粮，容易存在饲料营养不全或因配制方法不当而造成营养成分损失，或因犬的偏食而发生某些疾病的情况。为使犬健康生长，配制日粮应采取以下办法：

首先要确定所含营养物质的数量及适口性。根据犬的性别、年龄、体重、生理状态等情况确定犬的需要量。根据其营养需要，将各种饲料按一定的比例混合在一起，制成营养比较全面的日粮。

为满足犬对蛋白质的需要，犬日粮中要有一定数量的动物性饲料：①以马肉为佳，蛋白质含量高，脂肪含量比较低，易消化而且经济；②可选用牛、羊肉，少用猪肉或多选用瘦猪肉；③利用动物的内脏或屠宰场的下脚料，如肝、肺、脾、碎肉等，也可以满足犬对蛋白质的需要；④选用鱼肉、鱼骨，这些几乎能被犬全部利用，是比较理想的动物性饲料，但鱼肉容易变质，有些鱼肉内还含有破坏 B 族维生素的酶。因此，鱼肉要求一定要新鲜，并且要煮熟，将酶破坏后再喂。

犬日粮中的植物性饲料常用大米、玉米面等。一般不使用麦麸、米糠、豆饼及油粕等，因其消化率低，且有些油粕的有毒物质含量较高。绝大部分蔬菜都可以用作犬饲料，常用的有马铃薯、胡萝卜、白菜、菠菜等。

矿物质饲料不需要特别添加，只要在日粮中按平均每只犬 5 克的量加入食盐即可。

有些饲料在饲喂前要经过一定的加工处理，以增加饲料的适口性，提高犬的食欲和饲料的消化率，防止有害物质对犬的伤害。饲料不宜长时间蒸煮，以免损失大量的维生素。①不用生肉和生菜喂犬，以防发生寄生虫病和传染病。生肉或内脏要用凉水洗净，切碎煮熟，再混入洗净切碎的蔬菜末，短时间煮沸，使之成为混合的肉菜汤。②米类不宜多次过水，以充分利用其养分，大米可做成米饭，面粉和玉米面做成馒头、饼或窝窝头，然后与肉菜汤拌喂。③骨头可煮熟或直接喂犬，让其啃食，也可制成骨粉，与其他饲料一起拌饲。

（3）了解配制日粮应注意的问题

1）营养要全面　根据各种饲料的营养成分及犬的营养需要，分别取舍，合理搭配。首先要考虑满足蛋白质、脂肪和碳水化合物的需要，然后再适当补充维生素和无机盐；先考虑质量，后考虑数量。

2）养分要充足　考虑饲料的消化率，食入体内的饲料并不能全部被消化吸收与利用，如植物性蛋白质的消化率约为 80%，即约有 20% 是不能被利用的。因此，日粮中的各种营养物质含量应高于犬的营养需要。

3）饲料要多样　不能长期饲喂单一的饲料，以免引起厌食或营养缺乏，要适时地改变日粮配方，调剂饲喂。

4）保证新鲜清洁　饲料要保证新鲜、清洁，不能用病死动物的尸体和内脏作为动物性饲料使用，发霉变质的饲料不能用，最好当日现用现配。

52. 如何选购和试用饲料？

（1）鉴别制造商

考察生产制造商的历史，看制造商在过去的几年内是否发生过重大事故，尤其是有没有引起一些较严重的营养代谢性疾病事件，如肾衰竭、软骨症等。条件允许可亲自前往加工地点进行实地考察，检查原料的质量和生产流程中的卫生情况。尽量选择信誉好商家饲料成品。

（2）鉴别包装

包装不仅仅是一个产品的"脸面"，体现产品档次，关键作用是对包装内的产品起到很好的保护和说明作用。一些饲料制造商为了节约成本，有时会使用简单的塑料袋和牛皮纸袋，导致饲料不能很好地与空气隔绝，使饲料发生一定程度的氧化。饲料尤其是在潮湿的气候及特定的情况下，饲料容易吸收周围环境中的水分而发生霉变，大大缩短了饲料的保质期。正规的饲料包装应使用经专门设计的防潮袋，保证饲料保存在干燥、真空的环境中，这样有利于饲料的贮藏和保证饲料的新鲜度。

包装上的使用说明往往可以体现饲料的口味及适用于多大的犬，如牛肉味大型成年犬粮、小型犬减肥饲料，很清楚地说明了饲料的口味、适用范围、主要功能等。要根据犬的品种、年龄、体格、胃口为其选择合适的饲料。

（3）鉴别价格

决定犬饲料价格的因素有采购费用、生产研发费、广告费、运输费、管理费、原料、销售费用等，这些费用都会计算到饲料成本中。考虑到这些因素，消费者可以自己得到一个大概的性价比，然后根据自己的经济情况，尽量选择性价比较高的饲料。

（4）鉴别生产原料

犬饲料包装袋上的标签能让消费者对饲料的生产原料有所了解，但由于各个国家对于饲料行业方面的法律规定不同，对包装袋上所列举原料的理解也就不尽相同。

1）看动物性饲料原料比重　犬属于经过长期人工驯化的杂食性肉食动物，动物性饲料原料更利于犬的消化吸收，因此饲料原料的前5项中最少要有3项是动物性原料，而这3项中要有2项是营养价值和适口性都更适合于犬的饲料。

2）看饲料新鲜程度　饲料原料中要求至少有1项是新鲜的肉类，如鸡肉、牛肉，最好是人用级别的；或畜禽副产品，如肉骨粉、鸭肝等。不要购买原料表述不清楚的饲料，防止其质量等级差或来源不明。

3）看原料　要避免使用含有大豆、棉籽粕、菜籽粕的饲料。因为这几种原料中都含有一定的毒素或不利于犬消化吸收的物质，加工不好会导致犬胀气或腹泻甚至中毒。

4）看原料有无合成辅助剂　不要选择含有合成防腐剂、抗生素的饲料。有些生产厂家为了延长饲料的保存期限及让犬食用后粪便成型好，有时在饲料中添加大剂量的防霉剂和抗生素类药品，影响犬的健康。如柠檬酸钠超标是导致犬胃胀气的重要因素；四环素和土霉素的使用则会引起犬的耐药性，影响犬胃肠内的正常菌群结构，引起消化系统疾病。

5）看饲料是否含色素　不要选择含色素的饲料。一些厂家为了饲料的卖相，在饲料中添加一些合成色素，即使目前还没有明确的法规限制犬饲料中添加合成色素，也最好不要让犬食用。

（5）鉴别饲料成分

一般包装袋上所显示的饲料成分是各企业的生产标准，是经过有关部门审核批准的。只要是从正规渠道或商场超市购买的，饲料成分表都应是真实的。

1）粗蛋白、粗脂肪　一般生产商会在成分表中标明粗蛋白、粗脂肪的最低含量。一些消费者对犬的蛋白质、脂肪含量需要存在误解，以为饲料中的蛋白质、脂肪含量越高越好。事实上，过高的蛋白质和脂肪除了会引起犬肥胖之外，还可能导致犬心血管疾病；对于大型犬和巨型犬，在特定的条件下还易引起胃肠扭转、肠套叠等疾病。

2）粗纤维　优质犬饲料中粗纤维含量为3％～4％。粗纤维含量过多不仅会影响饲料的适口性，还会影响其他营养物质的吸收利用，含量过少会延长饲料在胃肠内的停留时间，导致犬便秘，严重时会引起直肠癌。

3）钙和磷　钙和磷是犬骨骼、牙齿生长所必需的物质。钙磷缺乏会引起犬佝偻病、软骨症、骨质疏松等疾病；过量会导致犬的肥大性骨骼营养不良症，如骨坏死病，这种病症主要发生于大型犬。钙和磷的合理比例约为1.5：1。

（6）鉴别饲料品质

1）气味　优质犬粮开袋后闻到的是自然的香味。中低质犬粮常用化学添加剂，开袋后有浓烈的香精味。

2）外观　优质犬粮颗粒饱满，色泽较深，涂油均匀。中低质犬粮由于原料配方、生产工艺等方面的原因，颗粒大小不均，干燥，色泽深浅不一，更有些犬粮为了卖相，在饲料表面添加色素。

3）水分　饲料中的水分不仅影响饲料的成型和外观、饲料的保质期，与饲料的性价比也有着密切关系。

（7）试用饲料

所试用的饲料是否能满足犬的生长发育需要，可以从以下几方面加以鉴别。①饲料的适口性好，犬爱吃。②犬采食后粪便成型好、软硬适中，粪便量和臭味较少。③犬食用一段时间后没有出现肥胖或消瘦等现象。④犬食用后没有出现皮毛干燥、掉毛、起皮屑等现象。⑤犬食用后没有出现由于维生素和微量元素缺乏而引起的营养代谢病，如肾衰竭、异食癖等。

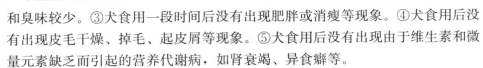 53. 如何克服和防止饲料霉变？

犬的肠胃非常脆弱，霉变饲料对犬的危害极大。犬饲料霉变是由于饲料中霉菌的大量繁殖所引起。被霉菌污染的饲料，其营养物质被分解，适口性下降，并产生多种霉菌毒素，易引起犬的采食量下降，消化率降低，生长速度缓慢，严重危害犬健康，甚至会造成犬中毒死亡。目前已知对饲料产生污染的霉菌有 30 余种，产生的霉菌毒素有 200 余种。

(1) 原因

1) 环境及气候条件的影响　引起饲料霉变的霉菌大都属于曲霉菌属、青霉菌属和镰刀菌属。它们大多属于中温型微生物（嗜温菌），霉菌繁殖产毒素的最适温度为 25～30 ℃。其中，曲霉菌属最适宜生长温度为 30 ℃左右，青霉菌属为 25 ℃左右，镰刀菌属一般为 20 ℃左右。当相对湿度降至 70％以下，饲料较干燥，霉菌就不能生长，饲料就不容易霉变。从全国饲料霉变情况调查结果来看，无论是饲料原料，还是饲料产品，饲料中的霉菌检出度和霉菌带菌量，南方地区都大大高于北方地区，并且具有明显的季节性。我国南方地区 5—9 月，各月平均气温多在 20 ℃以上，平均相对湿度在 80％以上，是饲料霉变的高发季节。

2) 包装方式及包装过程的影响　有些饲料厂家为了降低饲料生产成本，将包装内膜做得很薄或内袋较小，很容易在封口处、四角或其他地方发生破裂，这样外包装虽然看起来完好无损，实则内膜破裂，常在破裂处发生霉变。

3) 饲料贮存条件过差或运输不当　饲料在贮存过程中，如果仓储条件达不到要求，通风设施不完善，没有采取地面隔湿措施，堆积方式不合理，靠墙堆放，或者贮存时间过长等都可能造成霉变。另外，运输途中受雨淋、车辆打扫不干净，也是饲料产生霉变的重要原因。

4) 饲料原料水分超标或饲料生产工艺不完善　也是造成饲料霉变的重要原因。

(2) 危害

1) 霉菌使饲料中的营养成分损失　霉菌中的孢霉菌常通过分泌多种酶分解饲料养分，以供霉菌生长繁殖。因此，被霉菌污染的饲料，营养物质含量大

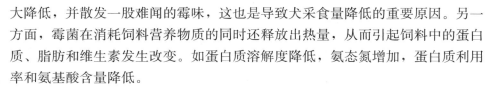

大降低，并散发一股难闻的霉味，这也是导致犬采食量降低的重要原因。另一方面，霉菌在消耗饲料营养物质的同时还释放出热量，从而引起饲料中的蛋白质、脂肪和维生素发生改变。如蛋白质溶解度降低，氨态氮增加，蛋白质利用率和氨基酸含量降低。

2）犬摄入霉菌毒素污染后的饲料可导致急性或慢性中毒　霉菌毒素主要通过影响细胞和体液免疫功能来降低犬机体的抵抗力，病理变化主要表现为：法氏囊和胸腺萎缩，T 淋巴细胞和白细胞减少，白蛋白和球蛋白含量降低，抗体效价下降，血清抗体浓度降低。一种霉菌产生多种霉菌毒素，同一种毒素也可由多种霉菌产生，霉菌毒素对犬健康及生产性能的影响往往是几种毒素的协同作用，而某种毒素的单独作用相对较小。以黄曲霉为例，黄曲霉毒素是一类具有相似结构的衍生物的总称，世界上公认的三大食物污染致癌物之一，饲料中存在最多，多达 17 种，饲料中黄曲霉毒素含量大于 1 毫克时，可导致犬死亡。

（3）检测

因霉菌都是从霉菌孢子或菌丝体碎片开始生长的，霉菌生长时消耗了养分，代谢中有能量释放，故可使饲料变色、变味、发热。菌丝体可与饲料纵横交织，形成菌丝蛛网状物，这些结构可使饲料结块。在肉眼能观察到这些菌丝网状物以前，菌丝体已经在大范围内生长繁殖。因此，饲料结块是诊断饲料霉变的最简易实用的方法。当出现犬拒食、饲料和谷物发热、有轻度异味、色泽变暗、结块等迹象时，应考虑饲料可能霉变。可利用薄层层析法（TLC）、高效液相色谱法（HPLC）、酶联免疫法（ELISA）等进行检测。

（4）防控

1）保证饲料和原料贮存的条件　不同的气候条件会产生不同的霉菌毒素问题，含水量、温度和潮湿是霉菌毒素产生的首要条件。当饲料中水分含量超过 15％时，可导致霉菌的大量生长繁殖；饲料水分含量达 7％～18％时，为真菌繁殖产毒的最适条件。故原料的水分一般在 13％（南方）或 14％（北方）以下，特殊饲料应根据需要确定。可根据不同季节、地区、原料等规定不同的安全水分值。据调查，50％的饲料水分超标是由玉米水分超标引起的。一般情况下，把水分含量控制在安全线以下是最简便易行的方法。因此，农作物收获后应迅速使其干燥，且必须保证干燥均匀，尽量缩短贮存期。当湿度在 70％以下时，微生物的繁殖可以得到有效控制。同时，水分含量与环境湿度处于动态平衡之中，应随时监测。

2）严控饲料的贮存时间　饲料霉变程度与贮存时间呈正相关。一般贮存

时间超过 45 天就容易引起霉变，所以原料应以先进先出为原则，尽量减少饲料的库存时间。

3）吸附去除饲料中的霉菌毒素　我国夏季气候高温多湿，特别是南方地区，可用一些霉菌毒素吸附剂来处理霉变饲料，常见的有黏土类吸附剂、碳水化合物类吸附剂等；也可以使用"生物转化"法利用微生物处理霉菌毒素，试验效果良好，但必须严格按照标准执行。

4）添加化学防霉剂　当遇到阴雨天气或空气相对湿度超过 75％时，以及在不良的贮存和运输条件下，霉菌可以吸收空气中水分而迅速生长，同时霉菌在生长代谢过程中又会生成水，使饲料霉变加剧，所以添加饲料防霉剂是一种必要的措施。常被用作饲料防霉剂的有丙酸及其盐类、山梨酸及其盐类、双乙酸钠、延胡索酸、脱氢醋酸盐、龙胆紫、富马酸二甲酯等。

5）处理霉变饲料　对于已严重发霉的饲料应全部废弃。

54. 影响饲料安全的因素及控制方法？

（1）食物原料中霉菌毒素的危害

霉菌毒素是由霉菌产生的，能引起犬病理变化或生理变化的有毒代谢物。它不仅会引起厌食、恶心、呕吐、嗜睡、腹泻、出血、痉挛甚至死亡等急性中毒症状，还能诱发肝、肾、胃及神经系统等的慢性病变、癌变、畸变，最终导致死亡。如黄曲霉毒素是极强的天然致癌物质。由于豆粕、麦麸、骨粉、鱼粉等饲料原料中含有较多的蛋白质、脂肪、淀粉等有机物，因此极易滋生霉菌并产生毒素，进而危害犬的健康。

（2）有害化学物质对饲料污染的危害

工业"三废"的违规排放，导致污染地区水源、土壤和大气中铅、砷、汞、铬、氮等无机污染物，以及硝基化合物、多环芳烃类化合物、多氯联苯等有机污染物含量严重超标。而这些有毒有害物质又会通过在植物性饲料原料中富集，即个体从周围环境中吸收并累积某种元素或难分解的化合物，导致该物质的平衡浓度超过环境中浓度，或通过饲料加工流程中的直接或间接污染，导致饲料产品因含有该类物质而影响其安全性。

（3）饲料添加剂超量使用的危害

饲料添加剂通常分为营养性饲料添加剂和非营养性饲料添加剂。营养性饲料添加剂起着改善和平衡饲料营养，以及提高饲料消化率的作用；非营养性饲料添加剂包括防止腐败变质的防霉剂、防腐剂，以及促进生长、增强机体抵抗

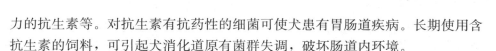

力的抗生素等。对抗生素有抗药性的细菌可使犬患有胃肠道疾病。长期使用含抗生素的饲料，可引起犬消化道原有菌群失调，破坏肠道内环境。

（4）违禁药物擅自加入饲料的危害

在饲料生产中违规使用违禁药品或超量、超范围使用兽药和其他物质对犬有很大危害。目前饲料中添加的违禁药物主要包括激素类药物，如雌激素、碘化铬蛋白等；镇静类药物，如安眠酮、安定等；抗生素类药物，如磺胺、青霉素等。这些药物对犬的安全危害极大。例如，盐酸克伦特罗（瘦肉精）能够引起犬心动过速、肌肉震颤、肌肉酸痛、恶心、头晕目眩、失眠等临床症状。

（5）确保军（警）犬饲料可靠安全的方法

1）从原料质量上进行安全控制　应制定较为详细、全面的饲料原料安全卫生标准，强化对霉菌毒素、有害有毒污染物的检验，禁止使用劣质、霉变及受到有毒有害物质污染的原料。色泽异常、气味不良及霉变结块的劣质豆粕，不可作为饲料原料。

2）从饲料成品上进行安全控制　要强化对有毒有害物质及添加剂的检测，对于有毒有害物质及添加剂含量超标的产品要及时查明原因，采取纠正措施；质检部门必须有完整的检验记录和检验报告。饲料标签必须按规定注明产品的商标、名称、营养成分分析、保证值、药物名称及有效成分含量、产品保质期等信息。

3）从储藏过程上进行安全控制　饲料生产企业应具备与其生产能力相适应的储藏能力，仓储设施应当符合防水、防潮、防鼠害的要求，并具有控温、控湿性能。在常温仓库内储存饲料，一般要求相对湿度在70%以下，饲料的水分含量不应超过12.5%。杀虫灭鼠要使用高效低毒的化学药剂，严防毒饵混入饲料。要定期对饲料的品质进行检验，并根据饲料产品说明书上所规定的有效期决定储藏时间。配合型的颗粒饲料储藏期一般为1～3个月。

4）从运输过程上进行安全控制　饲料包装要具有足够的机械强度和较好的防潮性能，以免因风吹雨淋引起霉烂变质和吸附有毒有害物质。装运前要清洁运输工具，做到运输工具完好、无害、无异味，不装受到污染变质的饲料及包装破漏的饲料。应由生产厂家或经销商配备专用运输车辆，实行统一配送、一站式服务，直接将饲料产品送到军（警）犬饲养单位，减少中间周转环节，以充分保证饲料的运输安全。

5）从使用过程上进行安全控制　注意检查包装和外观。使用前要仔细检查饲料的外包装，详细了解饲料名称、原料含量、使用方法、保存方法、生产日期、保质期及注意事项等，并严格按照说明使用。对于出现包装破损、腐败

变质的饲料，应严禁饲喂。如果犬采食饲料后出现腹泻、呕吐等消化道症状，则应及时寻求医务人员的帮助，查明犬腹泻原因。如果犬腹泻确实是由所喂饲料引起，则应停止饲喂该饲料。更换饲料时，应注意观察犬采食饲料后的表现，一旦发现异常情况，应立即停止饲喂。

55. 军（警）犬饲料供给如何组织实施？

军（警）犬饲料供给应当坚持质量标准，确保食用安全，按照下列要求组织实施：

① 饲料通常以购买成品为主、饲养单位加工为辅，战时或执行任务饲料供给不足时，可以选用适宜军（警）犬食用的替代性饲料。

② 购买成品饲料应当按照军队物资采购有关规定，遴选具备行业资质、国家注册认证、市场信誉良好的供应商，保证产品质量合格。

③ 饲料加工必须在专用场所进行，按照军（警）犬饲料卫生、营养标准搭配食材，严格执行操作规程，严禁使用过期变质、霉败腐烂、感观异常等不合格原料。

④ 饲料运输要根据季节、路途等时机情况和保证贮藏要求，选择安全便捷的运输工具，装运前进行必要的保洁、灭菌和消毒，运输过程中保持饲料包装完好，防止破损、挤压、污染。

⑤ 饲料应当储存在具有清洁干燥、通风良好、防腐保鲜等条件的专用库室，按照日均消耗和保质期确定库存量。

七、饲喂是按照标准和要求供给军（警）犬食用饲料的行为，必须贯彻"分类饲喂、精准供给"的原则

56. 军（警）犬饲喂应当贯彻哪些原则和要求？

军（警）犬饲喂应当贯彻尊宠相待、专人饲喂、养护结合、寓驯于养的原则，保持军（警）犬体格健康，战力充沛。

军（警）犬饲喂（图 7-1）应当落实日粮标准，根据军（警）犬种类、体质、季节和能量消耗等不同情况，合理搭配饲料，保证营养均衡。

图 7-1　军犬饲喂

军（警）犬饲喂应当遵循喂养规律，保持食温适宜，做到食具专犬专用，饮水清洁无害。

57. 军（警）种犬在饲喂方面有哪些特殊性？

军（警）种犬在训练和使用过程中有许多特殊性，因此对营养也有更高的要求。

（1）军（警）种犬的特殊性

1）运动量大　军（警）种犬在服役期内（平均 6 年左右）的运动量，比同品种、同年龄的宠物犬多出 50%～200%。

2）应激反应强　为保证军（警）种犬的绝对服从性，在训练过程中经常需要使用强制手段，这些会对犬造成程度较大的应激反应。

3）作业条件差　在执行多样化军事任务时，军（警）种犬需要在各种不同的复杂天气或电磁环境条件下工作，特殊时期还需要长时间超负荷工作。

4）受毒害概率大　经常接触有毒有害物质，如搜毒犬和搜爆犬，在平常训练和实际作业时，经常会吸入爆炸物和毒品，这些都会对军（警）种犬的神经系统造成不同程度的伤害。

5）作息时间不规律　无法保证有规律的作息和进食，军（警）种犬的训练和作战时间是不固定的，24 小时处于待命状态。

(2) 对饲喂的特殊要求

1）要提供优质高能的饲料　优质的颗粒干饲料是不错的选择，能量浓度高，营养全价，便于保存和携带。饲料原料应当尽量选用优质的碳水化合物、动物蛋白和动物脂肪。尽量避免饲喂含有豆饼等易产生气体原料的饲料，这种饲料刺激肠胃，可造成犬腹泻和胃肠扭转。需要提醒的是，市场上销售的成品颗粒饲料中，尽管有的蛋白质和脂肪含量很高，但采用的是劣质的植物蛋白和植物油，利用率低，因此必须经过实际饲喂才能确定饲料的优劣。饲料包装袋提供的饲喂量，是根据犬的需求量来定的，只能作为参考。

2）要坚持科学饲喂　种犬训练或使用前，为保证犬的兴奋性，防止犬在工作时间内排便，一般只饲喂少量食物。为保证军（警）种犬训练和工作时的兴奋性，犬不能有饱胀感。如果犬吃得过饱，工作时积极性就会下降，出现偷懒的情况。为保证犬的体能，在训练或使用过程中，可以准备适量的牛肉、火腿肠等，作为奖食饲喂给犬。训练或作业完毕，应当充分休息后，再给犬喂食，餐量要占到全天需要量的 2/3。

3）要随时保证清洁饮用水　在军（警）犬训练和使用过程中，水分消耗比较大。水分供应不足，会加剧犬的应激反应，降低犬的兴奋性，缩短军（警）犬工作时间。因此，在军（警）犬运输和使用过程中，应适当减少犬的饲喂量，并保证充足的清洁水供应。

4）要尽量用诱导的方法进行训练　如果在训练过程中使用了过量的刺激，训练结束后一定要对犬进行充分的奖励并和它玩耍，以消除犬的应激反应。

5）要防止军（警）犬肥胖　如果军（警）犬因故长时间无法正常训练或使用，则应相应减少饲喂量，以免造成犬过于肥胖。

58. 军（警）犬饲喂要注意把握哪些问题？

了解和掌握与犬饲养管理有关的特性，以便创造最适合犬生活的条件，借以保证犬的最佳身体状态。

犬的消化道较短，因此，犬饲料需要有较丰富而又易消化吸收的营养物质。犬很爱清洁，冬天喜晒太阳，夏天怕热，愿意洗澡，但洗澡次数又不宜过多，以免增加犬体力的消耗，影响健康。犬对环境的适应能力较强，能承受较热或较冷的气候，但气候不能剧烈变化，忽冷忽热易导致犬抵抗力下降而发生疾病。犬习惯于不停的活动，这是提高其身体素质、保持持续奔跑和进攻的生理需要。因此，饲养犬要有足够的运动场地。尤其是种犬，若活动量不足，会导致公犬配种无力，母犬不发情或配种后不孕，造成不必要的损失。犬乐于啃咬较硬的东西，这不仅是其牙齿生长、消化吸收的生理需要，而且也是犬保持防御和进攻的需要。因此，要经常给犬喂一些大骨头或让犬啃咬特制玩具、橡胶骨头等。犬的头颈部、前胸喜欢主人用手抚摸或轻轻抚拍，这也是主人对犬奖励的一种手段，一般与"好"的口令共同运用，收效较好。但犬的尾部忌摸，摸尾会引起犬的不愉快，进而引起不良的反应。另外，犬的嗅觉十分灵敏，犬所使用的东西应固定地点，不要乱放，以防犬对物品的损害。犬的神经系统很发达，易建立条件反射和动力定型。因此，对犬的饲喂应严格按规定时间和地点执行。

（1）选好食具

犬的食具主要是喂食的盆。食盆以不易破碎，容易消毒、清洗，底部较宽、稳定而不易翻倒为好。目前多选用不锈钢盆。饮水盆最好单独准备，无条件时亦可将食盆洗净后盛饮水，供犬自由饮用。

（2）定期消毒

食具和饮水器具用后要及时清洗，定期消毒。饲养多只犬时，每只犬的食具应专用，不能串换，防止因交叉感染而导致疾病。有些繁育员不注意饲养卫生，使犬经常吞食不干净的食物，因而犬常患肠道寄生虫病，病犬表现出腹痛、营养不良和贫血。为此，应通过饲喂过程，使犬养成"非盆中食不吃""非主人喂不食"的良好习惯。

（3）做好饲喂与运动的时间安排

喂犬前不应让犬做剧烈的运动；训练或执行繁重任务的犬要在休息20～30分钟后再喂。否则可因犬的消化液分泌少，食欲不佳而影响食物的消化吸收，甚至引起消化道疾病。食后让犬轻度运动可有助于食物的消化，剧烈运动则有损于胃肠道的机能。因此，犬训练应在摄食 30 分钟后进行。

（4）注意食物的安全和清洁

利用剩余饭菜喂犬时，要注意清除尖锐物，如鱼刺、鱼骨和辛辣具有刺激性的食物，以防伤及犬的口腔或影响犬的嗅觉。犬的饮水应清洁，禁止供给犬污浊不洁或冰冷的水。犬随主人外出时应提前做好犬的饮水供应工作。

（5）细心观察

饲喂犬时，主人最好在场细心观察犬的摄食情况，如发现犬不吃或吃得少，要及时查明原因，并采取相应的措施。

（6）培养习惯

为了使犬养成迅速进食的良好习惯，在饲喂犬的过程中，如发现其不愿意吃食或边吃边玩时，应立即将食盆拿走，不要把食物长时间放在犬面前。一般情况下应在 10～15 分钟内让犬吃完，超过时间，无论犬吃饱与否，都应果断地把食盆拿走。这样，久而久之，犬即能养成良好的进食习惯。

饲喂军（警）犬的管理制度很多，应讲究饲喂方式，保证饮水充足。饲喂（图 7 - 2）要做到"六定"，即"定时、定量、定温、定质、定地点和定次数"。

定时：把饲喂的时间固定下来，每天到时间就喂。这样做能使犬形成条件反射，促进消化液的定时分泌，提高犬胃肠的消化力，有利于提高饲料的利用率。

定量：每天给犬饲喂的食量要相对恒定，避免犬饥一顿或饱一顿的现象。食量应根据犬的需要来决定。当喂完食后，犬仍然啃咬空盆，低声吠叫，这可能是食量不够的表现；如果经常剩食，就可能是食物过量。食物过量和不足均会影响犬正常生长、发育，尤其是对于幼犬，食量过大易引起消化不良、腹围膨大或四肢变形等；食量过少使犬感到饥饿，

图 7 - 2　仔犬饲喂

不能安静休息，进而导致犬营养不良。

定温：根据不同季节的气候，调节食物的温度，一般掌握在 40 ℃ 左右，但冬、夏有别，要做到"冬暖、夏凉、春秋温"。

定质：每天犬的日粮配合不要变动太大，不要有什么喂什么，而应保持日

粮的相对稳定。饲料的质量一定要保持新鲜、清洁，更换饲料品牌时要逐步改变，防止犬吃霉烂变质的饲料。

定地点：要固定饲喂的地点，不可到处乱喂，防止犬养成随地捡食的不良习惯。喂养犬的地点一般选在犬舍或犬舍附近。

定次数：根据犬的不同年龄和工作性质来确定饲喂的次数，一般断奶仔犬和生产后期母犬一天喂 4~5 次。断乳仔犬的胃容积虽小，但其需要的营养物质多，所以应增加饲喂次数。生产后期母犬处于恢复阶段，需要较多的营养来进行自身修复和泌乳，有时忙于照顾幼犬而无食欲，所以产后母犬应增加饲喂次数。4~6 月龄幼犬、妊娠母犬和哺乳母犬每日喂 3~4 次，分别为早、中、晚或午夜。6 月龄至 1 岁犬一天喂 2~3 次，1 岁以上没有训练任务的成年犬可一天喂 1 次，但这种饲喂制度要求日粮的营养水平较高。

要经常给犬补充饮水，供水要充足、新鲜。如果饮水不足，犬容易发生消化不良、便秘等胃肠道疾病，在炎热的夏季更是如此。

59. 如何饲喂仔犬？

对新生仔犬的饲喂管理不当，常造成仔犬死亡、生长发育迟缓等问题。因此，新生仔犬的饲喂管理，要坚持少喂多餐、平稳过渡、群体饲喂、重点饲喂的原则。

（1）保证吃到初乳

母犬分娩后前 3 天分泌的母乳称为初乳，分娩 3 天后再分泌的母乳称为常乳。初乳中含有 15％的免疫球蛋白，是常乳的 140~300 倍，同时初乳具有增强体质、抗病和轻泻的作用，可促进胃肠活动，有利于胎便的排出。新生仔犬的免疫力很低，只有成年犬的 29％，吃初乳后，免疫力可增加到成年犬的 77％，可以抵抗犬瘟热、细小病毒病等传染病。让新生仔犬吃到足量的初乳，不但是其获得后天免疫能力的关键，也对其健康发育至关重要。

如果母犬产仔过多、泌乳不足，或因其他原因不能担负全部或部分哺乳任务时，需将一部分或全部仔犬交给另一只哺乳母犬哺育，这种方法称为代乳，该母犬则称为保姆犬。保姆犬的分娩时间应与原母犬的分娩时间基本一致，这样才能保证仔犬获取充足的乳汁。将仔犬交给保姆犬时，应将代乳仔犬身上涂上保姆犬的乳汁、尿液或分泌物，防止其认出代乳仔犬而不给其吸乳或咬代乳仔犬。实践证明，采用保姆犬代乳比人工哺乳更适合仔犬的生长发育。

当母犬不能对新生仔犬进行哺乳，也不能由其他母犬进行代乳时，就要采用人工哺乳办法。人工哺乳就是由繁育员用专用奶瓶给仔犬喂奶，乳汁可采用专用奶粉或婴幼儿配方奶粉及米粉配制而成。人工哺乳应灵活掌握喂乳量，通常日哺乳量为：产后1～5天喂100克，6～15天喂150克，15天以后逐日增加，以新生仔犬能吃饱为目的。同时还要调剂好乳汁的温度，过凉过热对仔犬消化都不利，一般保持在25～30℃。喂奶次数通常为每昼夜4～6次，每次间隔4小时。喂奶的方法：将仔犬四肢平放在地面上，只抬起头来吸吮，防止将奶吸进气管，阻塞鼻孔，造成呼吸困难，有时可引起异物性肺炎。

吃奶要固定乳头。如果仔犬吃奶不固定乳头，就会出现"丛林法则"现象，弱势犬吃不上奶，发育受限，死亡率增高。因此，必须固定乳头。繁育员应注意观察，对吃不上母乳的仔犬，特别是瘦弱的仔犬，要帮助它们找到乳量较多的乳头吸吮，提高仔犬的成活率。

（2）进行适应性饲喂

仔犬出生后生长迅速，体重迅速增加，而母犬的泌乳在产后15～20天达到高峰后就开始逐渐下降，实际上从第20天起全靠母乳就已经不能满足仔犬的营养需要了。因此，补饲应从20天左右开始。给仔犬提早补饲，能够锻炼仔犬消化器官的机能，促进胃肠道发育，使仔犬能够逐渐消化乳汁以外的其他饲料，解决母乳供给不足与仔犬营养需求量日渐增多的矛盾。仔犬出生15天后可补饲牛奶，20天以后仔犬开始长牙，特别喜欢啃东西，这时可抓紧调教仔犬开食吃料。可在乳汁中加些肉汤和稀饭，35天后逐渐过渡到饲喂颗粒饲料。补饲时应少添勤诱，天天坚持。同时，为了让仔犬建立吃料的条件反射，不要随意改变饲料品种及补饲地点。剩余的开食料应及时清理，以免造成仔犬腹泻。

（3）要及时给仔犬断奶

正常的幼犬应该在出生45天左右完成断奶。幼犬断奶可以采用"硬断奶"和"软断奶"两种方法。

"硬断奶"是指幼犬在40天左右时，繁育员人为地将其与母犬分离，改为犬食饲喂。"硬断奶"对于母犬泌乳量不足、补饲时间早、适应能力强的仔犬来说比较适合。但由于断奶突然，食物及环境都突然发生变化，母、仔犬极不习惯，精神紧张，容易引起仔犬消化不良，泌乳量足的母犬还容易发生乳房炎。"软断奶"是指逐渐减少哺乳次数，最后完全断奶。即在幼犬40天左右时，就逐渐减少母犬与仔犬接触的时间，减少喂奶的次数，改为饲喂牛奶或奶粉、稀饭或其他犬易消化的食物做补充，直至仔犬能够完全吃饲料为止。"软断奶"可避免母、仔犬遭到突然断奶刺激，是一种比较好的方法。断奶后1周内应做到三固定：犬舍、人员、饲料都固定不变。即采取去母留仔的方法，让母犬离开原犬舍，幼犬在原犬舍保留。饲养母犬和幼犬的繁育员不变。断奶前饲喂的犬食2周内保持不变。

断奶在寒冷季节可推迟半月左右时间。繁育员可在白天把仔犬与母犬分开，晚上再放在一起，经过4~5天时间的适应，即可将仔犬与母犬分开管理。仔犬离乳后最初几天，可能不太习惯，繁育员应注意观察仔犬的变化，以免发生意外。

断奶是仔犬生活中的一次大转折。此时仔犬处于旺盛的生长发育时期，但消化机能和抗病能力不强，应根据仔犬的品种、身体状况及环境条件不同，选择适当的断奶方式。对生长发育比较均匀的同窝仔犬可以一次性断奶。对不均匀的，可采取分批断奶，发育好的先断奶，体格弱小的后断奶。

（4）要定期给仔犬称重

为了便于对仔犬的生长发育情况进行分析和比较，及时调整饲喂量，繁育员要定期给仔犬称重，可每日一次，称重时要在秤的托盘上放好松软的布垫或毛巾，防止铁器给仔犬以冰冷的刺激。时间要相对固定，否则由于进食前后会使体重数据相差较大。

60. 幼犬转为训练犬前如何进行饲喂？

（1）食物营养要均衡

保证食物优质、新鲜。繁育员可逐渐添加植物性饲料（大米、小米、玉米等）和蔬菜成分，但必须保证足够的能量和蛋白质。幼犬的能量需要约为每日每千克体重0.6兆焦，蛋白质需要量为每日每千克体重9.6克。同时，注意给幼犬适量补充钙、磷、铁、硒等矿物质，以及维生素A、维生素D、B族维生素等，以保证幼犬各方面生长发育的需求。切忌饲喂变质的肉、菜、饭及大块骨头、生鱼等食物。

（2）食药相济

平时应准备一些王氏保赤丸、七珍丹等消食化瘀的药物，隔一定时间，给幼犬服用，保持幼犬持续旺盛的食欲。

（3）逐渐增添

幼犬犬食成分相对恒定，繁育员如果想改变其成分或添加新成分时，一定注意要由少到多逐渐添加或改变，使幼犬的胃肠有一个适应过程，否则容易引起幼犬腹泻及消化不良。

（4）少食多餐

饲喂中应注意控制食量，使幼犬保持旺盛的食欲，每次饲喂达到七八成饱即可。如果一次饲喂的量太多，则容易引起幼犬消化不良，造成胃肠功能紊乱，影响营养物质的吸收。

（5）食物供给要由稀到干

可将含瘦肉、鸡蛋、牛奶较多的饲料配成流质食物喂饲，以后随着日龄增大，可将犬食调稠，逐渐制成干饭样。

（6）保证供水

水是幼犬绝对不可缺少的物质，应保证供给充足、清洁的饮用水，尤其在夏秋季节。

（7）分食单喂

饲喂时，繁育员应注意观察幼犬的食欲情况，特别是对集体饲养的幼犬，要分食单喂，将相近体质和食速的幼犬安排在一起喂食，防止争食，造成强者愈强、弱者愈弱。

另外，打算用于嗅觉作业的犬，应在饲喂饲料时，不要把气味重及有刺激性气味的佐料加入饲料当中。由于犬的嗅觉极其灵敏，这些气味的长期接触，将导致犬在将来的嗅觉作业训练中难以发挥能力，影响嗅觉。可适当增强咬合训练。通常6月龄的犬在换齿后喜欢啃咬东西，这时可以投喂一些牛、羊、猪的腿骨让犬啃咬，既可以补充钙、磷等营养物质，又可以增强犬的咬合力，为军（警）犬的扑咬科目奠定良好的基础。

61. 在幼犬饲喂过程中应注意哪些问题？

（1）参加培训

在繁育员刚刚参加工作之前或初期，应组织饲喂管理应知应会内容培训，让繁育员尽早了解掌握饲养管理各方面的知识。

（2）组织试喂

由有经验的繁育员指导初训的繁育员进行试喂，并加强监督引导，及时发现饲养管理中存在的问题，指导初级繁育员正确解决问题。

（3）适时总结

由于犬的品种、月龄、体质、气候、个体差异等的不同，在饲养管理上也要有所变通，初级繁育员要及时总结经验教训。注意仔犬充分的运动和日光浴，犬舍内应保持清洁，冬季温暖，勤换勤晒垫草。

（4）合理确定喂食量

犬的饲喂量与犬的品种、月龄、活动量、饲料品质及环境条件等有关，可根据幼犬的进食情况、排泄物、体重及营养状况加以判断和调整。可根据吃食快慢、性情好坏等将3～5只幼犬分为一圈，这样犬只争食，有利于生长。

（5）注意观察进食状况

喂犬时繁育员要始终在场观察，如发现幼犬不吃或少吃食，应查明原因采取措施。

（6）做好调教工作

使仔犬定点吃食，定点排粪便，定点睡觉。要对幼犬施以正确的运动训练。科学的体能训练可以增强幼犬的体质，加强幼犬的耐力，增强各种器官的机能。运动量要根据幼犬的体质、月龄、气候变化等情况酌情调整。

（7）加强物品管理

不要将训练球、手套、训练用炸药、训练用毒品等训练物品放在幼犬够得着的地方，以免使幼犬发生中毒、肠胃堵塞等疾病。

62. 如何饲喂种公犬？

种公犬采取本交时每年可负责5～10只母犬的配种任务，采用人工授精时可承担几十只甚至上百只母犬的配种任务，所以说种公犬，对整个犬群的质量影响很大，不仅直接影响母犬受胎率和产仔数，也对其后裔优良品质的获得具有重要影响。种公犬强健的体质、充沛的精力、旺盛的性欲和优良的精液质量除与先天遗传因素有关外，还与科学饲喂关系密切。

（1）保证蛋白质供应

饲料中蛋白质水平对于种公犬精子数量、质量和寿命都有很大关系，一般来说日常饲料中蛋白质水平在非配种期应不低于17%（以干物质为基础），而在配种时应增加至21%～23%的水平。蛋白质养不足能引起种公犬脑垂体、睾丸生精上皮细胞发育不良，出现精子密度低、死精、畸形精子比例大等。多种来源的蛋白质饲料可以互补，以提高蛋白质的生物学价值。动物性蛋白质对提高精液品质有良好效果。因此，在配种前1个月和配种期每天中午最好补喂蛋白质饲料，如鸡蛋、蜂王浆、茧蛹、乳等。在非配种期，间歇或经常性地给种公犬补喂蛋白质饲料，对保持精液质量具有一定效果。

（2）满足维生素供给

维生素含量不足会造成精液品质的严重下降。种公犬维生素的需要主要指维生素 A、维生素 E、B 族维生素的供给，冬季是犬维生素需求旺盛时期，所以要及时给种公犬饲喂维生素含量丰富的饲料，如胡萝卜、肝脏、青绿多汁的蔬菜、酵母、鱼肝油等。除此之外，还要加喂医用维生素 E 或多种维生素，以满足种公犬对维生素的需要。在种公犬日粮或饮水中，定期添加适量的维生素 D 可明显改善精液品质。

（3）防止矿物质缺乏

矿物质主要指钙、磷、锌、硒等。种公犬日粮中矿物质不足，会使精液品质显著降低，出现死精、发育不全或活力不强的精子。因此，种公犬在配种期应用食盐 1.5%，骨粉 5%，同时添加微量的亚硒酸钠。

（4）保持种公犬正常体况

种公犬过肥或过瘦均可导致性欲下降。

63. 如何饲喂种母犬？

种母犬除维持自身正常的生命活动外，还担负着妊娠、产仔、泌乳等繁重的生产任务。由于种母犬在发情、妊娠、分娩、哺乳等阶段生理状况不同，所以在饲养管理上也应该根据各阶段的特点采取不同的措施。要保证种母犬的饲料安全，必须购买优质饲料。除母犬维持生命所需的蛋白质、脂肪、碳水化合物外，维生素、矿物质等微量元素必须满足母犬需求，否则有可能影响母犬的正常发情和妊娠。饲料能量水平对排卵数、胚胎存活率和胎儿发育，以及泌乳性能都存在影响。此外，需给母犬提供足够清洁的饮水。

（1）青年母犬

营养水平低会延迟青年母犬初情期的到来，造成成年母犬发情抑制，发情不规律，排卵率降低，乳腺发育迟缓，甚至会增加胚胎早期死亡、死胎和初生仔犬的死亡率。营养水平对母犬的排卵数也有较明显的影响，还会使成年母犬出现安静发情。长期缺乏必需的营养物质会造成母犬生长发育停滞，内分泌腺萎缩，激素分泌不足，子宫黏膜上皮变性，卵泡闭锁或形成囊肿，不发情和排卵。可以饲喂颗粒配合饲料，避免造成母犬的营养不良。青年母犬发情前期（2～3 周），能量水平在限制饲养的基础上可适当提高，以促进母犬排卵。

（2）经产母犬

根据母犬的膘情而定。

① 如果母犬膘情好，则无需特殊饲喂，只在配种前进行短期优饲即可。

② 对于膘情不好的母犬，要加强营养，使其尽快恢复到种母犬应有的

膘情。

③ 如果母犬过肥，则有可能影响母犬正常的发情排卵及后期的妊娠产仔，需降低营养水平，使其减肥恢复至正常膘情。

（3）妊娠母犬

妊娠母犬的营养需要高于维持需要，但低于泌乳需要。具体见本书 64 问。

（4）泌乳母犬

泌乳期母犬食物构成上以含钙丰富的饲料为首选。具体见本书 65 问。

64. 如何饲喂妊娠母犬？

妊娠母犬的饲养直接影响母犬的产仔数和胎儿的生长发育，仔犬的初生重、活力、日增重、抗病能力，以及母犬的泌乳力、下次的发情时间和繁殖力。

在母犬配种后，繁育员要尽早开展妊娠诊断，被确诊受孕的母犬应适时调整营养物质的供应量。

要根据妊娠犬的不同生理阶段，合理使用或添加不同的饲料或营养物质。妊娠犬在第 6、7、8 周其营养需要应分别增加 10%、20%、30%。在犬的妊娠期，应注意供给蛋白质含量高、营养全价的饲料，同时还要注意维生素（维生素 A、维生素 D 等）及微量元素（钙、磷等）的补充。只有这样才能在满足妊娠犬自身营养需要的同时，保证胎儿的正常生长发育。

繁育员应每天制定食谱，不宜频繁更换饲料种类。供给营养充足、适口性好、易消化的优质饲料，适时调整饲喂次数。

在母犬怀孕后第一个月内，应保持与母犬怀孕前相同的喂养标准。切忌增加太多的肉类、鸡蛋、奶类等营养丰富的食物，因为该阶段胎儿生长较慢，过多的营养都会被母犬吸收，容易导致难产。

在母犬怀孕 25 天左右时，应注意观察母犬的生理反应。有的母犬会表现出食欲不振或呕吐，这时不需要吃药或就医，属正常现象，一般 3 天左右就会过去，但是这段时间要供给适口性和易于消化的食物。随着胎儿的生长发育，大部分母犬的妊娠反应会越来越大，随后逐渐减弱消失，形成一个妊娠反应抛物线，而母犬一次的摄食量会与之形成一个反向抛物线，母犬每日的饲喂次数要随着妊娠期的延续而相应增加。

在母犬怀孕 1 个月后，要增加营养。这个时间段胎儿发育迅速，对各种营养物质的需要急剧增加，繁育员应一天饲喂 3 次，而且要适当补充一些富含蛋白质、维生素及矿物质（钙、磷、铁等）的食物，如肉类、鸡蛋、奶类和蔬菜等。以德国牧羊犬为例，参考美国 NRC 营养标准，妊娠后期比妊娠前期的能量需求增加了 14%，蛋白质需求增加了 122%，脂肪需求增加超过了 80%，钙、磷等需求增加了 1 倍。

在母犬怀孕 45 天后，要少食多餐。这个时间段母犬每次进食量会减少，繁育员需要调整伙食，采取少量多餐饲喂，每天可调整为饲喂 4 次，减少对母犬子宫的压力。

在母犬怀孕期间，要控制饮食的温度。繁育员应供足洁净的饮水，不要饲喂过冷的饲料，一般应保持在 18～25 ℃为宜。

应根据妊娠母犬所怀胎儿的数量、每次摄食量以及饲料的营养水平而灵活掌握每日饲喂次数，以便较好地控制母犬体况和胎儿出生时的体重，避免因胎儿过大引起母犬难产。

65. 如何饲喂哺乳期母犬？

母犬在生产后对饲料的适口性要求更高，繁育员应当细心观察，精心安排饮食，满足母犬需要。

（1）增加饲喂次数

每天饲喂 3～4 次，每次饲喂的间隔时间要均匀。如果不增加饲喂次数，母犬为满足泌乳的需要而贪食，则会导致消化机能紊乱，造成消化不良和泌乳量下降。

（2）固定饲料

母犬在哺乳期，一般情况下不要更换饲料。要给产后母犬提供质量好、易消化的饲料，特别是高品质的蛋白质饲料，可适当喂给鸡蛋、瘦肉、小鱼等。要听从兽医或繁育员的指导，不要在母犬产后饲喂牛奶，因为犬缺乏牛奶乳糖分解酶，所以饲喂牛奶很容易引起腹泻。

（3）增加营养

对产后泌乳不好的母犬，要增加饲料中的蛋白质水平，增喂动物性饲料，如肉、蛋、奶等，以便更好地促进乳汁的分泌。要注意补充维生素和矿物质，尤其是注意增加维生素 D，可每天给予适量的鱼肝油，并补充钙质。要注意提供足够的清洁饮水，如在冬季分娩，要给母犬提供温热的开水。加强产后营养供给，根据母犬体况及产仔数量，饲喂一段时期的母鸡、猪蹄等，以确保母犬体力恢复及泌乳需要。

66. 如何饲喂老龄犬？

老龄犬为国防和军队建设事业做过贡献，应该为其提供一个安静、整洁、舒适、良好的生活环境。应做好均衡的饮食、适度的运动、加强情感沟通、注重日常护理等。

（1）科学计算老龄种犬进食量

根据英国科学家的研究证明，种犬达到寿命的一半时就开始逐渐变老。因此，当大中型和巨型种犬 5 岁、小型种犬 7 岁时，就应当考虑改变它们的食谱，逐渐向老龄化类型调节。不能笼统地为这些老龄种犬制定单一的食谱，要严密地监测每只老龄种犬的进食量，综合考虑个体差异。试验证明，低摄食量容易导致老龄种犬维生素和微量元素缺乏性疾病，可以采用少食多餐的办法，增加营养的利用率和改进老龄种犬的进食情况。

（2）均衡饮食

均衡的饮食可以预防老龄犬体重的增加。应为老龄犬提供足量的蛋白质、矿物质，但应减少食盐用量。降低能量、脂肪摄入量，食物应该是松软、易消化，而且要易于咀嚼，有助于食用后有饱腹感。老龄犬因嗅觉减退，食欲不佳，消化功能降低。因此，喂养老龄犬时要采取少量多餐方式，每天应饲喂 3～4 次，并提供充足的饮水。建议 7 岁以上的犬选择老龄犬犬粮，同时应添加维生素和矿物质，特别是钙剂和维生素的补充，这样可以很大程度上预防一些老龄犬疾病。老龄犬对寒冷的抵抗力差，如吃冷食可引起胃壁血管收缩，供血减少，并反射性地引起其他内脏血液循环量减少，不利于健康。因此，老龄犬的饮食温度应稍微温热，以适口进食为宜。

八、疫病防治是繁育工作的重要保障，也是提升军（警）犬健康和质量的重要环节

67. 军（警）犬疫病防治工作应坚持什么原则？

（1）军（警）犬疫病防治工作应当贯彻执行国家和部队有关规定，坚持人犬并重、预防为主、防治结合，防治疫病发生和扩散，促进维护官兵与军（警）犬健康。

（2）军（警）犬专用诊疗机构应当建立健全军（警）犬疫病防治制度，具有满足临床需要的场所、设施、设备、药品、器械等基础条件。凡配备军（警）犬的基层单位，应当配备军（警）犬常用药品和器械。

（3）配备军（警）犬的部（分）队必须严格落实军（警）犬的免疫、驱虫、消毒、检疫、体检、隔离等制度，加强军（警）犬疾病和人兽共患病的预防控制。

① 每年为军（警）犬接种狂犬病、犬瘟热、犬细小病毒病、犬传染性肝炎、犬副流感等疫苗，与军（警）犬密切接触人员每年必须接种人用狂犬病疫苗。

② 每季度至少进行 1 次预防性驱虫。

③ 定期对军（警）犬饲养、训练、活动场所和常用装备、用具进行消毒，季节交替时全面消毒，疾病和疫情流行期及时消毒，人员出入军（警）犬饲养区域时必须消毒。

④ 每年对军（警）犬进行 1 次健康检查，春秋季进行 1 次检疫，每季度进行 1 次营养检查。

⑤ 从其他单位调入的军（警）犬入舍前，必须隔离检疫，时间不少于 30 天；长期在外执行任务的军（警）犬归队后，应当隔离观察，时间不少于 15 天。严禁军（警）犬因非作战执勤需要进入疫源区域，严禁从疫区或者疫病多发区引进、采购、征集军（警）犬。

（4）各级卫生部门，应当将军（警）犬疫情防控纳入重大疫情防控机制。配备军（警）犬的部（分）队，应当建立健全军（警）犬疫情防控处置预案，发现疫情迅速查明疫源，划定封锁疫区，隔离治疗病犬和疑似感染犬，对其他军（警）犬进行紧急免疫预防，及时上报疫情和处置情况。

（5）军（警）犬受伤或者患病后，应当及时采取医疗措施进行诊治。伤情病情严重的，按照就近就便原则，及时送军队或者地方犬病专业医疗机构救治。凡有军（警）犬的部（分）队，在执行多样化任务中应当制定军（警）犬救治预案。

68. 如何对犬进行免疫？

按照规定程序给军（警）犬接种各类疫苗，产生坚强的免疫力，是预防疾病，特别是传染病的重要保证。

（1）免疫种类

1）被动免疫　被动免疫是指通过某种途径直接使犬获得对某种病原的特异性免疫力，如仔犬通过吮吸母犬的乳汁获得母源抗体（天然被动免疫）或人工注射高免血清获得的抗体（人工被动免疫）。被动免疫虽然能使犬直接获得免疫力，但在犬体内维持时间比较短，消耗后不能再产生。

2）主动免疫　主动免疫是指通过给犬注射某种灭活、致弱或减毒的病原（这类病原经过灭活、致弱或基因重组等方法处理后对犬是比较安全的，能诱导机体产生免疫力，即通常所说的疫苗或菌苗），经过一段时间后，产生对抗该病原的特异性免疫力，此免疫力具有记忆性，即再次遇到同样病原后，能在较短时间内产生强大的免疫力，使犬不被感染发病。因此，主动免疫是预防传染病的最理想手段。

（2）免疫程序

1）仔犬、幼犬的免疫程序　仔犬是指出生后至 3 月龄的犬，幼犬是指满 3～6 月龄的犬。

① 采用进口或国产的五联苗（包括犬狂犬病、犬瘟热、副流感、腺病毒和细小病毒病）或六联苗（包括犬瘟热、犬细小病毒病、犬传染性肝炎、狂犬

病、犬副流感、破伤风）。

②仔犬最早注射疫苗时间在断奶（通常在 45 天左右）后 2 周（通常仔犬出生后 2 月龄）。

③仔犬最早注射疫苗的周期，以每次 2～3 周的间隔，连续注射疫苗 3 次，每次 1 个免疫剂量。

④仔犬以后注射疫苗的周期，每隔半年再以 2～3 周的间隔，注射疫苗 2 次。

⑤幼犬在 3 月龄以上注射狂犬病疫苗。

2）成犬的免疫程序　育成犬是指 6～18 月龄的犬，成年犬是指 18 月龄及以上的犬。成年犬通常每年注射疫苗 2 次，每半年 1 次，一般在春秋两季。气候变换时，注射常采用进口或国产犬五联苗或六联苗。

3）怀孕母犬的免疫程序　怀孕母犬可在产前 2～4 周加强免疫 1 次。具体的免疫程序，应根据当时当地的情况，由兽医师或卫生员进行相应的调整。

（3）免疫方法

1）注射方法　在犬的颈部和臀部皮下、肌内注射是给犬免疫注射的常用方法。在日常使用时一定要按照疫苗的说明要求进行正确的免疫注射，这样才能发挥疫苗的免疫保护作用。

2）疫苗保存　不同的疫苗要求不同的保存温度和方法。冻干疫苗必须低温保存，一般在 -15 ℃，能保存 1～2 年，在 25～30 ℃保存期不超过 10 天。油乳灭活苗常温下保存，但在 4～8 ℃保存效果最好，有效期为 1 年。

3）注射疫苗注意事项　疫苗是预防和控制传染病的一种重要工具。只有正确使用才能使犬机体产生足够的免疫力，从而达到抗御外来病原体攻击的目的。

接种疫苗前必须掌握本地区或本单位及其周围地区疫情和流行病的发生情况，提前使用相应疫苗。必须制定和执行正确的免疫程序。要选择有效疫苗，选择运输、保存条件好，在有效期内的疫苗，且疫苗贮存瓶无破损进气的情况，标签应完整。要正确使用疫苗，使用接种疫苗的器械、用具，如注射器、针头等应灭菌。稀释疫苗要用指定稀释液，并按规定方法进行，注射过程中要做好消毒、防污染工作。稀释后的疫苗应在限定时间内（一般 1 小时）用完。接种疫苗前后，对犬要加强饲养管理，减少应激反应。使用活苗前后不能用抗菌药物，以免影响免疫力。接种疫苗前应对犬进行体检，如测量体温、做全身检查等，确保被接种犬健康。

69. 免疫失败是什么原因引起的？

免疫失败是指虽然给犬进行了免疫，但没有达到免疫效果。造成免疫失败的原因有以下几种。

(1) 疫苗本身的原因

疫苗质量不过关或保存、运输不当造成疫苗失效；母源抗体干扰；免疫系统未成熟；免疫途径不当；免疫剂量不适宜。

(2) 疫苗之外的原因

1）环境因素　环境因素被认为是一种应激因素，如犬舍过分拥挤、长途运输、环境突然改变、体温迅速升高或降低，以及湿度改变等，都有可能抑制免疫应答反应。这可能与机体在应激状态下皮质类固醇的产生有关。因此，犬的免疫，一定要选择在良好的天气时进行。

2）机体状况　①由于机体患有严重的蛔虫、绦虫、蠕形螨、球虫或其他寄生虫病，以及机体处于疾病的潜伏期或治疗期，引起机体功能下降、免疫抑制，造成免疫失败，甚至因疫苗株在体内大量复制，毒力增强而作为病原引发相关传染病的发生。②遗传性或获得性免疫缺陷因素。有些犬由于机体免疫系统先天性发育不全或后天遭受损害，造成机体免疫功能低下，临床表现为反复发生不易控制的感染。对于这些犬，无论使用何种疫苗、采用何种免疫途径，都不会激发机体产生很好的免疫应答。

3）营养因素　尽管在多数情况下，营养不足与免疫应答水平降低的关系不太大，但维生素 E 和硒缺乏与免疫抑制密切相关。

4）药物因素　有些药物对免疫有影响，如左旋咪唑、皮质类固醇等药物。左旋咪唑是临床常用的驱虫药，此药也具有免疫调节作用，即小剂量（每千克体重 0.5～2.2 毫克）具有免疫增强的作用，大剂量具有免疫抑制作用。犬的常用驱虫剂量为每千克体重 10 毫克，由于临床长期应用左旋咪唑，虫体对其敏感性降低，产生了一定的抗药性。在实际临床应用中，多加大剂量服用，当剂量超过每千克体重 3.7 毫克时，就会产生免疫抑制。因此，在疫苗注射期间应避免使用这些药物，以防干扰免疫。

5）免疫诱导期感染　任何一种疫苗接种后都不会立即提供免疫保护作用。犬对疫苗产生应答需要几天至一周或更长的诱导期，尤其是初次免疫更是如此。在疫苗注射后，不但不会立即使机体抗体水平提高，反而会消耗一部分抗体（免疫阴性期），然后经过一段诱导期，抗体水平才有所提高。因此，在疫苗注射 1~2 周之内要加强犬饲养管理，尽量避免出入一些公共场所。

6）整体免疫水平破坏　对于一个犬群来说，免疫接种不可能使 100% 的犬得到保护。依据不同的情况，多种疫苗接种后，保护水平达到 70%~80% 就比较理想了，这样的保护水平使犬对病原的感染概率降低，达到了控制传染病流行的目的，即犬与病原之间存在着微妙的平衡关系。一旦有外来犬的介入，就会破坏这种平衡关系，病原就会通过各种途径在犬群中传播，结果导致犬群整体免疫水平难以抵抗病原的攻击，从而引发疾病的流行。因此，要尽量避免引入外来犬，当必须引入时，应采取隔离观察、加强免疫等措施后方可混群饲养。

70. 免疫应注意哪些问题？

（1）确定首免日龄

仔犬出生后的首免日龄问题是免疫程序中最重要的环节之一。首免日龄是指第一次给出生仔犬接种疫苗或菌苗的时间。它是免疫成功的关键，不但要考虑犬的免疫系统是否发育完善，是否受到母源抗体的干扰，而且还要考虑仔犬对疾病易感之前，是否能够获得主动性免疫保护，即首免日龄要适时。如果时间过早，不但会受到高水平母源抗体的干扰，而且犬的免疫系统也尚未发育完善；如果时间过迟，虽然犬的免疫系统已发育完善，受到母源抗体的干扰也逐渐减少，但意味着越来越多的仔犬对疾病十分易感而没有得到免疫保护。

目前国内外学者一致认为 6~8 周龄是仔犬的最适首免时机。因为据抗体水平检测和推算，在这段时间仔犬已经失去足够的母源抗体，免疫系统也逐渐成熟，能够对疫苗产生免疫应答反应，并且此时由于母源抗体大部分消耗，犬逐渐对疾病越来越易感。因此初生仔犬达到 6~8 周龄时，就需要考虑给犬进行免疫了。超前或者滞后都会对犬的免疫产生一定影响。

（2）确定免疫次数和免疫间隔时间

对于初生仔犬而言，其体内母源抗体衰减的速度不尽相同，一般情况下与犬的体重呈正相关，即体重越大的个体其母源抗性消失得越快，并且不同个体免疫系统成熟的时间也存在差异。为了尽可能使出生仔犬都能免疫成功，通常选择 2~3 周的间隔时间连续免疫 3 次。第一次免疫由于受母源抗体干扰，只能使部分犬免疫成功；第二次免疫能使以前没有获得免疫的犬免疫成功，以前免疫成功的犬得到加强，以此类推经过三次免疫能使 90% 以上的犬免疫成功。虽然两次免疫的效果优于一次免疫，但并不意味着免疫的次数越多越好，免疫反应是受机体严格控制的。例如，血清中原有特异性抗体，能抑制针对同一病原的特异性抗体的产生，通过这种负反馈作用，保证机体正常的免疫球蛋白相对稳定。

对于成年犬来说，每年要加强 1~2 次免疫，通常在春秋两季进行，即在疾病易发之前，使犬得到免疫保护。

（3）确定免疫时机和剂量

1）免疫时机　免疫时犬一定要处于健康状态，如食欲、精神状态、呼吸、脉搏、体温等均处于正常状态。对处于疾病潜伏期或治疗期的犬，绝不能进行免疫。此外，免疫一定要选择在天气良好时进行，尽量避免外界环境的变化给犬带来不良应激反应。

2）免疫剂量　免疫剂量必须严格按照生产厂家的推荐剂量进行免疫接种，那种"小型犬剂量小，大型犬剂量大"的说法完全没有科学依据。剂量过小或过大都不能达到免疫效果，反而会诱导机体产生免疫耐受。

（4）确定初乳和母源抗体

1）初乳　指分娩后前 3 天的乳汁。初乳中富含仔犬生长发育所必需的各种营养成分，是哺乳期仔犬最理想的营养物质，尤其是初乳中富含免疫球蛋白，是仔犬获得母源抗体的主要途径和后天被动免疫的关键。因此，让初生仔犬在 8~32 小时之内吃到初乳具有重要的生理意义。

2）母源抗体　指新生仔犬通过某种途径从母体获得的抗体。转移给新生仔犬的母源抗体有母犬胎盘和初乳两个途径。犬的胎盘属于内皮绒毛膜性胎盘，通过胎盘转移给新生仔犬的免疫球蛋白仅占 5%~10%，90% 以上是通过初乳获得的。这些母源抗体可使仔犬早期抗感染。随着仔犬年龄的增长，母源抗体逐渐消耗，仔犬对疾病越来越易感，此时，虽然仔犬体内残余的母源抗体已不能抵抗自然病原的攻击，但却能干扰疫苗或菌苗的免疫效果，直到母源抗体完全消失才能免疫成功，我们有时将这个时期称为犬的最易感期（免疫转折期）。因此，有些疫苗生产厂家在努力寻找新型的抗母源抗体干扰强的疫苗或菌苗，并借助相应的免疫增强剂来刺激免疫系统提前成熟，以使首免日龄提前，初生仔犬尽早获得免疫保护。

（5）确定免疫系统的成熟

免疫系统的成熟是指免疫系统的机能达到正常水平。在犬的免疫中，胸腺 T 细胞植入二级淋巴器官及体液免疫应答的形成，直到 6~8 周龄才逐渐成熟，只有到此时犬对各种抗原的免疫应答才能达到正常水平。

（6）确定疫苗

疫苗的质量直接关系到免疫效果。质量差的疫苗不但起不到免疫作用，反而会因其毒力强弱不均，过敏原过多，引发犬免疫并发症。因此，必须选择质量好、信誉高的知名厂家生产的疫苗。

（7）确定引进新犬的免疫时机

对于新引进的犬，最好要在其离开原地1周前进行一次免疫接种，来到新地点后要隔离观察3周，即多数疾病的潜伏期过后没有发病，方可混群饲养。

71. 如何给犬进行驱虫？

犬驱虫是指用药物或其他方法，根据犬寄生虫病学流行特点，每年在适当的时间进行有计划地驱除（杀灭）体表或体内寄生虫的措施。

（1）做好准备

卫生员应按犬体重估算，分大小、膘情确定给药量。最瘦弱的犬，可将一次的剂量分几次使用。犬在药浴前应饮足水，防止口渴时饮进药液。

（2）科学驱虫

1）幼犬　有些仔犬刚出生，就从母体处感染了寄生虫。如果仔犬开始补食时间较早（即15天左右），应在21天左右时给幼犬进行第一次驱虫，以后应每3周驱虫一次，直至1岁。

2）成年犬　成年犬可每季度驱虫一次。此外，平时可根据犬的体况及粪便虫体检查情况随时进行驱虫。

3）哺乳母犬　哺乳母犬的驱虫可与仔犬同时进行。

4）发情母犬　当母犬发情时，应先驱虫，然后再交配，吃药、打针均可。

5）合群犬　犬合群饲养前，必须先进行1～2次驱虫，再接种疫苗，驱虫常使用具有免疫增强作用的药物，如左旋咪唑等。

另外，应在春秋两季对犬进行驱虫。一般春秋两季的驱虫分别在疫苗接种前1～2周内进行。还可根据寄生虫的发育史进行有规律的驱虫，有时需要重复驱虫。

（3）关注服药后

犬服药后应加强管理，对服药后1～3天内排出的粪便应彻底清除，堆积发酵，利用生物热杀灭成虫、幼虫和虫卵。驱虫后的犬应放在灭过虫的清洁犬舍内，并对原有的犬舍进行彻底消毒，防止再感染。接触过驱虫犬的人员的手、衣服、胶鞋等均需彻底消毒，防止交叉感染。

（4）加强预防

保持犬舍清洁、干燥、卫生，做到食、水干净，防污染。发现有体表寄生虫存在时，可对犬体表进行洗刷或药浴；犬舍应每周进行消毒；加强犬粪便处理，集中堆放、生物发酵、消毒。

72. 如何对犬进行检疫？

检疫是犬饲养管理中的一项重要工作，也是发现犬传染病的一项重要措施。在日常的饲养管理中，有计划、有组织、有目的的定期检疫和临时检疫可以及时发现犬的疾病，尤其可以揭露犬隐性感染和病原携带，从而及时准确地做好防控，防止各类疾病蔓延流行或造成不必要的损失。

1）新引进的犬必须进行检疫　①可以及时发现病犬或携带病原微生物的犬。②检疫出病原后，必须认真处理，消灭传染源。③新引进的犬应先在专门的隔离场所进行饲养、观察及检疫，不能随意合群。

2）来自犬集散地的犬必须检疫　犬集散地是犬传染病最易传播的地方，是检疫的重点对象。

73. 一旦发现疫情，如何进行处置？

疫情处置分为报告疫情、隔离病犬、封锁疫区、适时消毒、处理病死犬5个方面。

（1）报告疫情

卫生防疫部门在发现传染病流行时，应立即将犬的发病数量、流行范围、主要症状及死亡等情况向上级军（警）犬管理部门报告，以便及时诊断并采取相应的有效措施。

（2）隔离病犬

病犬是疾病主要的传染源。对病犬实施隔离，是控制和消灭传染源最重要的措施，可以防止疾病的进一步扩散。具体做法：设置专门的隔离场地，与其他犬断绝来往，安排专人进行饲养管理，所用用具均需严格消毒。

（3）封锁疫区

对有犬传染病发生的地区，必须进行严格的封锁，防止疫区犬向周围安全地区扩散，保护非疫区的健康犬不被感染，同时把传染病迅速扑灭在原发地区。封锁疫区的原则是准确划定范围，严格限定区域。

（4）严格消毒

消毒可以最大限度地杀灭在外界环境中的病原体，保护其他犬不受感染。

消毒的范围包括犬停留过的场地、犬舍、粪尿、用具和管理人员的衣物等。有可能与病犬接触过的地方、人和物都需要严格消毒。

（5）处理病死犬

病死犬的体内带有病原体，而且毒力相对较强。如果处理不当，往往容易传播疾病。因此，必须严格处理病死犬尸体，防止疫病传播。

74. 如何对犬进行消毒？

消毒，是指利用温和的物理或化学方法抑制病原微生物繁殖的手段。这是预防犬疾病的一项重要措施，在犬饲养管理，特别是在犬传染病的预防中，消毒工作（图8-1）居于重要位置。

（1）消毒方法

1）物理消毒　指通过机械清洗，阳光、紫外线照射，高温等而达到消毒目的。机械清扫、冲洗、通风可清除犬舍内的粪便、食物残渣、尘埃等杂物。阳光中的紫外

图8-1　犬舍消毒

线对细菌和某些病毒有较强的杀灭作用；一些工作场所如实验室、更衣室、治疗室、产房等也可通过人工紫外线进行消毒。不易燃的犬舍地面、墙壁和金属器具，也可通过火焰烧灼和烘烤进行消毒。大部分非芽孢病原微生物在100℃的沸水中迅速死亡，一些不耐烧灼的器具可采用煮沸消毒或高压蒸汽消毒。

2）生物消毒　指将粪便、垃圾、清扫的灰尘等污物集中堆积发酵而达到消毒目的。这样既可利用微生物所产热量来灭杀病原微生物，又可生产出优质无害的有机肥料。

3）化学消毒　指用化学消毒药对犬舍的内外墙、地面、屋顶和用具进行喷洒、浸洗、浸泡和熏蒸。需要注意以下几点：

对犬体表、空气、饮水等进行消毒时要选择安全有效的消毒药，掌握最适配比浓度、使用量、作用时间等，并注意影响消毒药使用效果的诸多因素。

凡对病原微生物具有直接抑制或灭杀作用的消毒药物，对犬体也会有一定的毒副作用。因此在应用消毒药时，必须特别注意药物的效果。消毒时，有些

消毒剂不能落入饮水中，如果消毒剂通过饮水进入消化道，病原微生物和非病原微生物均会受到破坏，使体内正常菌群失调，影响食物的消化吸收，严重者常可导致消化机能障碍，引发其他疾病。

使用消毒药物切忌墨守成规或随意乱用，必须明确消毒对象，合理选药。如生石灰的主要成分是氧化钙，常因长时间吸湿受潮发生变质而导致无消毒作用。如果直接用生石灰到处撒布，常导致生石灰粉末被犬吸入呼吸道或溅入眼内，在与水生成强碱——氢氧化钙时大量产热，灼伤皮肤或黏膜，引发其他疾病。生石灰只有加水后生成氢氧化钙，游离出氢氧根离子才能发挥消毒作用。因此应正确使用生石灰，即加水将其配成浓度为 $10\%\sim20\%$ 的石灰乳，取其上清液来清洗和消毒饲养工具，或用其混悬液喷洒犬舍周围和墙壁。

熏蒸消毒指用具有挥发作用的消毒药对密闭犬舍进行消毒。一般使用甲醛和高锰酸钾、过氧乙酸等。在进行熏蒸消毒时，一定要注意消毒液的浓度、消毒时间及犬舍的密闭性等。此外，消毒完成后要及时通风换气，待消毒药气味散尽后犬舍方可使用。

目前已有多种新型消毒法，如泡沫消毒法，将消毒药液变成泡沫，用于墙壁、天花板和器具的表面消毒；无水喷雾消毒法，是将消毒剂的原液，以极少的微离子形式喷雾。不用水稀释，消毒效果很好，不产生污水等优点。

（2）消毒制度

在日常消毒工作中，也要按照程序和规定进行。

1）犬舍和活动场所消毒　每周消毒 1 次。如果遇到特殊情况或传染病流行时，每周可适当增加消毒次数。常采用 $2\%\sim4\%$ 烧碱或 2% 漂白粉进行刷洗，墙角及死角一定要认真消毒。犬舍床板、犬笼及犬用品刷洗消毒后，采用日光照射，可增强消毒效果。保持犬舍内外清洁干净，及时清除犬舍及周围的粪便，并将粪便集中到距犬舍较远的地方进行深埋或发酵等无害化处理。对于室内饲养的犬，其所用的垫布、垫草等用品要经常更换、晾晒，并用合适的消毒药进行消毒。

2）犬群体调动时消毒　一定要彻底消毒，具有密闭功能的犬舍常采用熏蒸消毒法，使用甲醛和高锰酸钾进行熏蒸消毒时，每立方米犬舍常采用甲醛溶液 $10\sim15$ 毫升，高锰酸钾 $10\sim15$ 克，加等量水。

3）发生传染病时消毒　消毒一定要及时、彻底，正确选择消毒法和消毒药品，切断传染病传播途径，杜绝疾病大面积流行。做好犬自身卫生管理工作，每天梳刷犬体，及时清除犬体表脏物和寄生虫，定时给犬洗澡。

（3）常用消毒药物

1）来苏儿（煤酚皂溶液）　5％～10％来苏儿溶液，可用于犬舍、环境、污染物、排泄物、用具等消毒。

2）氢氧化钠（苛性纳）　2％～5％氢氧化钠溶液，可用于环境、空犬舍、污染物、垃圾等消毒。但切勿让犬与本品直接接触，消毒后用清水冲洗干净方可使用。

3）生石灰（氧化钙）　干粉撒布，用于空犬舍、粪堆等消毒或用10％～20％石灰乳粉刷墙壁、地面。

4）漂白粉　干粉撒布，用于地面、粪堆等消毒；或用5％～10％漂白粉溶液泼洒地面、犬舍、场地和污染物等，可杀死病毒、细菌、芽孢或真菌等多种病原微生物。

5）过氧乙酸（过醋酸）　用0.5％过氧乙酸溶液对地面、墙壁、饮饲用具等进行消毒；用3％～5％过氧乙酸溶液对空犬舍进行加热熏蒸消毒。

6）84消毒液　有效成分是次氯酸钠，其作用类似于漂白粉溶液，可用于饮食用具、污染物、犬舍及环境等消毒。

75. 犬生病时有哪些症候？

军（警）犬一般都很活泼机警，行动敏捷、食欲旺盛，善于理解繁育员的意图，对工作非常有热情。当犬患病时，其行为与平时会有许多不同：心理活动、精神状态、行为举止、身体器官等方面都会发生很大变化，繁育员应掌握犬生病常见的各种症状，准确判断病情，有针对性地进行诊治。

（1）观察犬的精神

观察犬的活泼性，对外界反应的灵敏性以及是否有异常的神态等。如果犬健康，其一般表现为活泼、敏捷，见到主人频频摇尾，以示亲近，对外界刺激反应灵敏。如果犬出现低头垂尾，反应迟钝，表情冷淡，呆立不动或缩于墙角，基本可以判断犬已患病。

（2）观察犬的食欲

观察犬的食欲状况、食量，有无挑食或拒食等表现。如果犬健康，则犬的食欲旺盛，每到喂食时就非常兴奋，常围着主人打转摆尾，采食迅速，食量较稳定，不挑不拣。而如果犬食欲不振，食量减少，喜欢饮冷水或清水，挑拣食物或拒食，甚至对饮食毫无兴趣，基本可以判断犬已患病。要注意犬的食欲与天气情况有关，如天气炎热时，犬食量减少，而饮水增加，这属于正常情况。

（3）观察犬是否呕吐

观察犬食后是否有呕吐现象，呕吐物的颜色、性状和内容物等。由于犬齿式的特点及其味觉不发达，对食物通常是狼吞虎咽。当食物入胃后，如有不适，即可能出现呕吐，这是一种保护性反应。一般情况下，一旦犬出现呕吐现象，就可以判定犬患有疑似传染病或胃肠炎，应及时请兽医或卫生员进行诊治。

（4）观察犬的粪便

观察犬粪便的形状、色泽、性质和内容物等。如果犬的粪便呈条状、湿润、无特殊臭味，色泽依饲料而定，呈黄色、褐色或灰白色等，基本判断犬是健康的。当饲喂过多的骨头时，犬的粪便呈干硬的灰白色。如果发现犬排便次数增加，粪便呈稀泥状或水样，并混有大量黏液、血液，有腥臭味或排便次数减少，粪便干硬、量少、色暗，表面覆大量黏液，基本可以判断犬已患病。

（5）观察犬的姿态

如果犬健康，其姿势自然，动作灵活、稳重协调，起立坐下无任何困难。当发现犬呈现出跛行、站立不稳、姿态异常、共济失调、盲目运动等一种或多种姿态异常时，特别是当繁育员强迫犬运动时，犬有痛苦表现，就可以判定犬的神经系统功能紊乱或四肢受损。

（6）观察犬的眼睛

如果犬两眼有神，明亮而干净，无过多的分泌物，结膜呈淡红色，则犬是健康的。如果犬出现两眼无神、红肿、结膜潮红、羞明流泪，基本可以判定犬患眼病或传染病。

（7）观察犬的鼻镜

鼻镜又称鼻头，是判定犬健康的重要标志。如果犬鼻镜湿润而有点凉，则犬是健康的。如果犬鼻镜干燥，有热感，有时还会出现龟裂、颜色变白或鼻腔内有浆液性或黏脓性分泌物时，则可以判定犬已患病。

（8）观察犬的口腔

如果犬的口腔清洁湿润，口腔黏膜呈粉红色，舌为鲜红色（除沙皮犬、松狮犬呈蓝黑色外），无口臭、流涎，则犬是健康的。如果犬的口腔红肿、流涎、伴发口臭等，基本可以判定犬已患病。

（9）观察犬的肛门

如果犬肛门周围清洁而干爽，没有发炎现象，不长任何肿瘤，也没有干粪便的残渣，犬不经常舔舐肛门，则犬是健康的。如果犬的肛门出现红肿、污秽、溃疡等，就可以判断犬的消化系统出了问题，或者患传染病、肛门周围局部炎症等。

（10）观察犬的皮肤

如果犬的皮肤清洁而有弹性，表面无硬块，无过多的油脂或异味；被毛有光泽，除换毛期外，被毛不易拉脱，则犬是健康的。如果犬出现皮肤干燥、无弹性、被毛粗糙无光、易脱落，脱落部位出现红斑、结痂或灰白色、圆形、有皮屑等，则可以判断犬已患病。

（11）观察犬的阴部

观察公、母犬的阴部，以确定母犬的阴部是否有发情表现，是否有红肿或脓性分泌物等；公犬的阴部有无过多的脓性分泌物，阴囊是否有肿胀，有无糜烂和溃疡等。如果发现犬的阴部出现异常，则需联系兽医或卫生员及时诊治。

76. 犬病临床诊断有哪些方法？

犬的临床诊断（图 8-2）有以下几种方法。

（1）问诊

以询问的方式听取繁育员关于饲养管理、饮食饮水、喂养方式、环境、行为习惯、预防接种、附近疫情、既往病史、发病时间及临床表现等情况的介绍。并将问诊情况和临床检查结果相结合，进行全面综合分析。

图 8-2　临床诊断

（2）视诊

视诊是用肉眼或借助器械观察患病犬的整体状况或局部变化的方法。包括对精神状态、营养状况、被毛，以及坐、卧、立、行的动作姿势等进行全面观察。

（3）触诊

触诊主要是利用手或使用器具对被检查的组织或器官进行触压或感觉，以发现疾病的一种方法。触诊时应密切注意患犬的表现、敏感部位，对头、颈、胸、腹、骨盆腔、四肢患病器官等部位进行不同程度的观察。触诊可分为直接触诊和间接触诊。①直接触诊，即用手直接触摸，分为浅部和深部触诊；②间接触诊，指借助器械触诊。

（4）叩诊

叩诊是根据对患犬体表的某一部位进行叩击所产生声响的性质，判断被检查器官或组织有无病理变化的一种方法。临床上分为直接叩诊和间接叩诊。直接叩诊是用手指直接叩击犬的一定部位；间接叩诊是检查者左（右）手中指紧贴被检查的部位，弯曲右（左）手的第二关节，用该指端向左（右）手的第二关节上垂直叩打。叩诊音可分为清音、浊音、半浊音、鼓音。叩击胸廓肺区，健康犬出现清音；胀气时为鼓音。叩击腹部类似击鼓音。若出现浊音（短弱、低沉而不响亮的声音），提示肺组织有炎症。

（5）听诊

听诊常用的是借助听诊器听取犬体内脏的音响，以判断体内器官的病理变化。主要用于心、肺、胃、肠等部位的检查。听诊时要注意保持环境安静，精力集中，听诊器胸端（听头）要密贴体表，避免摩擦等的干扰。

（6）嗅诊

嗅诊是借检查者的嗅觉，嗅闻患病犬呼出的气体、皮肤和分泌物、排泄物的气味，提示或诊断某些疾病。

（7）特殊诊断方法

特殊诊断方法包括食管探子插入法、导尿管插入法、X线透视检查和摄影，内窥镜检查法及血常规、血液生化检测法。

77. 如何检查犬的体温、脉搏和呼吸?

（1）体温检查

通常是在犬保持安静、停止活动，不喂水和食物，无刺激的情况下进行体温检查。方法是将体温计水银柱甩至 35 ℃以下，用酒精棉球消毒并涂以润滑剂，适当保定，将被检犬尾稍向上提，然后将体温计缓慢插入肛门内，3～5分钟后取出读数。成年犬正常体温为 37.5～39 ℃。通常晚上高，早晨低；幼犬体温稍高。被检犬运动或紧张时，体温会暂时升高。妊娠母犬较空怀母犬体温稍高。体温升高 1 ℃以内为微热，升高 1～2 ℃为中热，升高 2～3 ℃或更高为高热。

（2）脉搏次数测定

检查脉搏通常需在安静状态下进行，否则脉搏数会偏高。方法是一手握后肢，一手伸入股内侧的股动脉处，用手指轻压动脉检查。注意脉数、脉性和脉搏节律。成年犬脉搏次数 60～80 次/分，幼犬 80～120 次/分。脉搏次数增高，常见于热性病、心脏病、呼吸器官疾病、贫血失血及疼痛性疾病，运动、兴奋、恐惧及过热时，可出现生理性脉搏次数增多；脉搏次数减少是心动徐缓的特征，大多预后不良，常见于某些中毒病及脑病。

（3）呼吸数的测定

应在犬安静时测定其呼吸数。根据犬胸腹部的起伏动作测定呼吸数，一起一伏为一次呼吸数。也可将手背放在犬鼻孔前方，感觉呼出的气流，呼出一次气流为一次呼吸数。一般记数按 1 分钟的呼吸数记。健康成年犬的呼吸次数为 10～30 次/分，幼年犬为 15～30 次/分。运动或兴奋时，犬呼吸数可出现生理性增多；妊娠犬呼吸数也出现生理性增多。犬呼吸数增多，常见于热性病、呼吸道炎症、肺炎和膈肌运动受阻（如胃扩张、腹膜炎、肠臌气、胸膜炎等）；呼吸数减少，多见于中毒症、重度代谢紊乱、某些脑病（如脑炎、脑肿瘤、脑水肿）、呼吸道窄和尿毒症等。

78. 如何对犬进行保定？

（1）扎口或口笼保定法

为防止人被犬咬伤，尤其是对性情急躁、具有攻击性的犬，应采用扎口或口笼保定法。扎口保定，用绷带或宽布条打一个活结圈（猪蹄扣），套在犬鼻梁上捆住犬嘴，然后将绷带两端沿下颌拉向耳后，在颈背侧枕部收紧打结固定。口笼多用牛皮、皮革或帆布制成，可根据犬嘴大小，选用适宜的口笼给犬套上，将其带子绕过耳朵扣牢固定。

（2）徒手犬头保定法

保定者站在犬一侧，一手托住犬下颌部，一手固定犬头背部，握紧犬嘴。此方法适用于幼年犬和训练有素的犬或温驯的成年犬。

（3）站立保定法

在很多情况下，此法有助于体检和治疗。保定者左手抓住犬脖圈，右手用牵引带套住犬嘴，然后再将脖圈及牵引带移交右手，左手托住犬腹部位。此法适用于大型犬的保定。

（4）徒手侧卧保定法

将犬扎口或口笼保定后，置于诊疗台上按倒，保定者站于犬背侧，两手分别抓住前、后肢的前臂部位和大腿部位。同时靠肘部或臂部分别按压住犬颈部、臀部，并将犬背部紧贴保定者腹前部。此法适用于注射和较简单的治疗。

（5）手术台保定法

犬手术台保定法有侧卧、仰卧和胸卧三种保定方法。将犬先进行麻醉，根据手术需要选择不同体位的保定法，将犬固定在手术台上。

（6）静脉穿刺与静脉注射保定法

将犬胸卧于诊疗台上，保定者站在诊疗台左（右）侧，面朝犬头部。左（右）臂搂住犬下颌或颈部，以固定犬头。右（左）臂跨过犬右（左）侧，身体稍依犬背，肘部支撑在诊疗台上，利用前臂和肘部夹持犬身控制犬防止其移动。然后，用手托住犬肘关节前部，使前肢伸直，再用食指和拇指横压近端前臂部背侧或全握臂部，使静脉怒张。必要时，给犬扎口或套上口笼保定，以防咬伤人。此法主要用于静脉采血和静脉注射保定。

79. 如何给犬用药？

犬是一种比较聪明的动物，正常状态下对主人言听计从。但是犬一旦生病，就像我们人类小孩子生病一样，哭闹个不停。繁育员应多一些耐心，掌握给犬用药的要领技巧，"连哄带骗式"地劝犬服用药物。

（1）投放胶囊和片剂类药物

给犬投药时，应令犬采取坐立的姿势，要求快速、果断，在犬意识到投药之前，药已经投完。

1）打开犬的口腔　对于性情温和的犬，以左手拇指通过犬的口角进入齿间隙，并向上推动硬腭打开口腔。

2）把药送入犬的舌根　卫生员用右手食指和中指的指端或用镊子夹持药丸送入犬口腔的舌根部。投药后迅速抽出手指或镊子，将犬嘴合拢，在下颌的下面轻轻敲打咽喉部。当犬的舌尖伸出在牙齿之间出现吞咽动作，或用舌舔舐鼻子时说明已将药咽下。

3）特殊情况喂药　对于性烈咬人、不好喂药的犬，不容易打开口腔时，可用药钳或长的镊子，将药置于犬的舌部，迅速将犬嘴合拢，用手掌快速轻轻叩打犬的下颌，诱使犬突然吞下药丸，减少吐出的机会。

（2）投放液体类药物

1）大量的液体药物　需要经胃管投药，这种给药方法需要经过专门训练的兽医才可以操作。

2）少量的液体药物　令犬采取坐立姿势，头部保持水平；投药人员将犬口唇的交叉部拉起，形成一个袋状皱襞；用小的金属瓶或注射器将药液直接注入口腔的皱襞处；将犬的头部保持水平并稍上抬，药液就会向着咽喉的方向流动。

（3）局部用药的方法

1）眼睛

① 眼药水：滴入眼角结合膜囊内，勿使滴管与眼睛直接接触，一般滴入2滴，每隔2小时给药1次。

② 眼药膏：要挤入眼睑的边缘处，长度约3毫米即可，每4～6小时给药1次。

2）外耳道　向犬的外耳道投入粉剂和水剂是不允许的。稀薄的油膏和丙二醇常作为耳朵用药的赋形剂，一般向耳朵内滴入几滴，然后用手掌轻轻按摩，以便使药物和耳道充分接触发挥作用。

3）鼻腔　给犬的鼻腔用药，要用等渗溶液。将药液滴入鼻腔，但不要使滴管接触鼻黏膜。需要注意的是，鼻腔内禁用油膏，因为它会损伤鼻黏膜或不慎吸入导致类脂性肺炎。

4）皮肤　给犬的皮肤投药，主要是为了消除病因、缓解症状、清洁或保护皮肤、减少痂皮形成等。

（4）药物注射

药物注射的器械、部位和注意事项都比较复杂，操作人员须经过专业的指导和训练。

1）皮下注射　必须在兽医师的指导下进行。繁育员将犬保定，局部消毒，卫生员左手食指、中指和拇指将皮肤捏起形成一皱褶，右手持注射器将针头刺入皱褶处皮下，深1.5～2厘米，左手松开皱褶，用拇指和食指在注射部位将皮肤和针头一起捏住，右手回抽注射器，不见回血时将药液注入。注完后，拔出针头，用碘酊消毒并按压注射部位片刻，然后解除保定。

2）肌内注射　肌内注射的部位和注意事项要听从兽医师安排。繁育员先将犬保定，卫生员在注射部位消毒，左手食指和拇指绷紧注射部位的皮肤，右手持注射器，使针头与皮肤成60°角或垂直刺入。对于消瘦的犬刺入深度为2～2.5厘米；对于肥胖的犬刺入深度为3～3.5厘米。回抽注射器，针头没有回血时，将药液注入肌内，拔出针头后用酒精棉球按压片刻即可。

3）静脉注射　是将药物直接注射在静脉血管内，使药物直接进入血液循环，迅速分布全身作用于病变组织。该法见效快，代谢快，作用时间短，主要用于大量的输液、输血，以及治疗时急需速效或刺激性较强，或皮下、肌内不能注射的药物。可作静脉注射部位有犬前肢的前外侧静脉和后肢外侧的小隐静脉，以及颈静脉。将犬保定在保定台上剪毛，用酒精棉局部消毒，并用止血带绑扎注射部位的近心端，使静脉显露怒张，左手握住前肢掌部，右手持注射器在腕关节稍上方刺入静脉，见回血后沿血管方向顺针，解除止血带，点滴无误后，用胶布固定注射针，进行点滴或注射（图8-3）。

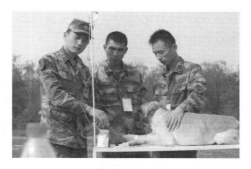

图8-3 军犬输液

4）腹腔注射 适用于治疗腹腔脏器的疾病或进行腹腔穿刺、补液等。注射时，将犬仰卧保定，找准定位进针点（垂线与腹正中平行线的交点即进针点），进针点严格消毒，用专用套管针垂直皮肤进针，刺透后拔出针芯，观察有无腹水流出，不见腹水则稍移动针头，待有腹水流出，即证明穿刺成功。注意注射与输液的药物温度应接近体温。注射要求药物无刺激性，速度不宜过快，否则易引起呕吐、腹泻、肠套叠、腹膜炎等。注射时要保持犬安静，否则注射针有刺伤内脏的危险。

5）直肠给药 是指将水、某些药液、营养品等灌入直肠内的一种方法。操作方法：将犬倒提保定后，稍抬高后躯，犬尾巴拽向一侧，将吸有药液的注射器（拔去针头）头部插入肛门内注射。当需要深部灌肠时，可试用14号导尿管，将盛有药液或水的注射器接在导尿管上，沿肛门插入直肠内一定深度，捏紧肛门周围皮肤和导尿管。根据需要，反复向直肠内注入水或药液。所灌水和药液温度不能太高或太低，应接近犬的体温。灌注完毕后，可立即用棉纱球堵住肛门，15～30分钟后取下。

80. 如何对病犬进行护理？

（1）做好病犬的饲喂工作

病犬体温升高1℃，体内新陈代谢水平一般增加10％左右，多数病例都伴随着发热症状，这就意味着病犬体内营养物质消耗高于正常犬。传染性疾病，其免疫球蛋白的合成及免疫系统的代谢均增强，为了满足机体的生理需要，必须有足够的蛋白质和其他营养物质的供应。高水平的代谢意味着机体内大量的酶被消耗，这就需要更多的营养物质，包括蛋白质、B族维生素及某些微量元素等。因此犬患病期间的营养需要，在大多数情况下高于健康犬。但疾病往往影响到消化机能，表现为食欲不振或废绝，以及肠道功能的降低，从而导致病情的加剧。

在疾病恢复初期的饮食要求，一方面要有利于已经出现的损伤得到恢复，另一方面要使由于疾病而受到严重影响的抵抗力恢复正常。食物要求能引起食欲、易消化，而且富含维生素，当疾病进一步恢复时可以将脂肪和蛋白质提高到正常水平，并且相应增加维生素和矿物质。

犬生病之后，卫生员要重点掌握以下几个要点：

1）传染病病犬的饲喂　要注意两个方面：①补偿传染病引起的水分、维生素和矿物质损失；饲喂营养丰富且易消化的食物，如瘦肉、牛奶、鸡蛋、豆粉、胡萝卜汁等。②为了减轻胃肠负担，饲喂应做到定时、定量、少量多餐；由于发热、呕吐、腹泻等引起脱水时，要多饮水。

2）犬发热、食欲不振时的饲喂　需饲喂易消化、能促进食欲的食物，如将瘦肉切成小块或蛋黄绞碎等。对于完全丧失食欲的犬要适量饲喂，多饮水，在水中加入适量的葡萄糖或新鲜的肉汁。

3）犬呕吐时的饲喂　在犬发生呕吐时，要注意给犬补充水分和食盐。最好是饲喂含1‰食盐的米汤或肉汤。对于顽固性呕吐。出现脱水时更要精心饲喂。

4）犬腹泻时的饲喂　①在发病初期，前两天应给予素食，即不要喂肉、骨头和合成饲料，可饲喂馒头或米粥等，因为这种食物易消化。②在发病中期，即腹泻的第三天及以上可适当饲喂切碎或绞碎的瘦肉。其用量为每天正常饲喂量的一半，分3～4次饲喂，并饲喂口服补液盐。③在发病后期，在腹泻停止几天后再饲喂一般食物。④在发病全程，为了避免腹泻发生，在任何情况下都要禁喂生奶、生肉等。

5）犬便秘时的饲喂　经常饲喂犬高质量的肉、食物中粗纤维含量少或其他原因引起肠胃蠕动迟缓时，易使犬发生便秘。此时的饮食应该适当调整，将骨粉或骨头从食谱中去掉，饲喂脂肪含量高的肉或在每天的食物中加入1～3汤匙植物油。

（2）加强对犬的心理治疗

俗话说，对病人要"三分治疗七分养"。同样的道理，犬发病了，除了要及时进行诊治外，科学的饮食、充足的营养、精心的护理都是十分必要的，尤其要加强对病犬的心理治疗。

要掌握对病犬心理治疗的方法。我们经常强调人的心理健康，在做病人思想工作时，要用到心理治疗的方法。同样的道理，在犬生病时更需要主人的抚慰，需要卫生员的精心呵护。繁育员或卫生员可以利用喂食、治疗、散放等时机加强与病犬的沟通，通过对病犬进行梳刷、按摩等方式减轻病犬的心理创伤，抚慰犬的心灵，平复犬的紧张情绪，提高药物的治疗效果。

心理治疗要与药物治疗相结合。心理疏导对心灵有创伤的病犬作用尤为突出，有时候心理疏导对病犬康复可起到举足轻重的作用。例如，对于遭遇群犬咬伤的病犬，及时进行心理疏导抚慰，24 小时陪护，配合药物治疗，可使病犬治愈率达 90％以上；对于没有及时进行心理疏导治疗的被群犬咬伤的病犬，尽管身体损伤是非致命性的，但精神处于崩溃边缘，心灵创伤严重，往往死亡率较高。

（3）加强病犬的管理

犬生病后，繁育员或卫生员应根据发病的原因，对症治疗，精心护理，努力提高病犬的康复率，防止发生因治疗和管理不当而引起的次生灾害。

1）传染病病犬　应立即隔离治疗，单独护理。①病犬犬舍要符合标准。犬舍通风良好，但不要过堂风；阳光充足，但患破伤风的犬应避光；冬季注意防寒保暖，夏季注意遮光散热，室温以 20 ℃左右为宜。②做好清洁和消毒。犬舍、食具、犬体都必须保持清洁，护理人员应穿隔离服。对犬的分泌物、排泄物及被犬污染的物品要随时清除，并进行消毒。③注意观察病犬。每天定时给犬测量体温、脉搏。对于食欲废绝的犬要饲喂半流质食物。

2）高热病犬　对于体温在 41 ℃以上的病犬，应予以头部冷敷或酒精擦浴，给病犬多饮水，保持室内空气新鲜，但不可使病犬受凉。

3）昏迷病犬　①坚持昼夜守护。随时观察病情变化，体温、脉搏、呼吸一般每半小时到 1 小时测定一次。②关注病犬舌头。把病犬的舌头拉出口外，用盐水纱布包裹，防止咬伤。③保持病犬呼吸。要随时清除口腔中流出的黏液和呕吐物，保持呼吸道通畅。④防止病犬褥疮。犬床上应多垫些柔软的干草，并定时给犬翻身。

4）手术前后的病犬　①关注病犬的饲料。在手术前 12 小时，不再喂犬干硬食物，以防麻醉中犬出现呕吐，造成窒息。②关注病犬的体温。在麻醉苏醒阶段，病犬体温转低，要注意犬舍保暖，犬床下要垫些柔软的干草，防止犬受凉以及犬在苏醒期间出现抽搐、眩晕等。③关注病犬的呼吸。在犬未苏醒时要把犬舌拉出，并随时清除口腔黏液和呕吐物，以防发生误咽和窒息。④关注病犬的创口。注意创口有无出血和渗出液，辅料有无脱落、移位、过紧或引流是否畅通等情况。手术后要专人看护，防止发生褥疮和其他外伤。

5）皮肤病及一般外伤犬　这类病易造成犬局部疼痛或发痒。①要管住犬

113

的口。病犬喜欢以舌舔创口，往往导致疾病复杂化，给饲养管理工作增加一定难度，必要时给犬带上口笼。②要管住犬的爪。对于犬头部外伤、手术创伤，要防止犬用爪抓患部，不利于伤口愈合。犬患耳炎、结膜炎、鼻炎、口唇及颜面部湿疹、疥癣等疾病时，应防止犬挠抓患部，引起新的损伤。

81. 犬有哪些人犬共患病及其他常见病？

（1）狂犬病

狂犬病又名恐水症，俗称"疯犬病"，是由狂犬病病毒引起的人兽共患的急性接触性传染病。临床上主要表现为各种形式的兴奋和麻痹症状，死亡率极高。

【诊断】病犬主要表现为狂暴不安和意识紊乱。起初表现精神沉郁，举动反常，常躲藏在暗处不愿接近人或不听呼唤，出现异嗜（好食石头、木块、泥土等物）。因喉部轻度麻痹，吞咽时颈向前伸展。唾液分泌增多，瞳孔散大，行走后躯软弱，不久就狂暴不安攻击人畜，常无目的地奔走。病犬逐渐消瘦，下颌下垂，声音嘶哑，尾下垂夹于两后肢之间。后期，病犬出现麻痹症状，行走困难，最终因全身衰竭和呼吸麻痹而死。

【治疗】狂犬病患犬因对人兽危害大，因此无治疗意义。一经发现，一律扑杀掩埋。

【预防】预防狂犬病主要是接种狂犬病疫苗，每年1～2次。购入未接种疫苗犬时，应先隔离观察一段时间。如被可疑犬咬伤，先立即用肥皂水、3%碘酊清洗、消毒，立即接种狂犬病疫苗，并配合使用免疫血清。

（2）犬钩端螺旋体病

犬钩端螺旋体病是由于感染钩端螺旋体或出血性黄疸钩端螺旋体引起犬的一种人兽共患传染病，主要表现为传染性黄疸和犬伤寒两种类型。临床上以发热、黄疸、出血和乏力为主要特征。

【诊断】病犬精神沉郁，体温升高至39.5～41℃，肌肉僵硬及疼痛，四肢无力，常呈坐姿，不愿行动。眼结膜和口腔黏膜充血，形成溃疡，并有腐臭味。食欲减退或废绝，但饮欲增加。腹部特别是胃部疼痛。触诊可以摸到痉挛性收缩的肠段如同硬索状。发展为尿毒症的犬，出现呕吐、血便、无尿、尿臭及脱水等症状。若侵害肝脏，15%病犬出现黄疸。

【治疗】只有及时发现治疗，才有可能治愈。治疗时，青霉素为首选药物，按每千克体重4万～8万单位，肌内注射，每日2次，连用5日。为杀灭肾内病原，应肌内注射链霉素每千克体重 15 毫克，每日 2 次，连用 5 日。出现尿毒症时，静脉滴注 5％或 10％葡萄糖，肌内注射速尿每千克体重 2～4 毫克，每日 2 次。

【预防】为预防本病，9 周龄仔犬应首次接种钩端螺旋体疫苗，11～12 周龄时进行第 2 次接种，14～15 周龄第 3 次接种，以后每年追加免疫 1 次。

（3）犬布鲁氏菌病

犬布鲁氏菌病是由布鲁氏菌感染而引起的一种人兽共患传染病。临床上以生殖系统侵害为主要特征，母犬表现为流产，公犬表现为睾丸炎。犬多为隐性感染，没有明显的临床症状。

【诊断】本病以不发热、体表淋巴结轻度增大为特征。公犬感染后，表现为睾丸炎、前列腺炎、包皮炎及淋巴结炎，单侧或双侧睾丸肿大，病程长者失去配种能力。妊娠母犬常于妊娠 40～50 天时发生流产，阴道排出绿褐色恶露。也有的病犬常发生多发性关节炎、腱鞘炎，并导致跛行。偶有发生角膜炎、眼出血等病变。

【治疗】本病尚无有效的治疗方法。发现病犬应立即隔离或扑杀，对流产的胎儿、胎衣等进行无害化处理。

【预防】被污染的环境用 10％石灰乳或烧碱溶液等消毒。注意人体防护，防止接触感染。

（4）犬绦虫病

绦虫病是由多种绦虫寄生于小肠而引起的一种寄生虫病，是犬常见的危害较大的寄生虫病之一。成虫寄生于犬小肠内，危害很大，而且能诱发其他疾病，甚至引起死亡，其幼虫大多寄生在犬实质器官，严重危害犬的健康。

【诊断】犬轻度感染时，症状不明显，病犬肛门不适，经常蹭磨，在犬肛门周围会有大米粒或黄瓜籽仁样可活动的孕节片。严重感染时，犬会出现消化不良，食欲不振，腹痛，便秘或腹泻，逐渐消瘦、贫血。虫体成团时，可引起肠梗阻、肠套叠、肠扭转甚至肠破裂。

【治疗】治疗本病可选用灭绦灵每千克体重 100～150 毫克，一次口服，服药前应禁食 12 小时，有呕吐症状的犬可直肠给药，但剂量要大些。吡喹酮按每千克体重 5～10 毫克，一次口服；或按每千克体重 2.5～5 毫克，皮下注射。氢溴酸槟榔素每千克体重 1.5～2.0 毫克，口服，服药前禁食 12～20 小时，服药前 20 分钟给适量碘液以防呕吐。丙硫咪唑每千克体重 15 毫克，口服，也有较好效果。

【预防】预防本病的主要措施是定期检查、定期驱虫。通常每季度驱虫 1

次。驱虫时，应把犬隔离在一定范围内，以便收集和处理排出的虫体和粪便，彻底销毁或深埋。发现病犬及时隔离驱虫。

（5）犬蛔虫病

犬蛔虫病是由犬蛔虫和狮蛔虫寄生于犬的小肠和胃内而引起的常见寄生虫病之一，分布于世界各地，常引起幼犬发育不良、生长缓慢，严重的可引起死亡。怀孕母犬若感染这种病，还可把蛔虫传染给仔犬。

【诊断】病犬表现为渐进性消瘦，发育缓慢，食欲不振，便秘或腹泻，有时出现腹痛、呕吐，腹围膨大，被毛粗乱无光泽。大量虫体寄生时可引起肠阻塞、肠套叠或肠穿孔而死亡。

【治疗】治疗本病可选用以下药物：驱蛔灵按每千克体重100毫克，口服，对成虫效果好；剂量增加至每千克体重200毫克时，可驱除体内幼虫。史克肠虫清（阿苯达唑片）按每千克体重0.5片，一次口服。左旋咪唑按每千克体重10毫克，口服。噻苯咪唑按每千克体重10毫克，连服3日。左旋咪唑擦剂按每千克体重0.1～0.15毫升，涂于两耳壳处。

【预防】预防犬蛔虫病的基本原则是搞好环境卫生，及时清除粪便，定期驱虫。犬蛔虫病感染率很高，仔犬一般于出生后20天开始驱虫，3月龄之前每2周驱1次，3月龄以后每季度驱虫1次。

（6）犬心丝虫病

犬心丝虫病又称犬血丝虫病或犬恶丝虫病，是由犬恶丝虫寄生于犬的右心室和肺动脉而引起的一种寄生虫病，临床上以循环障碍、呼吸困难以及贫血等为主要特征。

【诊断】感染初期症状不明显，以后可见咳嗽，易疲劳，食欲减退，被毛粗乱，消瘦，贫血。随着病情发展，病犬心悸亢进，脉细弱并有间歇，心内有杂音，肝大有触痛，胸、腹腔积水，全身水肿，呼吸困难，严重者可导致死亡。病犬还常伴发瘙痒、脱毛及结节性皮肤病，皮肤结节多见于耳郭基底部，结节破溃后，可见血管中心的化脓性肉芽肿炎症，在肉芽肿的周围血管内有微丝蚴。

【治疗】此病的治疗主要针对成虫，其次治疗微丝蚴（除非隐性感染），随后采取预防性措施防止复发。驱杀成虫可静脉注射硫乙胂胺钠每千克体重2.2毫克，每日2次，连用2日，药液不可漏出血管外；或静脉注射盐酸二氯苯胂每千克体重2.5毫克，隔4～5日1次。酒石酸锑钾每千克体重2～4毫克，溶于生理盐水中静脉注射，每日1次，连用3日。在驱成虫药治疗3～6周内，应紧跟着治疗微丝蚴，可选用伊维菌素、杀螨菌素、倍硫磷和左旋咪唑等。

【预防】预防本病首先应搞好环境卫生，消灭蚊虫滋生。流行季节，连日或隔日给予海群生（每千克体重 5 毫克）或左旋咪唑（每千克体重 2.5 毫克），有一定预防效果。

（7）犬疥螨病

犬的疥螨病，俗称"癞犬病"，是由疥螨寄生于犬的体表，引起犬剧痒、脱毛、结痂为特征的传染性皮肤病。本病分布广泛，以秋、冬季节多发。对幼犬危害严重，甚至引起死亡。防治不当还可感染人。

【诊断】疥螨常寄生于毛稀皮薄的面部、耳郭、肢端、胸腹下、大腿内侧和尾根等处。犬发生疥螨病后，最突出的表现就是剧痒。患犬不断用爪挠患部，或以嘴啃咬患部。患部积聚大量痂皮。胸腹下常散生米粒大红色丘疹或脓疱。如患部因抓挠破损而出血，可形成血痂。此时患部被毛脱落，皮肤增厚，并形成皱褶。严重者病变发展至全身，造成全身性红斑、丘疹和脱毛。仔犬患病后虽脱毛但痒觉不明显，表现为呻吟、皮屑增多和极度消瘦，如救治不及时常引起死亡。

【治疗】治疗前，先用洗发香波或硫黄药皂洗净患部及其他部位的灰尘及痂皮，然后再用安全、低毒的杀螨药洗浴或涂擦。常用药物：伊维菌素每千克体重 200 微克皮下注射，每周 1 次，连用 2～3 次；溴氰菊酯配成 50 毫升/升洗浴，药浴中如发现患犬有精神异常、呕吐、呼吸加快等中毒症状时，应立即停止用药，并用清水冲洗干净。其他如双甲醚、巴胺磷、二嗪农等均有良好效果。注意环境和垫草的消毒，1 周后应再重复洗浴 1 次。

【预防】预防本病的有效方法是搞好犬体和犬舍卫生，垫草经常暴晒。如发现犬经常挠痒应及时检查，确诊后，立即隔离治疗。

（8）犬蠕形螨病

犬蠕形螨病又名毛囊虫病或脂螨病，是由犬蠕形螨寄生于犬皮脂腺或毛囊而引起的一种较顽固的传染性皮肤病。该病分布较广，危害严重，多见于幼犬。

【诊断】病初可见犬口角周围潮红，继之面颊部皮肤肥厚并形成皱褶。胸、腹下及其他部位散布米粒大突起的红丘疹，有些形成脓疱疹。如治疗不及时，病变迅速发展到全身，表现为全身性脱毛，皮脂溢出，体表覆盖大量痂皮，并散发腥臭味。如继发细菌感染，有可能导致犬中毒死亡。如无并发真菌或其他螨虫感染，一般痒觉不明显。

【治疗】治疗时，先剪去病变部位的被毛，清洁患部，然后用棉花球或软毛刷涂擦杀螨药。对于脱屑型病例，先用酒精和乙醚的等量混合液擦洗患部，或用钝刀将其刮净，然后涂擦杀螨药。常用杀螨药有以下几种：0.5%精制敌百虫溶液，每隔2～5天擦洗一次；250毫克/升双甲脒体表洗浴；伊维菌素，按每千克体重200微克，皮下注射。如并发真菌感染，还应配合使用抗真菌剂，如灰黄霉素、制霉菌素等。

【预防】 发现病犬应及时隔离治疗，并用杀螨药对被污染的场所及用具进行消毒。健康犬避免与病犬接触。本病可通过胎盘传播，患病种母犬临床治愈后最好不再作繁殖用。

（9）犬感冒

感冒是以呼吸道鼻黏膜炎症为主的急性全身性疾病，临床上以体温升高、流鼻涕、打喷嚏、伴发结膜炎和鼻炎为主要特征。

【诊断】 突然发病，病犬精神沉郁，表情淡漠，食欲减少或废绝。耳尖、鼻端发凉，而耳根、股内侧却烫手。眼结膜潮红或轻度肿胀，羞明流泪，流浆液性鼻涕。咳嗽，呼吸加快，肺泡音增强，心跳加快，每分钟80～100次。体温升高，多在39～40℃或以上，热型不定，常有恶寒战栗现象。

【治疗】 治疗时主要从除去病因、解热镇痛、防止和消除继发感染几方面入手。病初应用解热镇痛剂，多能取得良好疗效，如肌内注射安乃近或氨基比林2～4毫升，每日2次，连用2～3日。为防止继发感染，应配合使用抗生素或磺胺类药物。

（10）犬中暑

中暑，又称热衰竭，指机体产热过多而散热受阻，引起体温升高，最终导致中枢神经系统功能严重紊乱的一种急性疾病。

【诊断】 患犬体温急剧升高（41～42℃），呼吸急促以至困难，心跳加快，末梢静脉怒张，恶心，呕吐，全身无力，走路摇晃。黏膜初呈鲜红色，逐渐发干，瞳孔散大，随病情改善而缩小。肾衰竭时，则少尿或无尿。如不及时治疗，有的犬会在昏睡状态下死亡。

【治疗】 发生本病时，要立即将犬放置在阴凉处，保持安静。迅速用冷水浇头或灌肠，或在头颈部、腋下和股内侧放置冰块，待犬体温下降到38.5℃以下时立即停止降温。对伴有脱水的病例，应先用生理盐水或5%葡萄糖静脉滴注，并根据检查结果调整成分，纠正酸中毒和电解质平衡。对伴有肺充血或肺水肿的病例，应立即静脉或肌内注射地塞米松每千克体重1～2毫克，并可适量放血后予以补液。为改善心肺功能，可给予尼可刹米每千克体重7.8～31.2毫克，肌内或静脉注射。

【预防】 为防止本病，在炎热的夏季犬舍要有遮阳篷，以防日光直射犬体。

训练时应避开中午日光。犬舍保持通风良好，并经常向犬舍内地面喷洒凉水，保证犬有足够的饮水。

（11）犬湿疹病

湿疹是由多种因素引起的以皮肤的表皮和浅层真皮发生轻型过敏性皮炎为特征的综合征。一般指皮肤的急性或慢性的炎症状态，表现为红斑、丘疹、水疱、脓疱、溃烂及鳞屑等病变，并伴有痒痛感。

【诊断】根据病情和发展程度，湿疹分为急性和慢性两种。①急性湿疹。主要表现为皮肤上出现红疹或丘疹，病变部位始于面部、背部，尤其是鼻梁、眼部和面颊部，易向周围扩散，形成水疱。水疱破溃后，局部糜烂。由于瘙痒和患部湿润，犬不安，舔咬患部，造成皮肤丘疹症状加剧。②慢性湿疹。由于病程长，皮肤增厚，有苔藓样皮屑覆盖。皮肤增厚形成明显皱褶，伴有血红蛋白沉着和脱屑，患部界限明显，瘙痒感加重。

【治疗】尽可能除去内外刺激因素。加强饲养管理，保持犬舍通风、干燥，保持适当运动和日光浴，饲喂易消化、营养价值高、富含维生素的食物。病犬患部用1%～2%鞣酸溶液或0.1%高锰酸钾溶液擦洗（忌用肥皂）。红斑期和丘疹期选用氧化锌、滑石粉、淀粉按2：4：4比例混合配制粉剂擦拭。水疱、脓疱或糜烂期，渗出明显时，用水杨酸、滑石粉、淀粉按3：87：10比例混合配制粉剂擦拭。渗出减少时，可用硫酸锌24份、醋酸铅30份，加水至500份配制洗剂。后期皮肤增厚和出现苔藓样病变时，可用涂布碘仿鞣酸软膏，配制方法为碘仿10份、鞣酸5份、凡士林加至100份配制。苔藓样病变也可用酊剂，脱敏止痒可用苯海拉明按每千克体重2～4毫克口服。

（12）犬荨麻疹病

荨麻疹又称风疹，是由多种原因引起的速发性皮肤过敏反应性疾病。临床上以皮肤表层出现局限性扁平丘疹为特征，其特点是发生快、消失也快，此起彼伏地出现。

【诊断】本病以急性型多见。皮肤突然出现瘙痒和界限明显的红色丘疹块，呈圆形、椭圆形或不规则形。先发生在颜面部、眼圈周围、嘴角，后发生在背部、颈部、股内侧，严重者在可视黏膜亦有发生。单个丘疹块很快汇合变大，遍布全身，或此起彼伏，消退后一般不留痕迹。荨麻疹发作时均伴有不同程度的皮肤瘙痒，由于摩擦、啃咬，引起体表局部脱毛或擦伤。也有转为慢性的，持续数周或数月后消退。有的还伴发呼吸急促、心跳加快、胃肠功能紊乱等全身症状。

【治疗】治疗时，应立即查明病因，消除致病因素，并给予抗组胺药物，盐酸苯海拉明每千克体重 2～4 毫克，口服或静脉注射，每日 2 次；或盐酸异丙嗪长效片 15～20 毫克，一次口服，每 6 小时 1 次；或强力解毒敏 2～10 毫升，肌内注射，每日 2 次。有皮肤瘙痒者可选用泼尼松每千克体重 0.5～2 毫克，肌内注射，每日 2 次。制止渗出，可用 10％葡萄糖酸钙 10～30 毫升，5％维生素 C 5～20 毫升，分别静脉注射，每日 1 次。局部皮肤涂擦抗组胺软膏或类固醇软膏，如肤轻松、维肤康等。

（13）犬过敏性皮炎

过敏性皮炎又名特异性皮炎，是由内源性和外源性因素引起的皮肤变态反应。临床上以瘙痒季节性反复发作，多取慢性经过为特征。

【诊断】1～3 岁犬多发。初发部位为眼周围、趾间、腋下、会阴部和腰背部。病犬主要表现为剧烈瘙痒、红斑和肿胀，有的出现丘疹、鳞屑及脱毛。病程长的可出现色素积淀、皮肤增厚、形成苔藓和皱褶。慢性经过的瘙痒较轻或消失，但有的病程长达 1 年以上。通常冬季初次发生的，可自然痊愈。季节性复发时，患部范围扩大。

【治疗】治疗时，首先除去可能病因。局部用药可按皮炎方法进行。复方康纳乐霜每日外擦 2～3 次。给予抗组胺药物，如苯海拉明每千克体重 2～4 毫克，口服，每日 4 次。为了减少渗出促进吸收，每日或隔日给予 10％葡萄糖酸钙 10～30 毫升，稀释后缓慢静脉注射。

（14）犬脓皮病

脓皮病是由化脓性细菌感染而引起的，临床上以脓疱疹、毛囊炎和表皮有脓性渗出物为特征。德国牧羊犬等品种发病率高。

【诊断】脓皮病有脓疱疹型、毛囊炎型和干性脓皮病型三种。①脓疱疹型脓皮病。病变一般呈现红斑、水疱及小脓疱等变化，常见于无毛部表层皮肤。如小脓疱破溃，则流出红黄色渗出液，然后结痂。当化脓性炎症蔓延到皮下时，可形成脓肿或蜂窝织炎，皮肤红肿，压之冒出红黄色血水。②毛囊炎型脓皮病。主要表现为毛囊发炎形成小结节。如蔓延至深部毛根、皮脂腺及周围结缔组织，可形成疖，顶端有小脓疱，周围出现炎性肿胀。脓肿破溃后流出黄白色脓汁。③干性脓皮病。常侵害 4 周到 9 月龄幼犬，往往同窝仔犬同时发病。多在飞节、肘及足侧面形成角蛋白样痂皮，角质增厚，如除去痂皮，其下出现红斑性表皮炎。

【治疗】根据病情采用局部用药和全身治疗相结合的方法。防止病患部位受到刺激非常重要，早期用温热的防腐药液，如 3％六氯酚或雷佛奴尔溶液冲洗患部。浅表的脓皮病可用 SL 合剂（水杨酸 8 克、75％酒精 100 毫升）或 5％

龙胆紫，每天局部涂擦。对深部病灶，可用抗生素、磺胺类药物或酶制剂直接
注入病灶内。当病灶变为干燥时，可先用含防腐剂的软膏涂擦患部，然后撒布
抗生素、磺胺类药物等。重症病犬，应根据病源分离和药敏试验结果，选择有
效抗生素、磺胺类药物进行全身抗感染治疗。对继发脓皮病病例，必须治疗原
发病。

（15）犬食盐中毒

食盐是犬机体代谢不可缺少的矿物质之一。在日粮中添加一定比例的食
盐，能提高食欲，增强代谢，促进发育。食盐中毒是因机体摄入过量的食盐而
引起的中毒病，以突出的神经症状和一定的消化功能紊乱为其临床特征。

【诊断】急性中毒犬常于采食后1～2小时突然发病。表现为口渴，食欲减
退或废绝，呕吐，兴奋不安；继之腹痛腹泻，粪便中有血或黏液。不停地空
嚼，口唇周围沾满白沫，心搏动微弱，少尿。感觉过敏，肌肉震颤，瞳孔散
大，结膜发干，后肢麻痹或瘫痪，多在数小时内因呼吸麻痹致死。慢性中毒病
犬喜饮，食欲减少，贫血，消瘦，磨牙，瘙痒，失明，精神沉郁，转圈运动，
经2～3天，因呼吸衰竭致死。

【治疗】立即停喂含盐过多的日粮和食物，给予足够饮水，也可投喂牛奶、
米汤等。中毒早期可给予催吐药硫酸铜，并用清水或0.1％高锰酸钾溶液洗
胃，然后灌服油类泻剂，以促进毒物排出。为恢复体内离子平衡，静脉注射
5％葡萄糖酸钙50～150毫克。为缓解脑水肿，降低颅内压，可静脉注射25％
山梨醇或高渗葡萄糖溶液。

82. 公犬生殖系统有哪些常见病？

（1）种犬隐睾

【诊断】一般情况下，随着胎儿的发育，最初位于腹腔的睾丸会在胎儿出
生后3个月内下降到阴囊内，如果睾丸在下降过程中遇到障碍，就会停留在腹
腔或腹股沟管内，形成隐睾。影响胎儿睾丸下降的因素主要包括促性腺激素
分泌不足、胎儿雄性激素分泌不足和遗传因素。隐睾多为单侧，也有双侧
隐睾。

【预防】在选择种公犬时，一定要检查公犬是否有隐睾，有隐睾的犬不适
合作做种公犬。

（2）睾丸炎、睾丸鞘膜炎和附睾炎

睾丸炎、睾丸鞘膜炎和附睾炎常常同时发生，临床上难以区分。该病有一

侧性或双侧性。按炎症性质可分为无菌性和化脓性。外伤、细菌和病毒感染是本病发生的主要原因，常见的病原有结核杆菌、布鲁氏菌、放线菌、链球菌、葡萄球菌和绿脓杆菌等，犬瘟热也可引起本病。

【诊断】

① 睾丸体积明显增大、水肿、发红，局部温度增高和疼痛。

② 阴囊皮肤紧张、发亮。

③ 炎症常侵犯睾丸实质和间质，对精子的形成影响较大。

④ 在疾病初期，公犬的精液量会增加，精子有凝集趋向，后期则精液量减少，精子数量减少，畸形精子数量增多。

⑤ 当患化脓性或结核性睾丸炎时，睾丸内可形成脓肿，脓肿向阴囊腔破溃，继而发展为化脓性精索炎或腹膜炎。

⑥ 当炎症波及全身时，公犬可出现发热、食欲降低、性反射抑制，精液检查可发现精液内有脓液和大量的死精子、畸形精子。

⑦ 当患慢性睾丸炎和附睾炎时，公犬临床症状不明显，精液检查可见精液质量逐渐下降，精子凝集，畸形精子数量增多，睾丸硬化，睾丸结缔组织增生，表面凹凸不平，体积缩小。

【治疗】 根据引起炎症的病原，采取抗菌消炎、抗病毒等措施，积极治疗原发病。防止病情拖延，以免加大对睾丸组织的损伤，防止睾丸萎缩、硬化。

（3）睾丸变性和萎缩

睾丸变性和萎缩，可直接引起精子的生成障碍，导致精液量下降，出现无精、死精、畸形精子等。

【诊断】 睾丸变性和萎缩是各种疾病、物理、化学因素等作用于睾丸本身的一个结果，一般呈慢性经过。其病理特点分为变性阶段、变性萎缩阶段和结缔组织化阶段三个阶段。

1）变性阶段　疾病或有害因子作用于睾丸局部或睾丸整体，使曲细精管上皮变性。精液检查可发现精子数量下降，死精和未成熟精子数量增多。此阶段睾丸大小变化不明显，表面光滑，但曲细精管上皮消失，睾丸逐渐丧失弹性而变软。

2）变性萎缩阶段　变性发展到曲细精管的深层，不仅精子细胞破裂，原始精母细胞也开始破裂，睾丸实质发生萎缩，精子形成停止。曲细精管管腔变大，在壁上可发现单个的原始精母细胞。公犬的精液呈水样，没有精子，或只有少量畸形精子。此时患犬的睾丸体积明显变小、变实。

3）睾丸结缔组织化阶段　睾丸实质和间质均被结缔组织取代，曲细精管管腔变窄，不仅没有精子细胞，间质细胞也减少，睾酮分泌减少，公犬的性反射和第二性征逐渐消失。

【预防】睾丸变性和萎缩是疾病或物理化学因子作用于睾丸、对睾丸损害的一个结果。预防和治疗睾丸变性萎缩，必须从疾病、饲养、管理等各方面查找原因，排除病因，补充维生素 A、维生素 D 和维生素 E 等，促进睾丸康复，防止睾丸病变发展到萎缩的不可逆阶段。

（4）公犬的前列腺病

【诊断】导致前列腺液的变化，改变精液成分，对精子的存活和精卵结合造成影响，降低精子的受孕率。公犬前列腺疾病主要有前列腺肥大、前列腺囊肿和前列腺炎等。前列腺病变导致前列腺液的改变，尤其是前列腺液中链球菌、葡萄球菌、绿脓杆菌等病原及其代谢产物，可以直接杀伤精子。精液检查可发现精子活力和浓度下降，精子凝集，白细胞增多等。前列腺疾病与公犬的配种频率、生殖器官卫生状况、病原感染情况等密切相关，可影响公犬的性反射。

【预防】合理安排配种频率，保持犬舍和犬体的卫生。

（5）包皮炎

【诊断】包皮炎通常与龟头炎并发，形成龟头包皮炎。急性包皮炎主要发生于包皮的机械损伤。由于包皮内积留尿液和污垢，遇到损伤时，原来隐伏于包皮腔内的假单孢菌属、棒状杆菌属以及葡萄球菌、链球菌等，就可侵入而发生急性感染。常见的包皮炎常因尿液和污垢的分解产物长期刺激黏膜而引起，或由附近炎症蔓延来。急性包皮炎包皮口肿胀、温热、疼痛、瘀血、呈紫红色，流出浆液性或脓性渗出物。由于包皮口紧缩狭窄，阴茎不能伸出，病犬排尿困难。慢性包皮炎包皮增厚，常形成包皮腔内外层、阴茎与包皮的粘连，造成包茎。

【治疗】首先剪除包皮口毛丛，用消炎收敛性药液彻底清洗包皮腔，清除包皮垢后，在包皮腔内先充气，后撒抗菌粉剂（乙酰水杨酸 15.0 克、氨苯磺胺 10.0 克、硼酸 5.0 克混匀）每天一次。局部肿胀严重的，宜配合温敷、红外线照射等物理方法。

83. 母犬生殖系统有哪些常见病？

（1）阴道炎

【诊断】阴道炎是由于阴道及前庭黏膜受损伤和感染所引起的炎症。通常是在交配、分娩、难产及阴道检查时受到损伤和感染而发生。此外，发生阴道脱垂、子宫脱垂及子宫内膜炎等疾病时，可继发阴道炎。母犬时常舔阴门，从阴门流出黏液性或脓性分泌物，并散发出一种能吸引公犬的气味。阴道黏膜出现肿胀、充血及疼痛。用电光检耳镜检查阴道可发现黏膜上有小的结节、脓疱或肥大的淋巴滤泡。

【治疗】

1）冲洗阴道　先用2‰碳酸氢钠溶液冲洗，后选用0.1‰高锰酸钾溶液充分洗涤阴道。如果病犬阴道水肿严重，宜选用0.5‰～1‰明矾溶液。亦可用苦参、龙胆草各15克煎水去渣待凉灌洗。需要指出的是，阴道壁损伤较重或穿孔病例严禁冲洗；阴道分泌物较少时，不必冲洗。

2）抗菌消炎　阴道药液冲洗后，立即用8万单位青霉素和100万单位的链霉素或磺胺类药软膏涂布阴道；也可以向阴道内塞入妇炎宁胶囊或洗必泰痔疮栓。

病情严重病犬还需肌内注射氧哌嗪青霉素，每日2次，每次1克；肌内注射头孢唑啉钠，每日2次，每次0.5克；服百炎净，每日2次，每次0.5～1片。

（2）乳腺炎

【诊断】乳腺炎是指一个或多个乳腺发生的急性或慢性炎症。急性乳腺炎发生于仔犬吮乳损伤乳腺或乳腺外伤时，也见于哺乳期突然断乳或乳汁积滞时。本病可由急性子宫炎的转移性感染而继发。感染的病原主要为链球菌或葡萄球菌等。慢性乳腺炎多见于老龄犬，可能与激素变化有关。乳腺炎初期，患部乳腺表现不同程度的充血、红肿，乳房变硬，手触有热感，乳房上淋巴结肿大，泌乳减少或停乳。随着感染的发展而出现全身症状，体温升高，精神沉郁，食欲减退，嗜睡、脱水以及菌血症等。慢性乳腺炎的特征是乳房组织形成囊肿，有的可能是肿瘤前的赘生物。

【治疗】对患急性乳腺炎的病犬，应尽早采取抗生素治疗，停止哺乳改为人工饲养。每天对患部乳房进行按摩和挤乳数次，挤乳后经乳头管向乳池内注入广谱抗生素，每天2～3次。对形成脓肿的乳腺炎可切开引流，双氧水冲洗后局部封闭治疗。

对乳池内严重积滞乳汁的乳房除挤出乳汁外，还可采取先热敷后冷敷的方法，每天2～3次。也可用普鲁卡因青霉素做乳房基部环形封闭，每天1～2次。对有全身症状的犬，应采取输液疗法。对患慢性乳腺炎的犬，切开乳房，摘出组织囊肿，有的则应进行卵巢、子宫切除术。

（3）产后癫痫

【诊断】产后癫痫是母犬产后发生的一种代谢性疾病。本病以低钙血症为特征，多见于小型兴奋型犬，偶尔见于中、大型犬。患病母犬多于分娩后7～20天表现运动神经异常兴奋，肌肉强制性痉挛。也有的患病母犬在分娩中或分娩前发病。小型犬产仔多时，常常发生于泌乳后1～3周内，在此前后很少发病。病初母犬表现不安、流涎、呻吟和步态强直。癫痫病发作时，体温升高，持续数分钟及至数小时强直性抽搐，肌肉震颤，不能站立，呼吸急促或呼吸困难。病情逐渐发展表现为发作次数增多，症状加重。若不及时进行治疗，常因窒息死亡，本病通常愈后良好。

【治疗】10％葡萄糖酸钙5～20毫升，缓慢静脉滴注，症状可明显缓解。对持续痉挛的犬，戊巴比妥钠每千克体重20～30毫克静脉注射，或硫喷妥钠每千克体重15～17毫克静脉注射，或1‰盐酸吗啡1～3毫升肌内注射。将患犬置于安静处，减少外界刺激。泼尼松每千克体重2毫克口服或皮下注射，皮质激素类药物可以控制复发。对病情好转的犬，可间断给予乳酸钙制剂每千克体重500毫克（每天）和维生素D（每天）5 000～10 000国际单位/只，尤其妊娠母犬口服维生素D可预防本病的发生。母犬发病后，应立即给仔犬断奶，并对仔犬人工哺乳或选择代乳犬。

（4）产后败血症

【诊断】产后败血症是由于子宫或阴道严重感染而继发的全身性疾病。由于分娩过程中，子宫或阴道受损伤，局部发生炎症，病原及其毒素由炎症灶进入血液循环，引起全身性的严重感染。病原通常是溶血性链球菌、金黄色葡萄球菌和大肠杆菌等。病犬全身症状剧烈，病初体温升高到40℃以上，呈稽留热，恶寒战栗，末梢冷厥，脉搏细数，呼吸快而浅。食欲废绝，贪饮，泌乳停止。常伴发腹泻、血便、腹膜炎、乳腺炎等。子宫迟缓，排出恶臭的褐色液体，阴道黏膜干燥、肿胀。

【治疗】由于产后败血症发展迅速，发病严重，因此必须及时治疗。

1）处理局部感染灶　阴道内有创伤或脓肿时，需进行外科处理，涂布软膏，切开排脓。子宫内积有渗出物，可用子宫收缩剂，促进排出，随后向子宫内注入抗生素。

2）应用抗菌药物　宜早期用敏感的抗菌药物，消灭侵入血液中的病原。最好以抗生素和磺胺类药联合应用，对症治疗。根据病情可用输血、补液、强心抗酸中毒疗法。

84. 仔幼犬有哪些常见病？

（1）新生犬窒息

【诊断】仔犬刚出生后，呼吸发生障碍或完全停止，而心脏尚在跳动，称为新生仔犬窒息或假死。产道干燥、狭窄，胎犬过大，胎位及胎势不正等，使胎犬不能及时排出而停滞于产道；胎犬骨盆前置，脐带自身缠绕，使胎盘血液循环受阻；产犬高热、贫血及大出血等，使胎犬过早脱离母体；尿膜、羊膜未及时破裂，造成胎犬严重缺氧，刺激胎犬过早发生呼吸反射，致使羊水被吸入呼吸道等。轻度窒息时表现呼吸微弱而短促，吸气时张口并强烈扩张胸壁，两次呼吸间隔延长，舌脱垂于口外，口鼻内充满黏液，听诊肺部有湿性啰音，心跳及脉搏快而无力，四肢活动能力很弱。重度窒息时表现呼吸停止，全身松软，反射消失，听诊心跳微弱，触诊脉搏不明显。

【治疗】兴奋仔犬呼吸中枢，使仔犬呼吸道畅通。

1）清理呼吸道　速将仔犬倒提，或高抬后躯，用纱布或毛巾揩净口鼻内黏液，再用空注射器或橡皮吸管将口鼻喉中的黏液吸出，使呼吸道畅通。

2）人工呼吸　呼吸道畅通后，立即做人工呼吸；有节律地按压仔犬腹部；从两侧捏住犬肋部，交替地扩张和压迫胸壁，同时助手在扩张胸壁时将舌拉出口外，在压迫胸壁时，将舌送回口内；扶住两前肢，前后拉动，以交替扩张和压迫胸壁。

人工呼吸使仔犬呼吸恢复后，常在短时间内又停止，故应坚持一段时间，直至出现正常呼吸。

3）刺激　可倒提仔犬抖动，甩动；拍击颈部及臀部；冷水突然喷击仔犬头部；以浸有氨溶液的棉球置于仔犬鼻孔旁边；将头以下部位浸泡于 45 ℃左右温水中徐徐从鼻吹入空气；针刺入口、耳尖及尾根等穴，都有刺激呼吸反射而诱发呼吸的作用。

4）药物治疗　选用尼可刹米、山梗碱、肾上腺素、咖啡因等药物经脐血管注射。

（2）新生犬败血症

【诊断】新生犬败血症是指细菌侵入新生犬体内，进入血液循环系统，并在其中生长繁殖，产生毒素而造成的全身感染性疾病。

死亡率较高，临床上以发热或体温不升、精神萎靡、拒吸乳汁、皮肤黏膜瘀点、黄疸、肝脾肿大等为特征。常因早产仔犬免疫功能缺陷和围产期的环境不良，新生仔犬中枢神经系统及各组织器官功能发育不成熟，细菌通过胎盘或分娩时吸入污染的羊水而形成败血症。另外，在护理仔犬时，未实施无菌操作等也易引发本病。

【治疗】

① 加强护理，保证仔犬吃到初乳，当不能进食时，应给予补液。

② 选用合适的抗生素，开始宜用静脉给药，以尽快达到有效血浓度。轻度感染时也可肌内注射。

③ 病灶处理脐炎者，需将脐部清洁消毒；皮下脓肿者，需切开引流；皮肤小脓疱，可用75％酒精消毒后，再用无菌针头刺破，使脓液流出。

④ 维持酸碱平衡。新生仔犬败血病常有不同程度的酸碱平衡失调，多为代谢性酸中毒。以5％碳酸氢钠5～10毫升/次，尽可能静脉滴注。

⑤ 对症治疗。仔犬抽搐不安时，可给镇静剂，如安定或苯巴妥钠；脑水肿时，应给脱水剂，如甘露醇；高热时，可用氨基比林；体温过低时，则需保暖。

（3）新生犬破伤风

【诊断】新生犬破伤风是由于在生产过程中消毒不严，破伤风梭菌通过脐部侵入体内引起的急性感染性疾病。破伤风梭菌在体内繁殖，产生的外毒素进入中枢神经组织中与神经节苷脂结合，使抑制性神经介质释放障碍，造成运动神经系统对刺激反射强化，引起肌肉痉挛。本病属人兽共患传染病。感染破伤风梭菌后，多在4～6天发病。起初病犬不安，口不能张开，吮乳困难，继而四肢强直，牙关紧闭。重症者发生全身性痉挛，角弓反张，心跳急速，对外界刺激兴奋性增强。呼吸浅而快，可出现喉肌、呼吸肌痉挛，甚至窒息、呼吸暂停。

【治疗】

1）加强护理　精心护理对破伤风的病程有很大影响。将患犬置于光线较暗、通风良好、清洁干燥的犬舍中，并保持安静，避免音响刺激，保证营养。症状减轻有吸吮能力时，可用滴管喂奶，但要防止过食。

2）脐部处理　对脐进行有效防腐消毒处理，清除脓汁及坏死组织，然后用0.1％高锰酸钾溶液、3％的双氧水或5％碘酊消毒创面，以杀灭组织中破伤风梭菌。

3）药物治疗　中和毒素是治疗的关键。同时注意消除病原，缓解痉挛。

皮下或静脉注射破伤风抗毒素。首次用量要足，病情严重者可重复注射一次或数次，用量为3 000～5 000单位/次；安定按每千克体重2～5毫克/日，用注射用水稀释后分 4～6 次肌内注射。连用数日后，逐渐减量，直至张口吸乳，也可用苯巴比妥钠、硫酸镁普鲁卡因液（20％硫酸镁与 0.5％普鲁卡因按10：3 配制）适量肌内注射；采用抗生素或磺胺类药物进行治疗。青霉素 G 可作为首选药物。可按每千克体重 5 万～8 万单位/日分 2 次肌内注射。来滴灵是抗厌氧菌的首选药物，可按不小于每千克体重 15～30 毫克/日的剂量给药。如有合并感染，加用其他抗生素。

（4）犬瘟热

【诊断】犬瘟热是由犬温热病毒感染引起的以感染幼犬为主的高度接触传染性、致死性传染病。病犬早期表现双相热型、急性比卡他。随后以支气管炎、卡他性肺炎、严重的胃肠炎和神经症状为特征。少数病例出现鼻部和脚垫的高度角化。潜伏期一般为 3～6 天。

【治疗】

1）抗病毒疗法　对病犬早期应用大剂量抗犬瘟热血清或犬用精制抗多种病毒免疫球蛋白注射液，前者用量为每千克体重 12 毫升，1 次/日，连用 2～3日，分多点肌内注射或皮下注射；后者按每千克体重 0.3～0.4 毫升，肌内或皮下注射。

2）防止继发感染　可选用氨苄青霉素，按每千克体重 20 毫升静脉注射，2 次/日，连续应用数日；硫酸链霉素，按每千克体重 10 毫升，2 次/日，肌内注射；头孢菌素，按每千克体重 15～50 毫升，3 次/日，肌内或静脉注射。

3）对症治疗　出现呕吐、腹泻、脱水的病犬，要及时输液，常用 5％葡萄糖等渗氯化钠盐水，根据病情，每天按每千克体重 20～40 毫升，静脉滴注，并补给 ATP、辅酶 A、细胞色素 C 等。发热用双黄连、清开灵、柴胡等。呼吸困难的病犬给予氨茶碱平喘，内服每千克体重 10～15 毫升，或静脉、肌内注射，按每千克体重 0.05～0.1 毫克。也可选用安定，按每千克体重 2.5～20毫升，静脉注射。神经症状病犬用扑癫酮，按每千克体重 55 毫升，口服，2次/日；也可用牛黄安宫丸，每次 1/4～1/2 丸。此外，要增加营养，可补给白蛋白、氨基酸等。本病一旦发生神经症状，致死率可达 80％以上，即使未发生死亡，往往也会出现严重后遗症。

【预防】预防本病的合理措施是免疫接种，常用各类弱毒疫苗进行预防接种。一般幼犬在 6～8 周龄进行第 1 次免疫接种，以 2 周为间隔再进行第 2 次加强免疫，以后每年免疫接种 1 次。

一旦发病，将病犬严格隔离，用火碱、漂白粉等彻底进行环境消毒，停止犬的调动和无关人员来往，对尚未发病的假定健康犬和受疫情威胁的其他犬用抗犬瘟热高免血清紧急预防注射，疫情稳定后再注射犬瘟热疫苗。

（5）犬细小病毒病

【诊断】犬细小病毒病是由犬细小病毒感染引起的一种犬的严重传染病。幼犬多见，临床上以急性出血性肠炎和非化脓性心肌炎为特征。

1）肠炎型　自然感染潜伏期 7～14 天，人工感染 3～4 天。病初 48 小时病犬精神沉郁、食欲废绝，可有体温升高，病犬出现剧烈呕吐，呕吐物起初为未消化的食物，继而呕出胆汁样或带血的胃内黏液。随后开始排出恶臭的稀粪，起初呈灰色或黄色，后呈血色。胃肠道症状出现后很快表现脱水和体重减轻等症状。病犬在后期往往发生肠套叠。自然死亡犬严重脱水、消瘦、眼球下陷。肛门周围附有血样稀便或从肛门流出血便。小肠以空肠和回肠病变最为严重，内含酱油色恶臭的分泌物，黏膜弥漫性或局灶性充血，有的呈斑点状或弥漫性出血。大肠内容物稀软，酱油色，恶臭。肠系膜淋巴结肿胀、充血。

2）心肌炎型　多见于 28～42 日龄幼犬，常无先兆性征候，或仅表现轻度腹泻，继而突然衰弱，呼吸困难，脉搏快而弱，心脏听诊出现杂音，心电图发生病理性改变，短时间内死亡。肺脏水肿，局部充血、出血，呈斑驳状。心脏扩张，左侧房室松弛，心肌和心内膜可见化脓性坏死灶，心肌纤维严重损伤，可见出血性斑纹。

可利用病毒分离与鉴定、血凝和血凝抑制试验、胶体金试纸条或用电子显微镜检查诊断。

【治疗】

1）早期用抗犬细小病毒高免血清等　按每千克体重 0.5～1.5 毫升，皮下或肌内分点注射，连续用 2～4 天；或选用抗犬细小病毒等多种病毒病的免疫球蛋白注射液，按每千克体重 0.3～0.4 毫升，肌内或皮下注射，连续用 2～4 天；也可用患病康复的犬全血，按每千克体重 3～5 毫升的量进行输血；早期肌内注射犬细小病毒单克隆抗体也可收到良好的治疗效果。

2）对症治疗　及时合理地补充电解质，缓解酸中毒是治疗本病的主要措施。通常选用林格氏液和葡萄糖生理盐水输液，中大体型的犬可按每千克体重 44 毫升进行补液，仔犬和小型犬可按每千克体重 66～110 毫升补液。对腹泻严重的犬，除进行补液外，还应根据酸中毒的轻重程度不同，给予静脉 5％注射的碳酸氢钠，用量为每千克体重 1～3 毫升。对呕吐严重的犬，要特别注意补钾，但要严格控制输入钾的剂量、浓度、速度，对常用的钾制剂为 10％的灭菌水溶液，使用时，必须稀释成0.5%以下的浓度缓慢静脉滴注，一般每次用量为2～5毫升，用5%的葡萄糖或生理盐水稀释成0.1%～0.35%的浓度。静脉输注犬血白蛋白可加速机体渗透压和体液平衡的恢复。止吐可选用普鲁本辛，小型犬5～7毫克/次，中大型犬15～30毫克/次，口服，每日1次。严重呕吐可用阿托品、654-2。止泻可口服硅碳银，0.5～1毫克/次，每日3次。还可选用鞣酸蛋白、斯密达等。出血可用止血敏、维生素K。

3）控制继发感染　根据病情应用抗生素，如庆大霉素，按每千克体重3～5毫升，2次/日，连用3～5日；硫酸卡那霉素，肌内注射，用量为每千克体重5毫升，2次/日，肌内注射。

【预防】采用犬细小病毒弱毒疫苗免疫接种是预防本病的有效措施，一般可在幼犬40日龄左右开始第1次免疫接种，间隔10～14天进行第2次免疫接种，以后每年接种一次。

发病后，应及时采取综合性防疫措施。及时隔离病犬，对犬舍及用具等用2%～4%火碱水或10%～20%漂白粉液反复消毒；对可疑感染的犬立即应用高免血清或单克隆抗体进行紧急被动免疫注射。

（6）犬传染性肝炎

【诊断】犬传染性肝炎是由犬腺病毒Ⅰ型感染引起的一种息性败血性传染病。主要表现为肝炎和眼睛病患。通过直接接触病犬分泌物、排泄物、污染的用具而感染，也可由于胎内感染造成新生幼犬死亡。临床上主要表现为呕吐、腹痛和腹泻等急性型病例，患犬严重腹痛，弓背收腹，呻吟不断，体温升高，精神抑郁，食欲废绝，渴欲增加，呕吐，腹泻，粪中带血。亚急性病例症状较轻微，咽炎和喉炎可致扁桃体肿大；颈淋巴结发炎可致头颈部水肿。特征性症状是角膜水肿，即"蓝眼"病。病犬羞明流泪，流浆液性眼分泌物，角膜混浊通常由边缘向中心扩展。

【治疗】发病早期，可用高免血清或犬血清球蛋白进行治疗；为防止细菌继发感染，可用抗生素或磺胺类药物，通常选用先锋霉素、氨苄青霉素、林可霉素等；对症治疗主要是保肝、补液、利尿等，可用5%～10%葡萄糖液加苦黄注射液20～40毫升静脉注射；可大量应用维生素C、B族维生素等，降低转氨酶可口服甘利欣2～4粒，每日2次；可静脉给予氨基酸、ATP、辅酶A等；对于一性角膜炎，可用阿托品眼药消除疼痛性睫状肌痉挛；严重角膜炎时，可用封闭疗法；角膜混浊的病犬，可用普鲁卡因青霉素、金霉素眼膏、红霉素眼膏等点眼。

【预防】定期进行免疫接种，用含有犬传染性肝炎弱苗疫苗的犬用六联弱毒疫苗或五联弱毒疫苗进行预防接种；要加强饲养管理、环境卫生消毒和隔离检疫。

（7）犬冠状病毒病

【诊断】犬冠状病毒病是由犬冠状病毒感染引起的犬的一种急性传染病，以幼犬为多发。临床上表现为顽固性呕吐、频繁腹泻、精神高度沉郁和食欲废绝。自然感染的病例潜伏期1～3天。病犬精神沉郁，嗜眠、衰弱、食欲废绝，最初可见持续数天的顽固性呕吐，随后开始剧烈腹泻，粪便呈粥样或水样、黄绿色或橘红色、有恶臭、混有数量不等的黏液，偶尔可在粪便中看到少量血液，最后粪便失禁。具有间歇性，可反复发作。若治疗不力，多在发病后第4～7天内死亡。死亡率高达30％～45％。死亡犬尸体严重脱水，被毛粗乱，腹部增大，肛门松弛，流出恶腥臭粪便。剖检表现为不同程度的胃肠炎变化，胃及肠管扩张肠壁变薄，肠内充满白色或黄绿色液体，肠黏膜充血、出血，肠系膜淋巴结胀大，肠黏膜脱落是该病较典型的特征；胃黏膜脱落出血，胃内有黏液，胆囊肿大；病犬易发生肠套叠。

【治疗】对症治疗为主。止吐可选用胃复安、爱茂尔，严重者可用阿托品，止泻可选用次碳酸铋、硅碳银等；纠正脱水和酸碱平衡紊乱，可用林格氏液或糖盐水补液；严重呕吐者需补充钾，腹泻严重者静脉输给5％碳酸氢钠注射液；为防止细菌继发感染，可选用庆大霉素、氨苄青霉素静脉注射或口服土霉素等抗生素类药物。

【预防】应采取加强管理、严格检疫、定期消毒等综合性措施。一旦发病，立即隔离病犬，用1∶30浓度的漂白粉水溶液或0.1％～1％的甲醛溶液进行环境消毒。

85. 部队如何防控外来人犬共患病？

在我国解放军和武警部队编制中，除了约300万名军官、士兵和文职人员外，还有数万只军（警）犬（马、驼）等动物兵员。军营内还居住着大量退休、转业官兵及家属子女，豢养着几十万只宠物犬（猫）等。对于部队来说，防范外来人犬共患病就是要防范部队营区以外、可能传染给部队内部的人犬共患病。这个问题关系到官兵和家属子女的身心健康，关系到"无言战友"的体质和生命，关系到部队军事斗争准备质量，关系到未来信息化作战的胜负。因此，研究外来人犬共患病对部队建设的影响，切实增强部队防范和应对外来人犬共患病的能力，具有重要的现实意义和深远的历史意义。

（1）当前我军外来人犬共患病防治面临的主要形势

近年来，随着我军野战化、机动化、实战化训练活动的增加和对外军事交流范围不断扩大，官兵及军（警）犬越来越多地深入到陌生地域、恶劣环境，人犬共患病的发生概率随之增大，军队卫生防疫工作面临着严峻考验。

1）官兵对外来人犬共患病现实威胁认识不够到位　据初步统计，从新中国成立至今，骡马化和半机械化时代，部队发生过一些局部的人犬共患病；机械化和信息化复合发展阶段，部队只发生过零星、个别的人犬共患病。大部分官兵对于狂犬病这种典型的人犬共患病认识比较到位，但是对于其他种类的人犬（兽）共患病则了解很少。

2）我军出国交流批次多、范围广，沾染境外人犬共患病的概率增大　从1990年至今，我军先后参加了24项联合国维和行动，累计派出维和军事人员3.1万余人次。现有近3 000名官兵在联合国9个任务区执行维和任务，包括工兵、医疗、运输、警卫、步兵等15个维和分队及100余名参谋军官和军事观察员。此外，2002年至今，我军还与30多个国家举行了数十场双边或多边联合训练与军事演习，通过中俄"海上联合"演习、"和平使命"上海合作组织联合反恐军事演习、"国际军事竞赛—2016"，以及参与"环太平洋"多国海上联合军演、亚丁湾、索马里海域护航等活动，与境外军事人员和服务保障人员合作的深度和广度都在扩大，不可避免地增加了感染人犬共患病的概率。如，我驻非洲部分地区的维和部队，就要面对埃博拉病毒肆虐的威胁。埃博拉病毒是一种人兽共患病毒，自然宿主目前认为是一种蝙蝠，特别是非洲果蝠，感染的宿主主要是人类和非人灵长类动物。

3）我军军犬赴境外参赛、救援，对人犬共患病的防治提出更高的标准近年来，我军积极参与印度洋海啸、巴基斯坦地震、印尼地震、海地地震和尼泊尔地震等50余场国际救灾行动。其中，由陆军82集团军某旅为主组建的中国国际救援队发挥了重要作用，他们配备的40多只专业搜救犬，冲锋在抗震救灾的最前沿。由于救灾地区人员伤亡惨重，埋在废墟中的动物尸体发生腐烂，形成传染源，加之卫生条件恶劣，防疫水平不达标，深入废墟搜救的军犬极易感染疫情，给带犬执行任务的官兵带来现实威胁。北京军犬繁育训练基地代表中国陆军参加俄罗斯"忠诚朋友"军犬兵比武竞赛，选派的5只军犬与其他几个国家的十几只军犬同台竞技，也易造成不同国家军犬之间、军犬与人之间患人犬共患病的可能。

4）我军全域机动实战化训练强度增加，对营区外来人犬共患病防治提出挑战　全军和武警部队按照习主席"能打仗、打胜仗"的重要指示，持续掀起实战化训练热潮，部队在营区外演习驻训越来越频繁，接触外来人犬共患病机会越来越多。

（2）做好军队防控外来人犬共患病的措施

目前全世界人兽共患病大约 438 种，其中传染病 276 种，寄生虫病 162 种。我国境内已发现的人兽共患病有 196 种，其中传染病 105 种、寄生虫病 91 种。受技术手段和人类的认识水平限制，不少传染病和寄生虫病的动物宿主尚未查清，因此，这个数字尚处于动态变化中。为此，军队防治外来人兽共患病任重而道远。

1）把外来人犬共患病常识教育纳入部队安全教育之中，提高官兵防病意识　可以考虑由军委卫生职能部门会同军委安全管理部门共同设立外来人犬共患病"防治日"，像抓汽车驾驶员每月"安全日"那样，组织电视台、报纸、期刊、网络、手机运营商等新媒体大力进行宣传，做到家喻户晓，人人皆知。汇聚军内外知名专家学者编写外来人犬共患病防治教材教案，拍摄制作防疫教学片，发放到基层建制单位；在军委机关网开设外来人犬共患病防治专题及专家在线交流，方便官兵随时浏览学习和解疑释惑。要每年组织 1～2 次外来人犬共患病领域的权威专家和医生到部队巡回演讲，现场帮助官兵懂得疫情发病特征、致病因素和有效预防措施。

2）加强专门机构力量建设，预先储备必要的医疗设施设备　可以考虑适当增加军事科学院医学部防范人兽共患病人员编制，拓展各后方医院及部队门诊部、卫生队等医疗机构防范人犬共患病职能。师以上医院要培养 2～3 名专职人犬共患病医生，旅团卫生队及军以上机关门诊部培养 1～2 名兼职的人犬共患病医生，营连卫生所培养 1 名兼职的人犬共患病的医生或卫生员，每年组织 1～2 次人犬共患病基本常识考核，使他们熟悉本地区疫情发展历史，熟悉外来疫情的特征，熟悉疫病主要病理结构、传播途径、预防措施和防治预案，考核不合格的要组织补考。要把人犬共患病作为考核医生、卫生员是否称职的重要指标，与晋职、晋衔、晋级挂钩。各医疗机构要储备常见的人犬共患病防治药品和检测设备，纳入标准目录，实施统一采购，过期的药品及时进行更换。

3）加强制度建设，做好疫情防护　军队应尽快出台防治外来人犬共患病规章制度，确保防疫工作进入法制化、制度化轨道。①建立预警机制，实行感染外来人犬共患病零报告制度，由专人负责登记官兵感染情况。②建立会商机制，加强军地之间、部队内部之间、不同驻地、不同军兵种部队之间的信息交流和通报，使驻疫源地和非疫源地部队都能及时掌握疫情信息。③建立检测机制，组织专门机构对官兵进行定期或不定期检测，及早发现传染源和病原携带者，确保全员覆盖，不留隐患。④建立隔离机制，在传染病流行季节，尽量减少官兵外出，外出归队后要进行严格隔离，防止将病原体带入营区。⑤建立消毒机制，定期进行消毒，尤其是饲养犬、马、驼、猫等动物的单位，要切断疾病传播途径，并集中时间和力量进行物理消毒工作，做到不留死角。⑥建立治疗机制，对发现的感染官兵或军（警）犬（马、驼），要及时送往定点医院进行救治，医院要组织专家会诊，设立隔离病房，提高治愈能力。

（3）对军民联防联控外来人犬共患病的建设愿景

军队应对外来人犬共患病，不可能单打独斗，必须依托国家和社会有关力量，构建军地联合指挥体系，研发自主可控的最新型、最先进、最可靠检测设备和药品器材，形成军地联防联控的强大合力。

1）加速构建军民融合防范外来人犬共患病联合指挥体系 应站在国防和军队建设全局高度，通盘考虑军队防控人犬共患病的需求，发挥地方疫情防控优势，充分融合军地技术资源，构建军民融合防范外来人犬共患病联合指挥体系，做到"军民融合、平战结合"。

建立国家和军队顶层防范外来人犬共患病联合指挥机构。建议加速组建横跨军、政、民各领域，贯通上、中、下各层级的国家和军队联防联控外来人犬共患病指挥机构，适当组扩建相关的卫生防病防治职能部门，负责防范外来人犬共患病体系的设计和论证，统筹指导、指挥协同和建设管理，统筹规划国家和军队防范外来人犬共患病的力量建设。

构建机构和职能适度分离的运行机制。在国家和军队机构正在论证改革、编制正在调整的形势下，可以考虑按照老部门新职能的思路，在保持现有机构不变的情况下，赋予原机构军民联防联控外来人犬共患病的统筹、指挥、建设、协调职能，遂行防治外来人犬共患病新职能任务，实现由机构主导向职能主导的转变。

建设高效运行的常态化运行机制。推进军民联防联控外来人犬共患病协调机制高效运行，应在国家和军队层面建立高层协调机制，统一建立多元力量行动机制；在侦测外来人犬共患病情报方面，建立国家和军队情报数据共享机制；在专业人才方面，建立军地人才交流合作机制；在防控训练方面，建立境内外联演联训机制，最大限度提高整体合力。

2）塑造我国外来人犬共患病"军队主导进攻、国家统筹防御"的攻防兼备力量体系 从世界主要国家军队防疫发展情况看，军队防疫作战事关国家安危，为此各国都配备了最精锐的防疫力量，在人才储备、科学试验、检测装

备、药品性能等方面都走在了国家其他行业前列。我国也应积极借鉴这种做
法，发挥军队防疫的主导优势，在国家层面合理进行各部门、各行业的防疫力
量布局。

把外来人犬共患病信息感知能力作为防治力量体系建设的核心。打赢防治
外来人犬共患病这场战役，首先需要指挥员掌握理解境外疫情、我情态势，根
据实时态势作出正确决策。因此，境外疫情态势感知能力就成为防范外来人犬
共患病体系作战的首要能力。

将攻势作战作为夺取外来人犬共患病主动权的主要方式。外来人犬共患病
的防治作战，攻防主体具有一定的分离性，攻防效果具有不对称性。夺取外来
人犬共患病作战主动权关键在于，以攻势行动遏制疫情的攻击，也就是说，要
下好先手棋，积极进行防御作战，保证我方稳定，始终坚持以攻制敌，以攻
遏敌。

建立军民深度融合的外来人犬共患病防治力量体系。现代情况下，无论是
军队内部还是外部，无论是国内还是国外，无论是前方还是后方，都可能面临
外来人犬共患病多种方式的攻击，是防不胜防又不得不防，因此，需要构建由
国家和军队专业力量、支援力量和预备役等力量构成的新型外来人犬共患病安
全防御力量体系。

3）瞄准外来人犬共患病前沿技术，研发自主可控医疗设备和药材药品　医药
技术创新是战胜传染病的最有效手段，从医学经济学角度分析，效费比也最合
理。军地医疗力量应找准影响制约人犬共患病医药技术创新的重难点问题，集
智攻关，攻坚克难，在前沿技术创新上取得突破。

树立先进性就是自主可控的发展理念。从技术角度看，外来人犬共患病防
治是病理源代码的博弈，攻防双方都在寻找程序代码中的错误。如果核心的系
统出现代码错误，任何外围安全措施都会形同虚设。如果防治人犬共患病检测
设备、药品不能自主研发，我国外来人犬共患病防治的核心将永远得不到解
决。因此，我们必须下大力气，在外来人犬共患病防治核心技术上取得突破，
打破国外相关行业的垄断。

立足高精尖展开外来人犬共患病防治杀手锏医药设备的研究。应突出和强
化优势领域，拓展战略选项，加大科研投向领域的口径，大力发展颠覆性技
术，争取在外来人犬共患病防治的宽广蓝海中找到若干突破口，形成我军独有
的外来人犬共患病杀手锏医药设备，如新型疫情感知系统、方便快捷的检测设
备、安全可靠的防疫疫苗等。

坚持基础为先体系推进。在对新型变种人犬共患病免疫药品开发上，要充

分发挥"互联网＋"的优势，集大数据、云计算、物联网、人工智能于一体，由无序开放、分散开发转化为体系开发、协作开发，坚持基础为先、体系推进的思路，构建我国军民融合的外来人犬共患病防治医疗设施设备的研发体系，同时注重推进军地融合军民融合，形成外来人犬共患病防治与国家和军队防疫研究、防疫教育和防疫生产的生态圈。

九、犬舍是军（警）犬的家，各类设施设备应充分体现"以犬为本"的要求

86. 什么是犬舍？有什么具体要求？

犬舍（图9-1）是军（警）犬的基本生活设施，尤其是对集约化管理方式更具重要意义。犬舍的科学建设和管理，不仅关系到犬的生活质量，而且对犬的繁殖培育、训练使用等方面都能产生明显的影响。犬舍应具备防雨、防潮、防风、防寒和防暑等功能。同时犬舍内要具有良好的通风、采光等条件，并有适宜的室外活动场所。犬舍通常包括种犬舍、产犬舍、幼犬舍、隔离犬舍、检疫犬舍和移动犬舍等。

图9-1　犬舍

87. 军（警）犬产房建设有什么标准？

（1）产房选址和外围建设

1）选址　应选择符合动物卫生要求，远离居民区，地势平坦，通风良好，交通便利，水电供应稳定，土质坚实的场地。①应当与成犬区和幼犬区保持一定的距离，远离隔离犬区。②建造在整个犬场的上风口，以免病原微生物和其他杂质随空气的流动侵入产房，对母犬和新生仔犬造成危害。③产房所处位置应

当相对安静，不要有太多的干扰和刺激，有利于孕犬保持较好的精神和身体状态。

2）朝向　应兼顾通风与采光，一般以坐北朝南较为合理，纵向轴线与常年主导风向成 30°～60°，以确保繁育犬舍内有充足的阳光照射。种公犬与种母犬要单犬单间饲养，每间犬舍面积不小于 10 米^2，并在犬舍外设置一定面积的室外运动场，整个运动场地面实施硬化，地面要求防滑，便于清洗。在犬舍周边种植树木及草皮，既可改善小气候，又可起到防晒遮阳的作用。

3）窗户　应以使犬舍内能够照射进充足的阳光为宜，保证产房内的光线明亮，使仔犬在生长发育过程中享受到充足的日光浴，增进钙的吸收，促进骨骼发育。

4）周边　①在整个产区外围建起围墙，树立一道人工屏障，防止其他犬只或动物随意接近。②产区的周边应建造特定的散放场地，以使母犬怀孕后每日能够有充足的自由活动。③可使用结构紧实的小孔洞铁栅栏将场地分成若干块，使母犬可以在其中进行充分的自由活动。铁栅栏上面的孔洞一定要密，绝不可使犬的鼻端或爪子伸到对面去，否则有可能发生犬互相咬伤的意外。铁栅栏要具有一定的高度，防止犬跳起越过。犬类具有盗洞造窝的习性，这在孕犬身上表现得更为强烈，因此栅栏底端应尽量深入地下埋藏在土壤中，防止犬通过挖掘地下通道穿越到另一块场地而发生争斗或逃跑等意外。

（2）产房内部结构

产房结构应当设计成里外两间，外间为开放式，以栅栏为主；内间为封闭式，以实体墙建造。

房高应为 2.5 米左右，面积达到 20 米^2，以宽敞明亮为宜。

地面的铺设应当有一定的角度倾斜，以便于冲刷犬舍时，污水可以顺畅地排出。在坡度的下方应挖掘好通畅的下水道，并在其中设好筛子以防被犬的被毛或排泄物堵塞。

产房与产房之间应以实体墙隔开，不得留有任何空隙，防止母犬间的相互干扰。

（3）产房内部设施

1）犬床　①材料：要选经久耐用的防水材料，如合成金属、硬塑料或实木等，既可保持干燥，又经得住幼犬的啃咬。②床脚：要尽量短一些，使床板与地面的距离比较接近，由于仔犬都有喜欢往黑暗处躲藏的习性，如果空隙很大的话，仔犬下地后往往会钻到床下的墙角处，母犬和人都无法够到。③床板：要有网格状的孔洞，便于幼犬的排泄物漏到下面，但孔洞不能过大，以仔犬的爪子无法掉入其中为宜，否则会对仔犬造成不同程度的伤害。④横杠：要在犬床的四面挡板的内侧设置横杠，以免母犬挤压到边角处的仔犬（图9-2）。

2）取暖与降温设施　寒冷季节可安装暖气取暖，也可用电暖气取暖，但要注意安全，以防对犬造成伤害。炎热季节设有降温设施，如大功率风扇、空调设备等。

图9-2　犬舍产房

3）其他设施　①水源：近处一定要有水源，便于冲刷犬舍，打扫卫生。②餐具：要有饲喂母犬用的食盆和饲喂幼犬用的托盘。③水盆：供犬饮水用的水盆最好能够固定在某一位置，因为某些犬类生性调皮，好玩水，尤其是拉布拉多犬，常常会将水盆打翻或是将其中的水全部刨出，将水盆当作玩具肆意摆弄，以此为乐。这样不但弄得地面潮湿，而且影响整窝犬的饮水，水盆也容易损坏或弄脏。④其他：如电暖气、紫外线消毒灯和监控摄像头也是产房的必备设施。

（4）产房附属设施

1）人员通道　在每排产房的里间一侧应留有人员通道，通道的地面上应开掘出下水管道，具备水源，并在出入口处放置消毒脚垫。

2）操作间　在每排产房的一端应留有操作间，包括食品保存及加工设施，如冰箱、冰柜、燃气灶等。此外，还要有药品器具柜和更衣柜。在条件充足的情况下，还应配备氧气机和婴儿箱等设备。

3）监视器　在每排产房的另一端留有办公室，除放置一些基本的办公用具外，最重要的是要有一台监视器，以便随时观察产房内的情况。

88. 集中饲养的犬舍建设配备附属设施有什么标准？

应当建有活动场、病犬舍、排污沟、消毒室、消毒池、清洁道、污染道和沼气池等（图9-3）。

（1）活动场

活动场设于犬舍外边，与犬舍相连接，是犬活动、晒太阳和排便的场所。围墙用砖砌成，墙高1.5米以上，地面

图9-3　犬舍附属设施

上高度 70 厘米左右，为实心墙，往上可用花眼墙，也可用铁丝网制成。一般是露天的，硬质地面，活动场面积一般不少于 6 米²，以保证犬有足够的活动空间。有条件者在夏季炎热季节，可以架设顶棚防暑。

（2）病犬舍

病犬舍是饲养病犬的房舍，建在场区内下风方向的最后边，要求冬暖夏凉。还可建造观察犬舍，用于饲养检疫期间的犬或尚未确定用途的犬。

（3）排污沟

排污沟一般用混凝土做成，要求平展。根据排放量大小，沟的深度和宽度要适中，沟底面要有一定坡度，以保证排污通畅。排污沟有主沟和支沟，支沟开口于活动场地平面处，接受活动场排污水，再流向主沟。

（4）消毒室

消毒室用于繁育员和有关工作人员的消毒。以上人员进入生产区之前，必须在消毒池内完成一定的消毒程序，包括浸洗手、换工作服和鞋等。

（5）消毒池

消毒池是大型犬舍中的一种防疫灭病设施，起隔绝传染源的作用。生产区及各列犬舍的出入口处均应设消毒池，入区人员或车辆必须经过消毒池药液的消毒后，才能进入生产区或犬舍。凡需要通过车辆的消毒池应较宽和较长，宽度要大于通过车辆的宽度，长度要求应保证车轮在池内滚动一圈以上。消毒药水深度 15 厘米左右。每列犬舍门口的消毒池，宽度等于门宽，长度 1 米以上，深度 5～10 厘米。消毒池除采用放入药液进行消毒的方法外，也可采用铺粉状石灰粉的方法。

（6）清洁道

清洁道是场内专门用于运送清洁物质的道路，如运输饲料、设备，人员行走等。建设清洁道可防止把外界病原带入犬舍，一般采用水泥路面。

清洁道建在犬场中线。

（7）污染道

污染道是运输场内、舍内外污物和粪便用的道路，病犬、消毒笼具等也走此路。通往犬场后门，不通前门，以免疾病交叉感染。

污染道建在犬场的两侧，与清洁道互不交叉。

（8）沼气池

沼气池是利用犬舍内外人、犬粪便及废饲料、杂草落叶、垃圾污水等厌氧发酵产生的沼气，解决场区、犬舍照明、增温、做饭、煮食等能量需求，同时还是灭菌防病、增加效益的重要举措，有利于犬场环境的治理和可持续发展。

 89. 幼犬犬舍有什么特殊要求？

（1）冬暖夏凉

犬的居住环境，对其生存有决定作用，温度过高和过低或温差变化过大，都会导致犬体不适，身体抵抗力降低，引发感冒、腹泻等，诱发其他疾病。幼犬体温调节功能较弱，在寒冷的冬季应加强犬舍的保暖，犬舍应铺垫棉絮等保暖物品；在夏季，不能将幼犬置于太阳直射的水泥房顶的犬舍饲养，以防幼犬中暑；但幼犬也不可长时间在风扇或空调下吹风，以防引起感冒及关节炎；保证犬舍通风良好，保持干燥。

（2）卫生

繁育员要保持犬舍及用具的清洁卫生，训练幼犬会定点大小便。犬舍必须每天清扫，平时发现粪便和脏杂物要及时清除，发现垫草潮湿、污脏，要及时清除更新。犬床和垫子要经常洗刷、晾晒。

（3）分栏

幼犬在 4 月龄左右便开始建立群序，而且具有很强的攻击性，如果这时不分栏饲养，则容易造成幼犬咬架，降低幼犬的成活率和优秀率。繁育员应根据幼犬生长发育情况，适时分栏饲养，一般每圈不超过 3 只。有的母犬在 6 月龄左右开始性成熟，应将公母犬分开饲养，以免发生偷配情况。

（4）要有"软环境"

"趋利避害"是一切动物的共同特征。对于 2～6 月龄的幼犬来说，其感觉器官已经相当完善，"印记"学习的方式正在发挥着越来越大的作用。在这个时期中，它对于外界的一切伤害性的刺激都极易形成稳固且不易改变的记忆（例如，当幼犬生病时，兽医准备给其打针，针头还没有插进它的身体，只是做一些准备工作，幼犬就会开始挣扎并发出惨痛的嚎叫）。因此，幼犬犬舍设施材料要"软"，使幼犬不会在无意之中受到突如其来的外部刺激，避免幼犬长大后胆怯和神经质。

（5）提供交流空间

犬是喜欢群居的动物，它的这一习性更多的是在幼犬时期打下的基础。对于 3～6 周龄阶段的幼犬来说，身体机能差异小，行为能力相似，特别是仔犬此时还没有牙齿，上腭门齿和犬齿开始生长，让它们之间进行打斗和撕咬，不易伤害到对方。为此，繁育员应给幼犬之间的信息传递和交流提供广阔的场地和空间，既可以锻炼幼犬"抱团取暖"的集体观念，又可以强化它们未来实际

捕咬的技能。

90. 军（警）犬繁育对设备有哪些要求？

（1）犬床

犬床供犬休息时使用。产房中的犬床要比一般怀孕前期空怀母犬用的大一些。犬床多为木板制成，底部有适量垫料，可起防潮保暖作用，有利于仔犬的生长。

（2）笼嘴

笼嘴一般为犬治病或测量躯体时使用，目的是防止犬咬伤人。一般以皮带或不锈钢丝编织而成，形似嘴状，嘴端留有空眼，不妨碍犬呼吸；另一端系有皮带或绳索，开口较宽，用时套于犬嘴上，将带子紧拴在耳根后脖颈上，这样可以防止犬伤人和乱吠。

（3）牵引工具

给犬套上颈圈的作用是为了方便牵引。皮颈圈的一端装有皮带扣，用于在颈上固定。用钢丝制成的称为铁颈圈，两端装有圆环，使用时把丝链由一环装入另一环即成环形，游离端挂上牵引绳即可。牵引带是牵犬用的带子，一端装有钩子，另一端制成环形，以便于手能控制住绳子，带子长约2米（图9-4）。

图9-4 牵引工具

（4）护仔栏

在繁殖母犬舍内设置护仔栏，是为了避免母犬在近墙卧地时压死压残仔犬。框架式护仔栏使用较普遍。一般选用5厘米×5厘米的方木条，将其四边棱角改制成钝角，木条横竖结合制成框架，然后将框架垂直地固定在舍内四周墙壁附近，框架平面距墙面20厘米，整个框架高度为30～35厘米，竖立的木条与木条之间的距离为20～25厘米。横放的木条长度随舍内四周墙的长度不同而变化。这样，框架和墙面之间便形成了一个仔犬安全保护区。

（5）犬笼

犬笼是临时饲养或关犬运输时用的笼子。犬笼可用木材、钢筋、塑料等制成，笼子四周和上顶的网眼以 5 厘米×5 厘米为宜。犬笼底部多用竹板制作，板条间隔根据犬体大小而定，大型犬一般笼底板条间隔 3～5 厘米，小型犬一般 2～3 厘米。铁制或木质犬笼比较笨重，但坚实耐用；塑料犬笼的笼门宜为钢丝网制成，其余三面有圆眼通风，轻便耐用，但通气性不好。

（6）食盆

食盆最好用具有一定重量的不锈钢盆，为避免犬弄翻食盆，可在食盆下面设橡皮底座或铁架以固定食盆。如果选用塑料盆作犬的食盆，容易被犬咬坏，而且不容易清洗。如罗威纳犬的吻部较短，应选用大而浅的食盆。

（7）梳理用具

梳理用具包括梳子、刷子、毛巾、吹风机等。

（8）沐浴用品

淋浴用品有宠物香波或沐浴液等。用沐浴液给犬洗澡，能更好地清洗犬的皮肤，防止发生皮肤病。

（9）玩具

犬玩具有毛巾棒、发声玩具、弹力球等。玩具（图 9-5）既可作为犬的奖励物品，也可作为犬的训练物品，用于提高犬的敏捷性、猎取性、力量等。

（10）便器

犬用便器可以在商店里买到，当然也可以自己做。拿个稍大的托盘，在里面多铺上几层带有犬粪尿气味的报纸就可以了，引诱犬在上面排便，而不致在屋内随处便溺。犬的便器最好放在不易被人看见的安静角落，好让它能够轻松地排便。放便器的地点一旦定下来后，尽量不要挪动，以防犬因找不着便器而随地便溺。

图 9-5　训练产品

91. 军（警）犬有哪些装备？

（1）风镜

军（警）犬风镜是一种像游泳眼镜一样的保护镜。主要用于防止强烈的太阳直射，避免犬的眼睛受伤。在灰尘和沙土特别大的地方，军（警）犬风镜也可以为犬提供有效的保护。

（2）背心

有的背心科技含量很高，上面装有摄像头和麦克风，信号可以实现无线传输。带犬员有一个手持显示屏，用于显示背心探头传回来的实时图像和声音，摄像头也具备夜视功能。背心上靠近军（警）犬头部的地方还有一个微型扬声器，带犬员可以通过其对军（警）犬发布命令（图9-6）。

图9-6　犬背心

有的背心可以保护犬体，避免擦伤，在夹层里安插化学冰袋，帮助在炎热地区长时间执勤的军（警）犬降温。

有的背心用于跳伞，或者从直升机上吊放下来的绳索。这样的背心有很多犬挂点，用于与降落伞连接，也便于在落地后迅速脱离。用于钩挂降落伞的搭扣也可以用吊车吊住，放到山坡下、岩缝中或者其他人难以进入的地方，搜索可疑目标。

有的背心有很多帆布把手，便于带犬员在犬受伤的时候把犬抱起来。

有的背心有专门的背带，带犬员可以像背上背包一样，把犬背在背上，在背心上插上部队或者其他特殊标志。

有的背心是凯夫拉做的防弹背心，必须量身定做。最重的防弹背心足以阻挡刀伤、弹片和小口径子弹，但重约3.5千克。对于一只重为40千克的德牧来说，负重比例和7.7千克重的单兵防弹背心与普通士兵的比例差不多。

（3）脚套

脚套主要是为军（警）犬进行探雷作业而研制。在训练中，军（警）犬踩上"布雷区"时，地下电线就会通电，形成强大脉冲，受到电击的犬会意识到不能踩。脚套可以极大程度隔绝犬受到的电刺激，防止刺激过大使犬产生畏惧心理。

92. 军（警）犬有哪些新设备？

（1）电击脖圈

佩戴于军（警）犬颈部的微型电子设备，普通火柴盒大小，可通过遥控产

生电脉冲刺激，使军（警）犬感受
到不同程度的疼痛刺激，用以纠正
犬的行为。这种设备（图 9 - 7）多
用于训练扑咬类作业科目，如唤回、
放口等，也可用于服从科目和气味
作业科目。

图 9 - 7　电击脖圈

（2）卫星定位仪

适用于军（警）犬追踪和搜捕
作业的电子定位设备。使用时只需
将一个火柴盒大小的定位器挂在军（警）犬的颈部，就可以通过手中的监视器
追踪观察军（警）犬的行动方位和路线。

（3）犬载无线传输摄像头

用于军（警）犬突击或搜捕时，训导员可以通过军（警）犬身上的这个摄
像头实时观察军（警）犬前方的动态影像。一般佩带于军（警）犬的头或
背部。

（4）多功能机器人

战术行动或突击现场中，为隐
蔽、直观、实时观察作业区域情况
而研发的可遥控、机动性视频采集
和传输设备（图 9 - 8）。其外形类似
玩具遥控车，体积约有电脑主机箱
大，不仅能在平路行进，还能上下
楼梯。配备的视频摄像头通过遥控
可以水平 360°、垂直 180°转动。视
频可以传回训导员手上的监视器，
作业有效距离为 200 米。

图 9 - 8　多功能机器人

（5）毒品及爆炸物气味替代品

由某军（警）犬技术公司研发的系列气味替代品，爆炸物气味的替代品达
24 种之多（图 9 - 9）。

（6）自动弹射奖励器

自动弹射奖励器也称为军（警）犬行为塑造装置（图 9 - 10）。主机为边
长约 40 厘米正方体的盒子，里面可以盛装毒品、爆炸物的实物或气味替代物，
内有弹射机构可以弹出网球、橡胶球等，以奖励军（警）犬正确示警。弹射通

过遥控器控制，这种设备优点是军（警）犬经过训练后对气味示警定位准、注意力专注。将多个自动弹射奖励器镶嵌于衣柜或箱体内，就可以构成"墙式整体气味柜"，方便连续训练和奖励。

图 9-9　毒品及爆炸物气味替代品　　　　图 9-10　自动弹射奖励器

（7）搜捕遥控引导飞行器

利用遥控飞行器能够在空中按要求进行按指令飞行的特性，及飞行器附带视频监视设备能实现空中、远程观察的功能，特别是将遥控飞行器增加普通可

见光、激光、超声波源的特性，使之成为可以在白天和黑夜及各种声光干扰情况下均能有效地引导军（警）犬行动的指示器，引导军（警）犬对隐蔽于丛林、农田、建筑物等环境中的嫌疑人进行搜捕和控制，还能引导军（警）犬对聚集闹事人群进行攻击和控制等作业（图 9-11）。

图 9-11　搜捕遥控引导飞行器

（8）遥控电击口笼

使用它对人进行攻击可实现精细化分级控制和随机应变处置。军（警）犬佩戴新型遥控压感式电击口笼对嫌疑人进行攻击，攻击时军（警）犬口笼前端的电极放电，对嫌疑人形成电击脉冲刺激，使嫌疑人暂时丧失攻击和反抗能力。这种攻击方式是对传统军（警）犬实口扑咬和带口笼冲击扑咬的补充，军（警）犬对嫌疑人攻击的伤害程度介于咬伤（完全控制但有明显伤害）和无伤（无明显伤害但控制力低）的中间水平，既能更有效地实现对嫌疑人的控制，又能保持较低水平的伤害，至少是无明显伤害的水平。还能通过遥控器随时取消和控制电击扑咬。

(9) 遥控开关口笼

可控制式口笼，可以遥控打开口笼使犬完成扑咬动作，这一设备为训导员根据现场情况做出判断赢得了时间。使用方法：当犬冲向扑咬目标时，可佩戴这种口笼并处于闭合状态，以完成前述的缠斗扑咬；也可以根据情况在犬奔跑或接近目标时打开口笼使犬进行真正的扑咬。

十、 幼训是针对幼犬体质嫩弱、可塑性强的
特点而进行的训练，是巩固深化繁育
成果、衔接专业训练的重要阶段

93. 幼犬有哪些心理活动？

（1）犬的等级心理

在犬的心目中，主人就是它的领导，主人的家园就是其领土，这种顺从的等级心理沿袭于其家族的序位效应。

有些聪明的仔犬在未睁眼之前，就已会争抢乳汁较多的乳头，这是犬等级心理出现的萌芽。随着犬独立意识的苏醒，活动范围逐渐扩大，萌生出占有领地意识，进而出现争斗。

幼犬在35日龄以前，一般聚集在一起，很少单独活动。35日龄以后，开始尝试单独活动，犬与犬之间开始因为衔取物品、食物等资源发生争斗。2月龄时，一窝犬的等级关系完全确立。

在犬的群体生活（10-1）中，序位低的犬只能顺从于序位高的犬。犬的

图 10-1　幼犬群体生活

这种等级心理维护着犬群的安定，保证了种族的择优传宗和繁衍旺盛。

犬对主人的忠心，既是感情的表达，也源于对序位的服从，尤其是作为军（警）犬，它能绝对顺从于繁育员（驯导员）的指挥，这种紧密合作的行为归根结底是由其等级心理所决定的。

（2）犬的占有心理

犬像许多动物一样有较强的占有心理，对自己领域内的器具及主人等均有很强的占有欲望，这种欲望经过人类的训练后就形成了警戒、看守、护卫等能力。

犬的这种心理还表现在对食物和玩具的占有上，当它吃食和玩耍时，如有其他犬靠近，它就会发出低沉的吼声，以示自己的所有权；有时它还会将食物和玩具储藏起来，趁主人或其他同伴不在时偷偷地采食或玩耍。

公犬在配种期间，不喜欢有人接近它们的居住地，表明公犬对母犬也存在着占有心理。

占有心理是犬看护家园、保卫主人、对敌人进行英勇搏斗的原动力。

（3）犬的邀功心理

犬的邀功心理在多犬一起追捕猎物时表现尤为明显。为了在主人面前邀功，它们各不相让，甚至会放下猎物展开内战，其目的就是想得到主人的表扬和奖赏。

在平时训练中，可以利用犬的这一心理实施各种奖励手段，强化犬的正确动作，培养犬积极的作业意识。

邀功心理有时也会产生负面作用，比如有的犬会揣测主人的意图，在主人尚未下达口令时，就提前做出一连串的动作，甚至在搜人与搜物作业中，犬会做出"假"的示警反应。

（4）犬的依恋心理

犬具有对故土亲人眷恋的心理，即怀旧心理或回归心理。

犬与主人的深厚感情，是在长期的饲养和游戏过程中不断积累的，具有较高的稳定性。它们不在乎主人的身份地位，也不在乎主人偶尔的训斥和武断，只想和主人在一起。

犬易主后，尤其是在训练犬适应两个主人的指挥时，总有一段时间闷闷不乐，对新主人心存戒备甚至想伺机逃跑。

犬依恋心理的程度，与犬的神经类型和对主人的感情密切相关。

（5）犬的好奇心理

在犬的生活中，无时无刻不被好奇心理所驱使，尤其犬来到一个新的环境时表现得特别明显。

犬在好奇心理的驱使下，利用其敏锐的感觉器官去认识世界，获得各种生活经验。

当犬发现一个新的物体时，总是用好奇的目光注视，然后用鼻子嗅闻，甚至会用前肢拨动。

强烈的探究欲望是犬学习新知识的原动力，有助于犬智力的增长，有益于犬展开搜人与搜物、搜爆与缉毒的训练。

犬的模仿学习也是一种比较重要的训练手段，其训练基础就是利用犬的好奇心理，幼犬通过模仿能从父母或同伴那里很快学会各种生存本领。

（6）犬的嫉妒心理

犬希望得到主人的宠爱，当主人在感情上分配不均时，就会引起犬对受宠者的嫉恨，甚至会因此发生争斗。

嫉妒是犬心理活动中最为明显的感情表现。

在犬群中虽然每只犬都希望独占主人的爱，但也必须遵循等级序位的排列，即地位高的犬被主人宠爱，可能会出现群起而攻之的现象。

针对犬的这种心理，繁育员平时在自己的爱犬面前，尽量不要对其他动物表现明显的关切，避免伤害人与犬之间的感情。

（7）犬的欺骗心理

犬有时使用的欺骗手法还很高明，如两只犬关在同一犬舍，当它们在前门进食时，序位高的犬常会霸道地赶走序位低的犬。此时，序位低而又聪明的犬，就会跑到舍后狂吠，发出报警信号，引诱同伴过去，当序位高的犬离开食盆时，序位低的犬就会立即跑过来抢吃几口。

犬有时为了逃避主人的惩罚，也会欺骗主人。比如，在"拒食"训练中，有的犬在主人在场时，对"食物"拒绝嗅食；当主人不在场时，也会"偷食"。因此，在训练和使用过程中，应注意识别犬的这种行为。

（8）犬的复仇心理

犬具有很强的复仇心理。它根据嗅觉、视觉和听觉，将曾经恶意对它的对象牢记在大脑里，伺机报复。

两只曾经咬斗过的犬，在很远的地方就能互相感知对方的存在，哪怕面临主人的责罚，它们也会毫不犹豫地冲过去搏斗。有的犬对伤害过自己主人的人、犬、物也有强烈的复仇欲，随着争斗次数的增加，仇恨也随之积累，有些犬甚至在很远处就能察觉到对方主人的靠近，并狂吠不止。

犬在复仇时近乎疯狂，有置对方于死地之意。有时会利用对方生病、身体虚弱的机会进行报复，甚至在对方死亡之后还会怒咬几口。犬的这种心理对扑咬科目的训练很有帮助。

（9）犬的恐惧心理

犬在大部分时间里是兴奋和快乐的，但也有恐惧、胆怯和害怕的时候。

犬害怕声响、火、光和死亡，如在炮弹爆炸、电闪雷鸣的刺激下，犬会表现出恐慌，并逃到它认为安全的地方躲避起来。

犬对声光的恐惧行为是先天具有的本能，是野生状态下残留的心理，但可以通过长期的锻炼，使犬对这种刺激逐渐适应。有的犬对车辆、飞机等交通工具相当"抗拒"，应当逐步训练，慢慢适应。

犬的恐惧心理对训练和作业是不利的，所以在幼犬阶段，就应该加强环境锻炼，培养犬胆大勇猛的气质。

（10）犬的反孤独心理

犬生性好动，不甘寂寞，且愿与主人在一起玩耍。

在户外活动时，犬一旦发现主人不在，就会惊慌失措，到处寻找。

犬长时间被关在室内而得不到主人的爱抚时，就会表现出烦躁不安，意志消沉。

在饲养管理和训练过程中，繁育员要有足够的时间与犬相处，通过对话、爱抚和游戏等方式，消除犬的孤独心理，增进人、犬之间的感情。

94. 仔犬的运动能力如何？

仔犬出生时仅能做全身不自主的伸缩运动，2日龄后才具有在犬床上短距离的蠕动，但四肢不会用力，且动作笨拙。

仔犬7～10日龄后四肢才开始逐渐学会用力，爬行距离也逐渐延长。

仔犬15日龄左右开始慢慢站立，但站立不稳，动作蹒跚。

仔犬20日龄基本可以站稳，且能慢慢走动。

仔犬30日龄后可以平稳地行走并逐渐学会跑动。

仔犬40日龄后爬动平稳并能追逐同伴并进行游戏。

仔犬45日龄后基本可以自由跟随主人奔跑（图10-2）。

图10-2 幼犬运动

95. 犬有哪些学习行为？

犬的学习行为有以下两个方面：

（1）犬的条件反射

条件反射的形成是由于周围环境的反复刺激，在大脑皮层内形成的暂时性的神经联系，既容易产生，也容易消失，它是犬最主要的学习行为。因此，在训练动作成功之后，需经常复习，不断地强化巩固。

犬条件反射的建立需要有相应的刺激。通常把引起非条件反射（如食物）的刺激称为非条件刺激；把口令和手势等具有信号意义的刺激称为条件刺激。

犬条件反射的形成需满足的条件：必须将条件刺激和非条件刺激有机地结合起来，缺少任何一种刺激，条件反射就无法形成。如训练一只犬"前来"时，必须具备两个条件：一是发出一定的信号，如"来"的口令和手势（条件刺激）；二是利用犬喜爱的食物或玩具（非条件刺激）引诱犬前来，或采取强迫的方法用长绳拉犬过来（非条件刺激）。

从两种刺激的作用时间来看，条件刺激的作用应稍早于非条件刺激。也就是说，繁育员口令和手势的出现，必须在食物和物品诱导或者强迫之前，这两者的间隔时间一般不超过1秒，只有这样，犬的条件反射才能较快建立。

必须正确掌握刺激的强度，过强或过弱的刺激都不会产生较好的效果。也就是说，刺激的强度要因犬而异，同一强度的刺激作用于其他犬时，效果可能不一样。因此，在训练中应选择一种适合的刺激强度，提高训练效果，避免犬出现消极反应。

在给予刺激的同时，犬的大脑皮层必须处于清醒和不受外界干扰的状态。当犬处于瞌睡或注意力集中在与训练无关的事务时，繁育员给犬的一切刺激，作用都是不明显的，起不到建立条件反射的效果。因此，在训练前需要进行适当的挑逗，将犬的兴奋性调整到最佳状态，把它的注意力引导到繁育员的身上来，这样有利于犬专心学习，提高训练的效果和质量。

（2）犬的非条件反射

非条件反射中枢的兴奋状态是非条件刺激实施的前提，也是建立条件反射的重要条件。当非条件反射中枢缺乏足够的兴奋性时，建立条件反射是非常困难的。如犬长时间玩耍某一玩具，对其已不感兴趣，若此时再利用这一玩具去引诱犬做出动作就比较困难；又如在犬吃饱后进行训练，食物对犬的刺激就会失去应有的作用。

非条件反射是犬与生俱来的一种本能行为，如吃奶、呼吸、排便等。非条件反射是犬后天学习和训练的基础。

食物反射：是满足犬新陈代谢的需要，借此得以正常生存的一种反射。可利用食物引诱犬做出相应的动作，也可用食物表扬犬的正确姿势。

防御反射：是犬自身免遭伤害的一种反射，可分为主动防御和被动防御两种。在训练中要充分利用犬的主动防御本能，培养吠叫和扑咬等攻击性动作。对被动防御强、胆小、畏缩的犬，要加强环境锻炼，通过鼓励和帮助，使其转化为主动防御。

猎取反射：是犬为了维持生存，捕获猎物的一种天性。犬被人类驯化后，这种猎取行为已演化成对玩具、物品的寻觅和占有。猎取反射是犬一切作业训练的前提。

自由反射：是犬挣脱自身活动所受限制的一种反射。经常带犬在户外散步、玩耍可增进人与犬之间的感情。犬在训练中情绪低落时，应立即进行自由散放，以缓解犬对训练产生的压力和厌倦感。

96. 如何正确使用驯犬工具？

训练犬常用的器材有脖圈、牵引带、口套、响片和衔取器材等。

（1）带脖圈

幼犬从小开始带脖圈（图 10-3），可以培养其气质和抬头的习惯。开始时，要选择大小适合于幼犬的轻柔皮脖圈，并在喂食或玩耍时进行，这样可以转移幼犬对脖圈刺激的注意。有些幼犬会表现出不舒服，只要坚持 3 天，基本上就会习惯。

（2）牵引带

牵引带又称犬绳，由皮革或尼龙制成，用于牵引和控制犬的行为。

图 10-3　幼犬带脖圈

正确使用牵引带是训练的关键。首先，将牵引带的一端握在手中，另一端连接在犬的项圈上，训练和外出散步时，绳子要保持适当的松弛。

繁育员最容易犯的错误就是经常紧扯牵引带，等到要纠正犬的错误行为时，犬绳就容易失去对犬的刺激作用。

散步时，必须是繁育员牵着犬，而不是犬拉着繁育员走，当它准备向前走或者向其他方向紧拉绳子时，应猛地一下向后拉动犬绳，给它的脖子施加压力，然后立即放松绳子，这一瞬间，时机和力度的把握是非常重要的。

对于温驯的犬和幼犬应选用轻而软的皮革或尼龙项圈，训练时只要猛地一拉，就能给它的脖子施加一定压力；对于大型犬，可选用结实的铁圈来控制它的行为；难以控制的犬可用一种特制的项圈，当它用力拉动牵引带时，项圈造成的疼痛刺激可使其自动放弃不良行为。

（3）口套

口套是套在犬嘴上的，可用于纠正偷食和无故吠叫、咬人等恶习。

（4）响片

准备一个响片，并把犬喜欢的零食裁成小块，刚开始先建立响片声音与奖励之间的联结。响片放在身后，每次压下响片便拿一块零食给犬，重复操作10～15次，反复训练多次（大概4～5回），直到犬对声音有反应为止。但为了避免犬在训练上的注意力丧失，每次训练的时间不宜过长，可以在饭前2～3分钟训练；或是随时加入游戏，提高犬对训练的兴趣。响片就像照相机一样，按的时机要非常精确，才能够精准标记出期望的行为。如犬10秒前在指定的地方排便，但是10秒后主人才压下响片，这过程中犬可能甩了甩身体、抓了痒或是趴下来，这时压下响片可能会让犬误以为趴下来或是主人要求的其他行为，从而使训练事倍功半。因此，精准地压下响片的时机很重要。响片的声音也代表繁育员跟犬之间的约定，所以每次按下都要给犬奖励。

（5）衔取器材

衔取器材有木棒、木哑铃和皮球等小型玩具，大小以犬能衔取住而又不至于吞下去为宜。

（6）玩具水枪

必要时，可用玩具水枪向犬的脸上喷水，以制止其不良行为。也可用一次性注射器装上水替代水枪，但要拔去针头，以免使犬受伤。

97. 繁育员应掌握哪些幼犬训练技巧？

幼犬训练（简称"幼训"）工作是一项艰苦的工作，但也并不是单靠勤奋就能训练好犬，需掌握一定的训练技巧，才能取得很好的训练效果（图10-4）。

（1）要注重感情投入

在幼训中，繁育员要全身心地投入自己的情感，实施人对犬的影响，形成幼犬完成初级课目的条件反射。繁育员感情是否投入，持有何种精神状态非常重要。对于幼犬来说，繁育员就是它整个行为的中心点。一个精神饱满的繁育员，在幼训的过程中一定是口令清晰、动作规范，只有这样才能把犬的注意力牢牢吸引，使犬兴奋地完成课目。反之，如果繁育员精神萎靡、口令含糊、

图 10-4　幼犬训练

动作懒散，犬不但无法集中对繁育员的注意力，还易产生不良反射，久而久之，不但达不到训练的目的，还会养成许多不易纠正的"坏毛病"。因此，繁育员在幼训中须全身心投入。

（2）要加强沟通交流

形象具体的信号是人与犬信息沟通的主要方式。恰当地运用手势、体态、表情、抚拍等，会更加生动逼真地表现出训练的意图。如令犬坐、卧、前来等手势会增强犬的印记；运动性体态变化，繁育员抛出物品，同时快速去抢物品，这样也增加了犬的衔取欲望；繁育员的匍匐动作，也同样会引起犬的模仿。同样，微笑欣喜的面部表情将会给犬提供一种鼓励的信息，而急切愤怒、皱眉头等信息会干扰犬的作业。

手势是具有指令性的形象刺激，通过犬的视觉引起相应的活动。在训练和使用军（警）犬的过程中，作为指挥犬的信号，使犬顺利地做出相应的动作。手势能在一定的距离内指挥犬的行为。手势与口令相辅相成，两者结合使用效果更佳。它是一种无声信号，有利于秘密指挥，但受视野范围和能见度的限制，因此在有视障或雾天等条件下，使用手势是无效的。

编定和使用手势应注意，手势要形象明显，但要与人们日常的习惯动作有所区别，不同手势要有独特性，一经采用的手势不要任意更改。使用手势要始终保持规范、严肃，使犬易于明辨。

在犬注视繁育员时使用手势才能起作用，否则，是徒劳的。发出手势的速度，要根据犬的具体情况和指挥距离而定，要快慢适中。此外，在有关条件刺激的应用问题上，繁育员态度表情对犬的影响也不容忽视。因为繁育员在对犬施以各种影响手段的同时，往往随训练的效果，有意无意地流露出自己的情绪，这些态度表情既与相关刺激组成复合动因，也能直接形成条件刺激发生作用。因此，在训练中有时犬会通过"察言观色"发生反应，繁育员正常而自然

的态度表情是适合训练需要的，如严肃的指挥、和蔼的奖励、活泼的动作等。但有些情绪的表现，如狂欢、暗示、生气、愤怒等对训练是不利的。

犬虽然不能与人直接进行语言交流，但能以自己特有的行为方式表达其心理及行为变化，如犬嗷叫表示疼痛、低吼表示警告。犬经常以不同的吠叫方式表达报警、喜悦、悲哀、孤独等信息。犬还用眼、嘴、耳、鼻、尾等体态变化，表达注意、探求、机警等信息。如犬的耳朵变化：并拢表示惬意，横分表示不愉快，前倾表示注意，后向表示小心等。犬的尾巴变化：举尾表示高兴，摆尾表示友好，夹尾表示害怕。犬的身体变化：四足分开直立，头高昂，颈部和脊背上背毛竖起，眼睛直视对方，这是典型的恐吓姿势；受到恐吓时表现为四肢弯曲、头下垂、耳向后平展、尾向下弯曲，并不时扫动；退却让步表现为头和身体降低，耳贴向身体后侧，尾夹在两腿之间，身体半接地、腹部尽量下压，试图溜走；示弱"投降"时，身体倒向一侧，移开后肢，露出腹部以及生殖器官区域，紧急情况下会翻滚身体，同时有排尿现象。因此，只有掌握犬的行为方式，才能把更多信息转化为犬的训练技能。

(3) 要正确使用口令

在幼训中，繁育员要掌握好口令的音调与强弱，这对课目的巩固和提高非常关键。例如，训练坐的课目时，繁育员下达"坐"的口令后，犬能在繁育员的指挥下完成动作，繁育员以"好"的口令强化。在这个过程中"坐"的口令要清晰果断，让犬听起来没有丝毫回旋的余地。而"好"的奖励，要从心底里发出，声调略长，口气柔和，表情真诚，让犬真正能感受到繁育员对它完成这个动作的认同和鼓励。若奖励的口令比较随便，犬感受不到完成动作之后的奖励，久而久之就会达不到一令一动的要求。当犬对"坐"课目的条件反射形成后。"坐"的口令可以稍加严厉，"好"的口令可以适当减少。

口令是以一定语言组成的具有指令性的声音刺激，在于通过犬的听觉引起相应的活动，在训练和使用军（警）犬的过程中，作为指挥犬行为的信号，使犬根据不同的口令及其音调的变化，顺利地做出相应的动作和进行作业。口令能在一定距离遥控犬的行为，口令与手势相辅相成，结合使用效果更佳。口令的音调可分为命令音调、威胁音调和奖励音调三种。口令以其不同的音调，引起犬的不同反应。

命令音调：用中等音量发出，并带有严格要求的意味，用来命令犬做出动作。

威胁音调：用强而严厉的声音发出，在犬延误执行命令时，用来迫使犬做出动作和制止犬的不良行为。

奖励音调：用温和爱抚的语调发出，用来奖励犬所做出的正确动作。

三种不同音调的作用，只有在结合相应的非条件刺激，建立条件反射后才能有效。

编定和使用口令应注意，口令用语要简短，发音要清晰，不同口令的声音要各有独特性，以防泛化。一经采用的口令不要任意更改，以免造成犬反应混乱。不要附加口令或随意用其他语言指挥犬。

口令强度、音调的应用，要根据犬的具体表现、指挥距离、风力风向等情况灵活掌握。发出口令的速度要适中，犬对口令的条件反射形成后，仍需要经常得到非条件刺激的强化进行巩固，以防消退。

(4) 调引动作要灵活

调引动作的灵活程度是衡量繁育员实际操作能力的标准之一，灵活的调引能充分吸引犬的注意力，提高犬的兴奋性。例如，抛物衔取前调引犬的兴奋性时，有的繁育员只是站在犬面前，拿物品简单晃动几下，然后一抛了事，这样是不行的。正确的动作应该是身体姿势大幅度改变，忽高忽低，忽站忽蹲，积极跑动，在犬对物品的兴奋性和占有欲被调引到最高时，再将物品抛出，犬就能兴奋积极地去衔取物品，达到训练目的。

(5) 要克服无关动作

在训练中，不少繁育员经常下意识地做一些没有必要的多余动作，而这往往是引起犬产生不良联系的根源。如在基础课目坐的训练中，繁育员下口令"坐"时，不自觉地跺一跺脚，或犬听到"坐"的口令没有做动作，繁育员一着急，跺了跺脚，犬才坐下，这时若繁育员立刻给予强化，几次后，犬就易形成看见繁育员跺脚就做动作的不良反应。

(6) 要掌握好训练时机

过量的训练会导致犬的体力下降，神经疲劳，注意力不集中，这时训练不但没有效果，反而会使犬产生厌烦和被动情绪。一般来说，只要犬的状态好、体力好、兴奋性高就可以训练。同时，切勿打疲劳战和持久战，短短几分钟或是十几分钟，只要达到训练目的，充分强化后，就可以结束训练，这样不仅能保持犬的体力和兴奋性，还有利于下一次训练。因此，繁育员要把握好训练的时机和时间，并不是说"勤能补拙"。

98. 如何引导幼犬在指定的地方定时排便？

在幼犬仍与母犬和其他小伙伴生活在一起时，就应开始教导幼犬如何在指

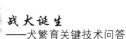

定的地方排便。幼犬会在远离自己睡床的地方进行排便，并且随着年龄的增长，这种距离会逐渐增加。幼犬第一次进行有意识排便的环境是幼犬最喜爱的排便环境，对以后的排便有影响。引导幼犬定时定点排便的方法步骤如下：

第一步，将幼犬安置在一个卫生干净的地方并逐步地扩大它的活动区域。幼犬将认识到这个地方可以作为它的"睡床"并会保持"睡床"的清洁。

第二步，教会幼犬在报纸上排便。为了帮助幼犬正确排便，可以在指定地点铺上报纸，放置幼犬的尿液海绵或部分粪便，这可以让幼犬将自身的气味与指定地点联系起来。在早期应教导幼犬在房屋外指定的排便地点进行排便，每1～2小时将幼犬带至户外，排便后先让幼犬嗅闻一段时间，勿催促其离开。嗅闻是犬排便过程中十分重要的一个过程，如果幼犬意欲进行排便前的嗅闻，可以牵着它挺住然后来回快速跑动，使用较短的牵引绳而不是可伸缩型牵引绳可以刺激幼犬嗅闻，这一系列的动作能够刺激正常犬的排便，最后幼犬将会正确排便，此时应给予表扬。当想要幼犬排便时，请将其带到同一地点，耐心地教导并给予幼犬一定的学习时间，不应过早过于热情地表扬幼犬，这样可能会打断幼犬的排便学习过程，同时使得幼犬乞求更多的爱抚。仔幼犬约8周龄时可以开始进行室内训导，在8周龄前，大部分幼犬的神经系统尚不能很好地控制排便行为。训练的目的是让幼犬到达"正确"的地方，之后才进行排便。对于幼犬来说，成功地完成"正确"的排便需要神经肌肉的控制与一定的认知，有些幼犬比其他的同龄幼犬发育水平低，这些幼犬的身体在肌肉和神经控制上无法进行正常排便，他们也会产生对排便环境的偏好，如同孩童一样。如果幼犬得到适宜的教导并且无任何身体问题，随着年龄的增加对排便的控制能力将会建立起来。同时，室内训导与粗暴的训责是完全不同的。如果按要求进行了所有训导，然而6～9月龄的幼犬仍不能完成"正确"的排便，此时必须进行进一步的医疗检查。但应注意，在犬处于兴奋状态时，少量的漏尿是正常的。

第三步，教导幼犬定时排便。除去平常的散步，在每次幼犬进食后应带着它进行持续时间为15～45分钟的活动，因为这段时间是幼犬的肠道蠕动时间，如果幼犬出现踱步、哀鸣、转圈或突然犹豫不前等，应小心谨慎，并根据幼犬的行为作出相应的举措。如果举起幼犬时它开始排尿，请用抹布盖住幼犬的生殖器官，这样可以引起幼犬排尿肌群的抑制，帮助幼犬学会正确的排尿。此外请保持地面清洁，同时应在幼犬正确完成排便后给予表扬。在幼犬玩耍、休息或睡醒后立即将其带至户外，使用报纸或小盒子训导幼犬进行排便，请记得始终将这些物品放置在同一个位置，如果幼犬完成排便，应给予表扬。在幼犬学

习在报纸上排便时，1日应进行3～4次（进食后、睡醒后、玩耍后），在幼犬
正确完成排便后给予温柔的表扬，这样幼犬才能够将正确排便与指定地点联系
起来，可奖励幼犬更多的户外散步和玩耍时间，但注意不能提前给予玩耍奖
励，因为只有事后的玩耍奖励才可以帮助幼犬认识奖励来源于正确的行为产生
后，这对于未来的教导将十分有用。然而如果奖励时间是幼犬唯一的户外活动
时间，有效的奖励机制将难以形成。如果在排便后立即要求幼犬返回室内，幼
犬可能学会尽可能延迟排便时间从而获得更多的户外活动时间。

　　最后，当幼犬意外排便时，请保持冷静，不能训斥或惩罚幼犬，只需将其
带至户外。如果幼犬正在进行不正确的排便，可以说"不可以"并表现出一些
恼怒。但是如果幼犬已经发生意外排便，则不能责怪它，请勿将恼怒与已经发
生了的事情相联系。每2小时将幼犬带到指定的排便地点，每次睡醒或玩耍后
也需这样做。大部分幼犬在排便前都会有固定的行为模式，一旦发现幼犬做出
这样举动，应立刻将幼犬带至排便地点。如果想要幼犬学会听从"指令"，必
须在幼犬排便时立即说"排便"的口令，然后给予表扬。如果在幼犬正确完成
排便后奖励其一段玩耍时间，幼犬将会更加听从指令。

🐕 99. 如何培训幼犬学会"坐、停、来"等指令？

　　所有的犬必须学会正确举止并听从主人的指令。首先学会"坐""停"与
"来"三个基本指令，并以此作为其他行为训导的基础。

　　利用食物奖励进行训导是最为简便的方法。虽然对于已经学会安静坐下的
幼犬来说食物奖励并不是必要的，但是对于专注期短的幼犬来说抚摸和表扬是
不够的，食物奖励尤为重要，因为它可以帮助幼犬集中注意力。

　　幼犬从小就可以学会在得到奖励前首先要坐下并等待。教会幼犬在进行任
何活动前（包括散步、进餐和玩耍
等）都需要坐下并等待，最快的教
导方法就是使用食物奖励。可以首
先只使用声音指令进行训导，因为
在使用声音指令的同时使用手势指
令可能会使幼犬产生疑惑。在幼犬
学会了听从声音指令后，如果还想
要幼犬学会手势指令，这时便可以
加入手势指令（图10-5）。

图10-5　幼犬服从训练

（1）教导幼犬学会"坐"

首先在幼犬自然坐下时及时给予奖励。双指持住食物，逐渐抬高手部，然后重新将食物置于幼犬面前并每隔数秒复述"坐"。此时幼犬将随着繁育员的手抬起头，然后自然坐下。当幼犬完成坐下动作时，应称赞"好"并给予食物奖励，这样就可以在幼犬大脑中建立起坐下行为与奖励之间的联系。这一过程需要不断重复直至幼犬毫不迟疑地按要求坐下。如果幼犬此前并未形成无意识的不良行为习惯，从命令到坐下通常不超过5分钟。每隔15分钟或30分钟进行一次练习有助于幼犬记忆它所学过的内容。另外，有两种教导幼犬学会坐下的简单方法：①将手放在幼犬臀部后方，当幼犬想要后退时会自然地坐下。②站在幼犬后方双脚紧贴幼犬臀部，当幼犬想要后退时会自然地坐下。幼犬学习的速度很快，在犬按照指令行动后，应立即（半秒内）给予奖励。其次训导幼犬依据指令学会坐下。幼犬第一次正确完成坐下的动作可能是偶然发生的，可以手持食物置于幼犬鼻前，轻轻按压幼犬背部，当幼犬臀部着地时复述"坐"，然后立即给予幼犬食物奖励并称赞"好"。最初无论是坐下还是躺下，当幼犬学会臀部着地时，都应视为进步并给予奖励。保持口令始终一致，当幼犬按要求正确地坐下时，可以给予更多的表扬。逐步地，当幼犬没有按"坐"或"躺"的指令正确地进行行动时，则停止给予奖励。

（2）教导幼犬学会"停"

"停"的学习相比于"坐"要困难得多。一些犬比其他犬又更难以习惯静止不动，同时主人也常常会给出一些让犬觉得是自相矛盾的肢体信号，然而自己并未认识到这一错误。最常见的就是在命令犬停住时主人自身处于移动中，这样尚未学会停住的犬就会不假思索地跟随主人。犬首先需要学会的是如何正确坐下。如果躺下对于犬更为轻松，这也无妨。关键是让犬采取能够保持自身镇静，同时将注意力集中在繁育员身体上的姿势。坐下相比站立是一种更为放松的姿势，躺下相比坐下亦然。有些犬在躺下时表现更加平静和舒适，因此他们偏好这种姿势。在要求采取任何姿势前，都要仔细考量犬的年龄、身体状况和专注的维持时间。

命令犬坐下，当它完成时给予表扬，然后说"停"并后退一小步。在幼犬试图向前移动时立刻复述"停"，当它完成时给予奖励。整个指令顺序如下："黑虎"→"坐"→"好"（奖励）→"停"→"好"→"停"（向后退一步）→"停"（原处站立）→"停，黑虎"→"好"→"停"（迅速返回）→"停"（站在犬面前）→"停，黑虎"→"好"（奖励）→"好"（让犬站立起来）。

随着犬的熟练度增加可逐渐增加距离，请勿一次就将距离由一步调整到整个房间的长度，并且无法使犬了解意图。同时过快移动也会让犬感到迷惑和担忧，这会影响最终的结果。

为了形成好行为和更快地纠正错误，可以通过轻轻拉动牵引绳使犬的注意力集中在当前的学习任务中，同时需要考虑如何让犬听下一步的指令。

请注意犬的年龄越小，它的专注期越短。随意地延长训练时间只会降低学习的效果。如果犬在训练过程中出现的错误越来越多，则应停止训练。相比于进行 30 分钟一次的训练，每次 5 分钟每天 6 次的训练效果更好。

（3）训导犬学会"来"

"来"是最容易教导的指令，因为犬天生具有好奇心，同时也乐于跟随主人。有一些犬只静静坐下注视主人，此时应用欢快的语气说出"来"并拍打自己的腿部。通过命令让犬坐下，然后将食物奖励置于犬面前来吸引犬的注意力，可以更加明确"来"的指令。

幼犬通常能够很迅速地学会向主人走来。在幼犬坐下时站在其身前，然后后退一步并说"来"，在幼犬站立起来时给予奖励并称赞，然后慢慢地移动，再拍打着腿部复述"来"的指令，同时用食物鼓励犬。

可以使用牵引绳保证幼犬不会跑开，但是如果幼犬走远并不回应"来"的指令时，可以故意忽视它，请勿猛烈拉动牵引绳或项圈。在不能表达自己意愿时犬会做出反抗动作，这会对犬的项圈部造成伤害，同时使得犬不愿意靠近主人。如果始终坚持要求犬做一些显然暂时无法完成的任务，这只会让犬感到迷惑。在几次尝试后如果仍不能引起犬的注意，则应停止训练。幼犬的专注期很短，可以间隔一段时间再进行教导。

另一种教导幼犬学会按指令走来的方法：首先让另一人握住犬的项圈或背带使它站立或坐在原处，然后尽可能快地走开，同时不停呼喊犬的名字，在离开一定距离前另一人不能有任何声音或举动，此后再放开犬。当犬回到主人身边时，应倾下身体爱抚并表扬它。此时请勿再给予其他指令如"坐"等，应满足于犬成功的表现。在同一地点重复几次，然后在不同的环境下进行"来"指令的教导。

重复指令，犬需要不断巩固学习。当它更加熟练和听话时，可以减少训导次数。在每次犬正确完成指令后给予适当奖励。在训导初期必须利用奖励让犬的注意力保持集中，此后可以逐步地减少食物奖励。请注意应该有 1～2 个让犬结束指令动作的提示，如"好"。如果在说出这些提示前犬站立起来，应要求它重新坐下和停住。犬坐下后，在停住的 3～5 秒内复述"停"指令，然后再给予奖励。这样可以避免在犬坐下而未完成"停"指令时错误地给予其奖励。

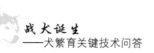
100. 开展幼犬亲和训练有哪些内容和方法？

亲和训练要遵循诱导为主、逐渐提高的原则，切忌操之过急，以防幼犬心理和生理上受到伤害。对幼犬的调教和培训，应根据不同月龄安排适宜的调教内容。

繁育员在与犬的接触中，应始终保持愉悦的心情，可以用声音来培养仔犬认主能力。要尊重犬，知晓犬的日常需求，在日程安排中抽出大部分时间与犬单独相处。

（1）亲自饲喂、梳理被毛和清洁犬舍

让犬感受到来自主人的关爱和照顾。在饲喂中可经常穿插口令，令犬感觉到主人是可以带来食物和自由的，自然就会产生对主人的依赖心理，繁育员切记不可粗暴对犬。在喂食时，边呼唤犬名和"好"的口令，边将食物放在手心喂犬，同时加以抚拍。在幼犬吃食时，还可以反复地唤犬名并说"好"，让犬更加熟悉自己的名字。抚拍和梳刷是与幼犬建立良好关系的有效办法。幼犬在成长过程中，喜欢被人揉摸它的腹部，因为它们把这一行为与母爱相联系。有些犬对抚摸和梳刷比较敏感，甚至会逃避主人的接触。出现这种现象的原因可能是犬对主人没有建立足够的信任，所以还应加强人犬之间的交流。在饲喂和玩耍的同时要经常轻抚犬，逐渐消除幼犬对主人的怀疑和不安。在梳刷时，要选用齿钝的梳子，有序地梳刷，不能倒梳或硬拽。

（2）亲自带犬散放和运动

每天放犬出门前，先呼唤犬名，后放它出来，以强化犬对主人的依恋。幼犬在1～3月龄时，相互之间不易产生伤害对方的行为，其撕咬、追逐的行为只是幼犬捕获本能的演习。繁育员除了带犬在平时的玩耍和散放中使其得到锻炼外，还应对其进行专门的体质锻炼，如每天要安排400米的跑步运动。应经常带犬到户外草坪、公园等处散放，让幼犬之间自由追逐、嬉戏，这样既可以增强犬的体质，又可促进幼犬感官的进一步完善，增强信息交流的能力，这种群体关系的社会行为是幼犬心理成长过程的重要部分。繁育员带幼犬运动时，速度和距离应由慢到快、由短到长地逐步提高，既要达到运动量又不要使幼犬过度疲劳。可以利用自然地形、地貌和训练器材，诱导犬攀登和跳跃，改善犬的心肺功能，增强犬的体质和抗病能力。散放运动一般每天不少于2小时。带犬到公共场所活动时，要求犬必须经过免疫接种，并已获得了坚强的免疫力，否则易发生传染病。利用散放时机培养犬对主人的依恋关系。选择清静的环境，让犬自由活动，当犬离开主人 20 米左右时，主人可呼唤犬名和"来"的口令，同时蹲下来拍手，逗引犬前来。也可事先准备食物诱引犬前来，并用"好"的口令结合抚拍来奖励犬。

（3）亲自与犬做游戏活动

游戏伴随着幼犬成长的全过程，当幼犬对主人依恋关系建立后，可通过不同的游戏培养犬符合训练要求的行为特性。利用拔河和争夺玩具游戏培养幼犬对物品的占有欲。适当地搞一些捉迷藏游戏，既能增进幼犬对主人的依恋，也能锻炼犬对不同环境的适应。每次游戏结束后，要用对话或抚拍的方式与犬交流，促进犬健康心理的发展和游戏欲望的提高。

101. 如何训练幼犬对声、光和环境的适应性，增加幼犬的胆量？

幼犬是随着视听器官的逐步发育与个体意识的逐渐苏醒而开始逐渐探求和适应外界环境的。

幼犬 5 周龄以内，基本上以群居为主，在犬房内一起随着母犬活动，不敢涉入外部环境，不敢通过各种自然障碍。幼犬 5 周龄以后，个体意识开始萌芽，敢于探求自然环境，敢于通过简单自然障碍，攀爬各种沟坎及小坡等。幼犬 7 周龄时，完全可以独立在户外做一些简单的活动。

（1）幼犬的环境锻炼

应从清净的环境开始，逐渐转移到复杂的环境。先白天，后夜晚；先到熟悉的环境，后到生疏的环境。可以有计划地穿插枪炮声，烟火，灯光，车马、机动车辆的声、光，以及一些犬不常见的物体一起进行锻炼，逐渐使之习惯。对声、光和环境的锻炼，要由小到大、由弱到强、由远到近地进行，严格遵守"循序渐进，由简入繁"的原则，绝不能搞突然袭击。对幼犬不常见物体的锻炼，要自然进行，千万不能生拉硬拽，强迫犬去靠近它生疑而不敢靠近的物体，只能慢慢地去诱导接近，用"好"的口令鼓励，给予美味食物和抚拍，使幼犬消除被动防御反应或探求反应。在环境锻炼中，对探求反应较强和胆小的犬，特别需要耐心、持久地进行。锻炼少了，往往不起作用，急于求成也达不到锻炼的目的。在锻炼中，要细心观察犬的行为表现，以便见机行事。

（2）增加幼犬的胆量

主要是培养幼犬的进攻性。幼犬进攻性的培养必须在他人的协助下进行，常利用幼犬先天具有保护食物的行为、陌生人的挑衅和群犬的助威来进行调教。

1）利用幼犬先天具有保护食物的行为培养幼犬的进攻性　把幼犬拴系好，并在其旁边放上一盆植物，安排一个陌生人牵引一只犬靠近食盆。幼犬出于护食的本能而发生狂吠。主人应立即表扬犬，同时赶走陌生人，把食盆送给幼犬进食以示鼓励。

2）利用陌生人的挑衅和群犬的助威来激发幼犬的进攻行为　利用多只犬成圆弧形站立，由穿着破旧服装的陌生人手拿棉布条、树枝或麻棒不停地挑逗。当犬出现吠叫和追逐表示时，适时将棉布或麻棒给犬进行撕咬并扯拉。此时主人应发出"好"的口令，用手轻抚全身以示奖励。对于胆小怕事的幼犬，主人要不断地给予奖励，让它们通过观察同伴的撕咬过程来增强信心，提高进攻欲望。这种培训每次都要让幼犬获胜而告终，以促进它的进攻欲望。

102. 如何训练幼犬乘坐交通工具和游泳？

在军（警）犬执行多样化军事任务时，经常会遇到车辆、舰船、飞机等工具的运载和游泳。有许多犬对此很不适应，有的甚至晕车呕吐，严重影响了犬的精神状态和工作质量。

在幼犬时期就应该进行必要的乘坐交通工具锻炼。最初可把幼犬领到交通工具旁边，将它们抱上交通工具，让它在交通工具上活动片刻，使之慢慢习惯，然后再开动交通工具，并缓缓行驶，而后再逐渐加快。行驶的距离要先近后远、路面先好后坏、时间由短到长。主人在整个乘坐交通工具的过程中要与幼犬在一起，给予安慰和鼓励，并注意观察犬的表现。如遇幼犬晕车呕吐，应及时停车，带幼犬下车散放片刻，必要时可服用晕车药物。

当环境气温达到20℃以上时，可以通过游泳来达到运动的目的，游泳对提高犬的运动能力方面具有比较明显的作用。此项运动需要有一定的场地设备，并且要对游泳池进行认真消毒和管理。游泳过程中要注意犬耳进水后须及时进行处置。游泳后还要让犬进行适度的跑走运动，以及沥干被毛中的水，防止犬受凉。

103. 如何帮助幼犬改变不良习惯，组织禁止训练？

在幼犬培养和调教过程中，也会带来许多不良习惯。繁育员应理解这些毛病产生的原因，寻求解决方法，切忌生气和斥责。

犬在训练中突然挣脱牵引，不听主人的呼唤，跑回舍内，这是犬害怕新环境、逃避锻炼的一种常见现象。因此，在平时的锻炼和调教中应融入大量的游戏和鼓励，使学习变得轻松愉快，把压力降到最低限度。幼犬都有随地捡食的坏习惯，任其发展下去，不利于它们的健康成长，应该帮助它们改变这种坏习惯。纠正的方法是：预先在路两旁放好食物，然后牵引幼犬自然接近，并注意观察犬的表现。当幼犬看到食物欲张口捡食时，立即下达"非"口令，同时急拉牵引绳刺激犬。幼犬随着勇敢性的培养而越来越具有攻击欲望，随之也会产生无故追咬人畜的不良行为。平时要有意识地带犬到人群和家畜旁行走，如犬有进攻行为时，应以牵引绳扯拉刺激，纠正后即给予犬抚拍和"好"的口令奖励。如此反复锻炼，让犬逐渐适应人畜，直到不会产生激烈反应为止。

禁止是制止犬不良行为的一种手段（图 10 - 6），是通过"非"的口令与强机械刺激相结合来实现的。首先应注意防止消退。"非"的口令是禁止不良行为的条件刺激，要想使它始终保持强烈而有效的抑制作用，就必须经常伴以强的机械刺激予以强化，这样才可以防止减弱或消退。其次刺激和奖励要及时。当犬有犯禁的欲求表现时，应立即予

图 10 - 6　幼犬禁止训练

以制止，等事发后再教训犬是徒劳无用的。要掌握"非"的口令和猛拉牵引带刺激的时机，不能过早或过晚。在日常管理和训练中，要随时注意观察犬的行为表现，才能及时制止不良联系。当犬的不良联系被制止后，其抑制后的作用将会影响科目训练。只有及时给予奖励，才能缓和犬的紧张状态。在制止犬的不良行为时，繁育员的态度要严肃。但不得以制止为名，对犬打骂体罚。禁止犬的不良行为要善始善终。因为即使某些不良行为被纠正了，还会出现或产生新的不良行为。

104. 如何培育幼犬衔取兴奋性的能力？

受遗传基因的影响，犬天生具有猎取反射。为了下一步的训练工作，在幼犬阶段一定要强化这种能力。常以游戏的方式用幼犬感兴趣的物品（袜子、软布条、树枝等）逗引幼犬撕咬，扮假抢样，但一定要以幼犬的"胜利"结束。

建立幼犬的自信心，培养幼犬对衔取物品的兴奋性。衔取能力的强化可为将来训练追踪，犬由物品兴奋向气味兴奋转化奠定基础（图10-7）。

图10-7 幼犬兴奋性训练

幼犬从28日龄时开始接触衔取物品，物品包括小帽、手套、塑料、海绵、弹球、乒乓球、毛线球、娃娃等。通过衔取的观察和测试发现，幼犬衔取是由静至动，这与幼犬视觉发育过程表现相一致。在物品方面，犬经过选择，开始逐渐喜好较轻而软的物品。对乒乓球等易滚动的物品是追而不衔。

仔犬的兴奋性高主要表现在灵活好动，好挑逗其他犬或人，喜欢撕拉物品。兴奋性的培养主要是通过人犬之间或犬与犬之间的游戏培养出来的，繁育员可用毛巾等物品与犬进行拔河游戏，但记住每次都要让犬赢，也可让犬之间互相撕拉物品。

要分阶段培养幼犬衔取能力：

第一个阶段：幼犬在群体生活的时期。此阶段的重点应放在培训犬衔取的兴奋性和积极性上。应抓住犬的模仿行为和学习行为，以及喜爱追逐游戏的特点进行训练。由繁育员承担幼犬培训人员，训练时主要采用"钓鱼"的训练方法。先用绳系住布条以钓鱼形式来逗引犬，被逗引的犬最好为3～6只。当某只幼犬衔住布条时，培训人员应立即让犬撕咬布条，并稍用力扯绳，这时另外几只犬会主动上前争衔布条。让犬稍作撕咬玩耍后，培训人员应取下布条，重新再次逗引犬，但应让另外衔取兴奋不高的犬衔住，再让其他犬争着与它抢衔布条。幼犬培训人员应多变换物品（仍以网球或布条等软物品为主）。培训人员应注意不但要提高犬衔取多样化的能力，而且要注意均衡发展每只幼犬的衔取能力，使他们的衔取能力共同提高。按此方法经过一段时间的训练，大部分犬的衔取兴奋性和积极性可得到一定程度的提高。注意：①初期训练应选择如布条等软物品。②幼犬培训人员主要以"钓鱼"训练为主，抛物为辅。③幼犬培训人员态度和蔼，声音要温和，吐字清晰，忌用训斥的音调，更不能恐吓或惩罚犬。④当训练中犬吃腐败物时，幼犬培训人员应及时将其带离，并更换场地。结束后，尽快清除杂物并检查犬。⑤对于喜欢咬架或占有欲强的幼犬，幼犬培训人员应对其特别爱护并鼓励其行为，特别培养。

第二阶段：幼犬在分窝后的时期。幼训人员在此阶段应加强训练幼犬的衔取物品的持久力和咬合力。培训人员可运用"拔河"的形式，与犬争夺物品，做游戏训练，不断增强犬对物品的占有欲和衔取力量。在训练中，幼犬培训人员应视犬的衔扯力量，以略小于其力量的原则与犬做拔河游戏。开始动作宜小，时间不宜长，当犬得到物品后及时给予充分奖励。培训人员应通过不断训练，逐步加大动作幅度和力量，以犬随力为准。经过一段训练，幼犬的衔取能力就会有很大提高。注意：①物品宜用哑铃、木棒等物品。②在做"拔河"游戏时，最后应以犬获胜而结束。③培训人员须多奖励幼犬，声音响亮，且充满喜悦的心情。④在培训幼犬时，要坚持循序渐进的原则。⑤场地应选择空旷、清静和气味不复杂的地方。⑥训练时间多选择在清晨或晚上。

总之，幼犬培训人员应有高度的事业心和责任心，并能够充满激情、坚持不断地培训幼犬。

105. 如何开发和培训幼犬的感觉器官功能？

犬的感觉行为是犬最基本的行为构成。

(1) 嗅觉

犬具有非常敏锐的嗅觉能力，并且能在复合气味中区别出某一特殊的气味，同时嗅觉也是犬认知世界的主要手段。从出生时开始，犬即能感受到气味存在。犬的嗅觉行为是随着犬的活动能力而逐渐体现的。

1）判断仔犬的嗅觉能力 常用将熟牛肉放在仔犬鼻镜前让其嗅闻，观察其反应，了解仔犬利用嗅觉找寻食物的能力，判断仔犬嗅觉的发育状况。仔犬35日龄前对主人放在其鼻镜前方的熟牛肉没有意识，表明此期仔犬利用嗅觉的意识还不足。仔犬40日龄后，在散放游戏过程中出现用鼻子闻嗅各种接触物体的行为，表明此期仔犬已具有利用嗅觉的意识。仔犬45日龄后能利用嗅觉找寻主人手中的熟牛肉，表明此期仔犬已具备一定的嗅觉能力。

2）增强仔犬的嗅觉能力 在幼犬培训初期，犬对外界各种新的环境充满着好奇和探求，如果掌握好时机，运用正确的方法加以诱导，会让犬养成细致嗅认的好习惯。可用食物刺激幼犬，在幼犬饥饿的状态下，把它最喜爱吃的食物抛撒在草地上，让幼犬通过嗅闻来找食物，并通过食物的奖励作用，不断提高嗅寻的兴奋性。或利用幼犬喜爱的物品来培养嗅寻能力，用物品逗引后抛到草丛中，鼓励犬通过嗅闻搜寻到物品。随着幼犬嗅寻能力的提高，尽量减少食物刺激，尤其是后期，一般都采用隐蔽式抛物衔取的训练来培养犬搜寻的积极性和耐力。

3）注意的问题　仔犬 40 日龄前培养嗅觉功能效果不明显，45 日龄后可以开展仔犬嗅闻训练。避免使用刺激性气味让仔犬嗅闻，防止仔犬对气味嗅闻产生抑制。

（2）听觉

听觉是犬认知世界的主要手段，犬的听觉很敏锐。声波频率在 250 赫兹以下时，犬和人具有相同的听觉能力；但当声波频率在 250 赫兹以上时，犬的听觉极限能力要比人类强得多，犬能感觉到超声频率的极限值为 7 万～10 万赫兹，远远超过人类。

1）测试听觉能力　通过主人呼唤来观察仔犬的表现，发现仔犬在出生时对主人的呼唤没有任何反应，说明此期仔犬没有听觉。仔犬 12 日龄后才出现抬头或聆听表现。幼犬从第 3 周开始有了微弱反应。幼犬 4～5 周龄时对 5 米远处熟悉人的声音表现出倾听和注视反应。幼犬在 6 周龄以后开始关注外界各种声响；45 日龄后主人与他人同时呼唤仔犬时能回到主人身旁，说明此期仔犬对声音已具有一定的辨别能力。

2）增强听觉能力　主人呼唤仔犬时声音要柔和，避免因声音大而对仔犬造成刺激。主人要多呼唤仔犬，提高仔犬对声音的辨别能力。带犬出犬舍时主人要多用语言对仔犬进行奖励，促进仔犬胆量的提高。仔犬的衔取物品选择带声响的玩具，以提高其衔取游戏的兴奋性。

（3）触觉

触觉是动物机体发展最早、最基本的感觉，也是分布最广、最复杂的感觉系统，是仔犬认识世界的主要方式。触觉系统首先感应到的部位就是皮肤，每只仔犬的皮肤接受程度不一，传递信息的速度也不一样，所以给予感觉刺激必须因犬而异。多元的触觉探索，有助于促进动作及环境适应的发展。

1）判断触觉能力　通过对仔犬运用触觉去认知新鲜事物或环境的观察发现，仔犬的触觉发展会随日龄的增加而逐渐扩展。仔犬 20 日龄以前，其触觉发展主要以反射动作为主，这些反射动作都是为了觅食或自我保护。仔犬 25 日龄以后，可以将反射动作加以整合，利用嘴巴与四肢去探索周边环境，并感受到各种触觉的不同。仔犬到 35 日龄时，其触觉发展已经遍及全身，会用身体各个部位去感受刺激、探索环境。仔犬 45 日龄时，对触觉定位越来越清晰，开始分辨出所接触的不同材质。

2）增强触觉能力　要对犬体皮肤进行抚触刺激，促进仔犬神经系统的发育。利用仔犬运用触觉认知周边环境，降低仔犬对陌生环境的焦虑感，提高其胆量。经常带仔犬到犬舍外运动，除增加其触觉刺激外，对提高其运动的平衡性、协调性和敏捷性具有很大帮助。

（4）视觉

幼犬在出生后 2 周左右睁眼，但表现为目光呆滞。20 日龄时能利用视觉回到母犬身边。30 日龄时可以利用视觉追寻同伴进行游戏玩耍。40 日龄后可以追赶运动的网球等物品。到 45 日龄以后具备盯着运动网球的能力，同时可以运用视觉衔回静止的网球或玩具娃娃。直到 6 周龄，视网膜才有较为完全的分辨力。犬的视觉发育情况，主要表现为视线范围的扩大和视觉敏锐性（即捕捉运动物体的能力）的增加。

仔犬对色彩的感知能力较差，有效视觉距离短，表现在仔犬衔取同时放在地面上的红色、黄色及绿色三种颜色网球的频率相差不大，45 日龄时对抛出 10 米外运动物品的找寻能力不强，同时对站在 10 米外不发声的主人也发现不了。

对于犬视觉敏锐性的判定，可通过在犬双眼的正前方左右移动物体和在犬眼前滚动物体的办法来进行。犬在 15 日龄前，尚未睁眼；在 15～20 日龄时，视力范围很弱，基本上看不到周围物体，不作反应；在 20～28 日龄时，视力范围 1.5 米左右，只是注意身边，不抬头看，对眼前移动物体无注视反应；在 29～40 日龄时，视力范围 5 米左右，开始抬头看；37 日龄左右时对眼前晃动物体有注视反应，对身边滚动物体有追逐现象；在 41～60 日龄时，视力范围大于 5 米，不再局限于身边，关注周围动静，并作出反应；42 日龄左右时，能看见 5 米开外滚动的物体。在对不同发育阶段犬的视力范围作出评估时，可通过用眼睛观察犬的注视范围和在犬舍不同距离摆放醒目标志的办法进行测试。

106. 如何训练幼犬的嗅认能力？

（1）目的

嗅源是供犬嗅觉作业时使用的气味，是犬追踪、鉴别、搜索等使用科目的依据。犬对嗅源气味感受的好坏直接关系嗅觉作业的成功与否。

在鉴别训练中，如果犬不是积极充分地感受嗅源，就不可能对所求物气味产生兴奋，不能对鉴别形式中的配物产生抑制，就会出现犬在形式中对不上号、乱反应或不反应等情况。

在追踪训练初始阶段，倘若犬未形成巩固的嗅嗅源能力，犬就不能对嗅源气味形成记忆，不能突破起点，区别诱惑线，完成追踪训练。

在搜索训练中，犬没能对嗅源气味仔细感受，就不能形成"记忆"，犬就不能按繁育员的意图完成搜索。

（2）要求

犬根据繁育员的指挥，指哪嗅哪，指几次嗅几次，在嗅认过程中不张口衔、舔、扒嗅源。

犬积极主动，充分细致感受嗅源，并对所感受的嗅源气味产生兴奋。

嗅嗅源只有达到以上要求时，犬才能在中枢神经对嗅源气味产生"记忆"，并在猎取欲的驱使下完成嗅觉作业。

（3）方法

嗅嗅源的训练方法很多，如创造新异刺激，利用犬的探求反射来完成嗅嗅源训练。结合犬嗅觉作业的特点，嗅嗅源训练大致可分为以下多种方式。

1）嗅平面物品嗅源训练　预先布设几个地方，然后牵犬走进其中一个物品，当犬有探求时立刻发出"嗅嗅"的口令，同时用镊子指向该物品，令犬仔细嗅闻，并及时奖励。按此方法反复训练，当犬能认真嗅闻某一物品且不扒、衔、舔，条件反射即形成。当犬形成嗅平面物品嗅源的基本能力后，要利用犬的"猎取反射"进行嗅嗅源完整能力的培养，要求犬嗅嗅源积极兴奋。训练前准备好 6～8 个主人气味物品，他人气味物品 4～6 个。第一步，采用嗅、追、抛结合。当犬嗅完嗅源后，繁育员立即将嗅源夹起挑逗，抛出，令犬衔取，这样犬很容易将嗅嗅源和衔取联系起来。第二步，采用嗅、追、藏结合。当犬嗅完嗅源后，繁育员立即将嗅源夹起挑逗，在犬最兴奋时，让犬延缓，假藏嗅源物，令犬搜索所求物。这样犬就能联系嗅源气味，积极搜寻与嗅源气味相同的所求物。

2）嗅罐内嗅源训练　繁育员先将一嗅源罐藏在犬比较熟悉的环境，同时选好嗅源物置于罐内，牵犬直接指嗅，犬由于受罐的引诱，想去探求究竟，一般犬均能比较顺利嗅闻。个别的犬对鉴别罐恐惧，这时可用鉴别罐给犬喂食的方法，让犬对鉴别罐消除恐惧，见到鉴别罐就比较兴奋；也可用花盆来过渡，将花盆倒扣在地上，里面放上犬喜爱的物品或食物，犬只有通过嗅闻花盆底端的一个孔方可能发现物品或食物，同时不失时机地下达"嗅嗅"的口令，这种方法可为下一步在形式中隐蔽式嗅嗅源打下基础。在鉴别训练的提高阶段，常会出现犬嗅嗅源粗糙，对嗅源罐注意力不集中等问题。原因可能是繁育员长时间采用同一物品、同一气味、同一方式嗅嗅源。这些单调的反复对犬来讲不再属新异刺激，没有探求欲望，可以通过改变嗅嗅源的方法、形式来解决。

3）隐蔽式嗅认嗅源训练　摆放好形式后，当犬面将一花盆扣在嗅源罐上，犬对新异刺激产生探求，由于花盆底端的孔很小，犬鼻子插不进去，只有在小孔上一次"深呼吸"。在猎取欲的驱使下，进形式中找到所求物。这种主动嗅嗅源犬记忆很深，鉴别训练当然很容易完成。

4）对比法嗅认嗅源训练　摆放好鉴别形式后，取一空罐，敲击嗅源罐并摆放好，犬对空罐很专注，嗅闻没有气味，接着在嗅源罐中找到了气味，犬对嗅源气味产生兴趣，就可以达到目的。

5）两次交待嗅源法训练　准备两个嗅源罐，一个放在鉴别室门口，另一个以鬼祟动作故意藏在隐蔽处令犬衔取，犬出于探求本能，找到嗅源罐后强化产生兴奋，形成"记忆"，带到鉴别室门口再次交待嗅源，犬自然会主动嗅认，自然进形式。

6）嗅平面区域气味嗅源训练　平面区域气味是在某一区域的嗅源气味与平面其他部位的普遍气味明显不同，主要是指足迹气味和擦痕气味。繁育员带犬活动时，左手牵犬，右手或右脚在地面上做一个擦痕，此动作容易引起犬的探求，犬嗅闻后也确实找到与众不同的气味，既满足了自己的好奇心，又得到了主人的奖励。在追踪训练前有必要巩固一下犬嗅平面区域气味的能力。通过布设哑铃形气味带和布设小洞穴等方法的训练后，能使犬对嗅源产生嗅认的积极性，并对嗅源气味产生兴奋，为嗅觉作业打下基础。

7）布设哑铃形气味带进行训练　布设哑铃的两个头大小可以灵活设置，作为嗅源的一头可适当小些，直径30～40厘米；埋有物品的一头可适当大些，直径60～70厘米。中间连接两头的气味长度灵活控制，原则是保持犬的兴奋性，目的是犬必须通过仔细嗅闻才能得到物品奖励，同时也让犬明白联系嗅源气味找物品。布设哑铃形气味带其实就是一次简单的追踪训练。

8）布设小洞穴进行训练　布设小洞穴，也就是隐蔽式嗅嗅源，专门为培养犬嗅平面区域气味嗅源而设立的。训练前先设几个直径10厘米的小洞，能装进物品稍大点为宜，感染上主人气味、他人气味，埋好后用手或脚做上擦痕。牵犬在附近游玩，通过指嗅、自由搜索等方式来培养、巩固犬的嗅平面区域气味能力。布设的嗅源不是每一处每一次都埋有物品，最后要达到的要求是指哪嗅哪、指几次嗅几次。

十一、管理是贯穿繁育工作全程的重点，也是军（警）犬形成战斗能力的重要基础

107. 军（警）犬管理应当坚持什么原则？

军（警）犬管理工作应当贯彻依法治军、从严治军方针，以加强军（警）犬工作正规化建设为核心，坚持制度规范、服务为本，建立和保持正规的军（警）犬工作秩序。

编配军（警）犬的部（分）队，应当结合实际开展爱犬教育，加强军（警）犬文化建设，引导官兵强化爱犬护犬意识，培养官兵与军（警）犬的战友情谊。

108. 军（警）犬档案包括哪些内容？

军（警）犬档案是记录军（警）犬基本情况，通常包括血统、生长发育、卫生防疫、幼犬考察、能力考核、作业情况、种犬繁殖性能、发病治疗、调动、死亡登记等情况的系列文件。填报的内容包括某只军（警）犬从出生至死亡的全部重要信息。为了对军（警）犬进行科学规范管理，对于符合建档条件的编制军（警）犬都应当建立档案并进行统一编号。军（警）犬档案建立的时机通常选择在幼犬 3 月龄前后，即在基础免疫建立完成之后，仔犬转入幼犬阶段管理的时期。各种表格的填写或信息的录入，均需按相应的要求如实完成。档案的管理应由专人负责。各类记录需要及时并不断的更新、补充和完善。

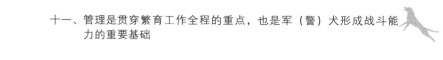

109. 军（警）犬耳号和芯片是如何编码的？

（1）刺青耳号

作为身份识别的基本依据和代码，通常在幼犬建立档案时进行，或者根据情况可先编制耳号，择时刺青，但至少在 4 月龄之前完成。刺青的部位通常选择在右耳内侧，由上至下读数。该方法比较传统，其优点是简单易行且经济直观；缺点是过程较长，有一定疼痛感刺激且不能保证编码的唯一性。

耳号通常由字母与数字按一定顺序编排。刺号要用军（警）犬专用耳号钳及其附带的数字码和字母码，还要有专用染色油。根据犬的大小，先由 2～3 名助手将犬固定，为防止咬伤，可以给其戴上口笼等防护用品，再用酒精对耳内侧擦拭消毒及清理污垢，防止创面感染。准备就绪后由助手拉住犬耳，使其耳部展开，操作者左手握住耳根部，右手用耳号钳将字母一侧放置于耳内侧平面光滑处，有力而迅速地压合耳号钳，而后马上松开耳号钳，并用准备好的专用染色油涂抹于刺青处，涂抹时要均匀，使染色油渗入皮肤内，多余的染色油不必擦掉，会自行脱落。为防止错打，可以把编号的数字和字母反排在耳号钳上并固定好，取一张纸，用耳号钳在上面夹一下，检查是否正确。整个过程需 3～5 分钟，个别犬可能会因局部疼痛而导致耳朵暂时不能挺立，几天后便会恢复。在此期间，刺青处会伴有水肿现象产生，炎症消除后会自行消肿。刺号后，幼犬会产生疼痛和恐惧，主人要及时给予安抚，尽快消除其被动防御状态。

（2）电子芯片植入

在为幼犬建立档案时，可以与单独植入电子芯片或结合刺青耳号同时进行，作为身份识别的基本依据和代码。植入部位通常选在犬侧背颈部的背中心线稍微偏左侧的皮下。查证时用电子读译器读取电子编码。该方法比较先进，其优点是编码准确、刺激较轻且过程简单；缺点是成本较高、不能直观读取且需要一定技术手段。在进行植入操作前，不要急于开启密闭的芯片及植入器塑封，需要检查密封是否完好，并用电子读译器确认芯片的号码，确认塑封完好并同装标贴的号码一致后，方可进行下一步操作。根据犬的大小，先由助手将犬固定，为防止咬伤，可以给其戴上口笼等防护用品，再用酒精对准备植入部位消毒及清理污垢，防止创口感染，如有必要可将毛发剃除再进行消毒。进行植入时，先将密封包装打开，务必将针头朝下，取掉植入器针上的盖，使用前应避免不要碰到管塞，防止针头伤到人或芯片脱落，如碰到其他地方会失去杀菌效果。针头整个插入皮下，管塞压至不动为止，植入芯片后，要确认芯片确实植入皮下，拔出针头后，用读译器读取号码并确认，使用后将针头盖上废弃。最后将编码贴条粘在档案适当位置作为记录留存。

110. 军（警）犬如何进行注册登记？

军（警）犬应当进行注册登记，由饲养单位主管机关填写《军（警）犬注册登记表》，装入军（警）犬档案。经过注册登记的军（警）犬，由饲养单位在规定犬体部位植入电子身份芯片、完成耳号刺青，配发制式胸牌，并将相关信息逐级上报备案。《军（警）犬注册登记表》、电子身份芯片、耳号、胸牌是确认军（警）犬身份的依据。

111. 军（警）犬日常管理应注意哪些事项？

（1）散放运动

1）散放　指让犬到犬舍外自由状态下做适当的活动。充分而正确的散放，可以增强犬的体质，调节犬的神经活动，使犬熟悉外界环境事物，养成良好习性。散放通常在长时间的舍内休息或喂食之后进行，可使犬在舍外活动的同时排大、小便，让其养成不在舍内排便的良好习惯。散放前要注意检查牵引带、脖圈的牢固程度，防止因犬用力而挣脱。不要随意将犬放开，杜绝犬咬架、咬人、咬牲畜等问题发生。不能友好相处的犬，或同一性别的两只犬，最好不要同时牵出散放。异性犬很少咬架，公母犬如搭配散放，可以减少咬架的机会，增加散放量。母犬发情期间，应单独进行散放，不要在训练场地活动和逗留，防止发情气味干扰公犬的训练。在发情高潮期，更应注意精细管理，严防私自交配。在与犬进行亲和训练的过程中，为促进犬的依恋性，多采取散放形式与犬加强接触。没有训练任务的军（警）犬，每天应当散放2～4次，每次的时间可根据各类犬的具体情况安排，总的时间每天不应少于2小时。

散放运动时要注意观察犬的精神状态、行为举止以及粪便排泄等方面变化。散放运动的过程是培养犬良好习惯的机会，应及时制止犬随地拣食和追咬动物的不良行为。加强环境锻炼，让犬习惯于常见的事物和声音。在公路周围活动时，要注意避让车辆及行人，制止犬追咬企图，防止发生交通意外。放犬途中，不要去人群聚集场所（包括市场、商店、邮局、居民区等），避免扰民

问题，防止发生军民纠纷。牵引带、脖圈等装具用完后要妥善保管，不能让犬
带入犬舍内。防止犬咬坏、吞食牵引带或皮脖圈。严禁军（警）犬参加狩猎活
动，当发现犬有追咬动物、撕咬衣物、牵引带等不良行为时，应当立即制止。
将犬关入犬舍后应闩好门栓，必要时应当上锁。管好犬舍门窗，防止跑犬或
失窃。

2）运动　指犬以奔跑为基本形式的较大活动量的各种体力锻炼方式。运
动可以增强犬各器官的活动，使犬的肌肉发达，行动敏捷，防止驰骋力退化，
有利于促进新陈代谢和增进食欲，提高种犬配种能力。运动量和运动方法可根
据犬的体质、年龄、气候等不同而有所差异。运动量应当与犬体躯大小成正
比，而运动量和速度则应成等比级数。例如，当速度提高到 2 倍时，其运动量
则达到 4 倍；速度提高到 3 倍时，运动量相当于 9 倍。但这种计算方法也不是
绝对的，长时间过快速度容易产生损伤，而过慢又浪费时间，因此，应当根据
犬的体质和年龄制订相应的速度和运动量。犬运动的方式多种多样，可以骑自
行车带犬运动，也可以抛物（如训练球等）让犬衔取等，只要是能让犬奔跑起
来而达到运动目的，且有利于犬健康的方式都可以采取。

（2）保持犬身整洁

犬的皮毛很容易被灰尘和其他脏物所污染，为了保持军（警）犬的外貌整
洁和健康，防止皮肤病和体外寄生虫病的发生，必须经常进行犬身整洁工作。
犬身整洁一般包括梳刷、洗澡、五官的清洁、脚爪的整洁等几个方面。

1）梳刷　有助于促进犬体皮肤的血液循环，促进皮肤及犬毛的代谢，增
强皮肤的防护能力；也便于发现皮肤外伤、肿胀等，有助于健康检查。

① 梳刷工具：主要包括梳子、毛刷、毛巾等。应当做到每犬一套，保持
清洁，定期消毒。

② 梳刷方法：先用手反复为犬搓擦松动的被毛，之后用刷子刷犬的体表，
再用梳子将附于皮毛上的脏物及脱落的被毛梳去，用刷子将所有脱落的被毛和
脏物清除干净。最后用毛巾擦拭全身，整理好犬体的被毛。梳刷要顺着毛的方
向由前至后，轻轻梳刷，不要太深、过于用力，以免使犬感到疼痛而逃避。特
别注意不能让犬自行舔嚼梳下来的被毛。梳齿不宜太尖，防止划伤皮肤。军
（警）犬通常每天梳刷一次。

2）洗澡　是消除皮毛污染，促进新陈代谢，防止皮肤病，保持犬体清洁
的有效方法。

通常在犬用洗澡机、专用游泳池，以及可以游泳的江、河、湖中进行。剧
烈运动后不宜立即洗澡，洗澡时先将犬体淋湿，再用犬用浴液涂满全身，最后

用清水冲掉浴液，并立即将犬全身擦干，避免着凉引起感冒或皮肤病。洗澡不宜过频，以春秋每季两次、夏季每月一次为宜，冬季无条件时可不洗。

（3）五官的清洁

1）眼　在清洁犬体时，如果发现有眼屎形成，就需要对犬眼睛进行检查。眼屎可提示眼的疾病、损伤或其他疾病。若仅一只眼睛有眼屎，则可能是由于局部因素引起的，基本上没有严重的影响。如果眼屎长时间不清除，容易形成溃疡。通常可用一个棉球，浸上清洁的温水，清洗眼睛并除去眼屎。必须小心操作，防止损伤眼睛或导致继发感染。当无法确定成因时，需就诊治疗。

2）耳　在清洁犬体时，应当检查耳道有无感染、异物或赘生物。如果怀疑有感染，不要随意处置，要及时就诊治疗。耳道表面经常会有一些灰尘或分泌物，为了保持耳道清洁，可用棉球浸上清洁的温水擦拭，但注意不要让水流入耳道，以免引起耳道感染。

3）鼻　正常情况下，犬的鼻子应凉而湿润。若犬鼻稍热或干燥，通常可以提示犬的健康状况不良。犬在进食后，一般会主动清洁干净沾在嘴及鼻周围的食物。如果犬没有清洁或清理不干净，应用干净的毛巾帮助其擦拭干净。

4）牙　牙齿应当保持清洁，无明显牙垢，牙龈粉白，牙床坚固。如果牙齿松动或出现其他异常，应及时就诊治疗。通常牙齿疾病是由饲喂不当、采食不当、机械性损伤及某些疾病所引起。在条件允许的情况下，可用轻软的牙刷涂上牙膏进行刷洗，以保持牙齿的清洁。让犬经常啃食合适的骨头或饲喂适宜的颗粒饲料均有助于防止牙垢形成，保持牙床牢固。

（4）脚爪的整洁

通常情况下，保持良好运动习性的犬，趾甲由于锻炼过程中的自然磨损而不需要过多修剪。往往是运动较少、管理不当的犬会形成过长趾甲。当趾甲过长时，在活动中可能导致趾甲损伤、行走不适、姿势不良。尤其在坚硬的地面上更为明显，还可以听到摩擦音。所以应当保持经常运动并适时给犬修剪趾甲。修剪时可用专用剪刀或医用剪刀。注意不要剪得太短，以防损伤其他组织。

另外，当犬发生跛行时，必须对犬爪与肉趾进行检查。肉趾的疼痛常由下列因素引起：过度摩擦造成的损伤、接触腐蚀性或刺激性物质、被玻璃及金属锐物划伤、被针状树叶刺伤等。所以要经常检查肉趾，及时清除异物。当发现损伤或伤情不明时应及时就诊治疗。

112. 军（警）犬犬舍内务设置有什么要求？执行任务时有什么要求？

① 军（警）犬犬舍内务设置应当满足饲养、训练、战备等需要，符合卫生和安全要求，因地制宜，整齐划一。军（警）犬犬舍物品摆放由连级以上单位统一。保持军（警）犬体重体尺适宜、仪容仪表整洁。除作战执勤、战备训练、伤病治疗等需要外，不得改变军（警）犬体型外貌和毛色特征。严谨侮辱、体罚、虐待军（警）犬。

② 配备军（警）犬的单位，应当按照有关规定，保持正规的军（警）犬战备秩序和战备状态。按照"三分四定"要求，储备军（警）犬专用装具、饲料、食具、医疗用品等军（警）犬战备物资。

③ 军（警）犬执行多样化任务时，使用单位应当做好军（警）犬的运输、食宿、医疗等相关保障工作。远距离输送军（警）犬时，公路输送应当使用专用车辆，铁路、航空、水路输送应当使用制式笼具，输送途中必须有军（警）犬专业人员伴随保障。

④ 军（警）犬到达任务点时，指挥员应当把握使用时机和作业强度，加强军（警）犬行为管控和隐蔽、伪装、防护，及时清除粪便、气味等暴露征候，确保行动安全。做好防暑、防寒、防疫病、防意外伤害等工作，及时救治负伤和患病军（警）犬。

⑤ 军（警）犬完成任务后，带犬官兵应当及时评估军（警）犬作业能力并登记存档。

113. 对军（警）犬有哪些奖励？

在执行任务中表现突出的军（警）犬，根据有关规定应当给予奖励。

① 奖励项目包括三级功勋犬、二级功勋犬、一级功勋犬。依次以三级功勋犬为最低奖励，一级功勋犬为最高奖励。对获得三级功勋犬、二级功勋犬、一级功勋犬奖励的军（警）犬，分别授予三级功勋犬奖章、二级功勋犬奖章、一级功勋犬奖章。

② 军（警）犬在完成任务中，事迹突出，有较大贡献的，可以授予三级功勋犬；功绩显著，有重要贡献的，在战区级单位有重大影响的，可以授予二级功勋犬；功绩卓著，有特殊贡献，在全军、全国或者国际上有重大影响的，

可以授予一级功勋犬。

③ 三级功勋犬、二级功勋犬、一级功勋犬的奖励决定，由具有批准权限的单位以通令形式下达。军（警）犬饲养单位应当填写《军（警）犬奖励登记（报告）表》，及时装入军（警）犬档案。

114. 如何预防和处理军（警）犬的咬斗？

犬有与同类进行咬斗的习性，尤其是偶尔接触的两只陌生犬。异性间可能相安无事，同性则很有可能发生咬斗。同窝幼犬有时也发生咬斗致伤现象。多数致伤的部位是头部、耳朵、眼角和颈部。咬斗会形成恶习，并容易造成伤残甚至死亡，给工作造成损失，必须尽力避免。

（1）预防咬斗

① 无论任何时机和场合，当多犬共同散放时，一定要用牵引带牵引犬，并保持适当距离，避免直接接触。

② 当一人同时放两只犬时，最好是一公一母或两只互不咬斗的犬。

③ 对新调入或互不熟悉的犬，在同其他犬接触之初，一定事先有所准备，只有它们能友好相处时，才能共同牵引散放。

④ 当进行集体科目训练时，要严格控制喜好咬斗的犬，尤其是相互有"积怨"的犬，不要安排在相邻位置。

⑤ 当调整犬舍以及开启犬门时，应当注意不能给犬以咬斗的机会。

⑥ 当幼犬长到5～6月龄时，应当把最爱咬斗或最易被咬伤的幼犬分开管理。

⑦ 严禁纵犬戏斗、咬架，以及追咬家畜。

（2）及时处置咬斗

当犬发生咬斗时，既不应束手观望，也不要惊慌失措，一定要及时采取有效措施加以制止。

① 在现场的主人应及时拉开自己的犬，注意不要打别人的犬，否则容易对犬造成误导而更加凶猛地咬斗在一起。

② 在牵引犬的同时，对仍有攻击欲望或不愿意松口的犬，可用手中牵引带末端抽打犬嘴或腮，但注意防止伤及眼睛。

③ 当一只犬无反抗能力时，可拧另一攻击犬的耳朵使其松口，也可以用手掐犬下腹的"犬窝"部位。不要轻易直接去掰犬嘴，以防止犬回头咬伤主人。

④ 当徒手进行制止时，无论控制犬的任何部位，当犬回头时，一定要快速抽手，并趁犬松口的一瞬间，迅速将犬拉开，同时还要防止被咬的犬趁对方松口之机，又冲上来反咬一口。

⑤ 当发生多犬咬群架时，应当首先设法拉开为首的犬。

⑥ 制止犬咬斗的有效方法是用鞭子或树枝抽打，也可用高压电棍击打、猛泼冷水或鸣枪。

⑦ 制止咬斗时，注意不要猛力踢犬，以防犬骨折、脱臼或损伤内脏。如果一只犬咬住另一只犬的耳朵，不要用力拉犬，否则易将对方的耳朵撕坏。最好是使犬自己松口。

⑧ 当犬发生咬斗后，应当立即仔细检查伤情，及时将伤犬送诊治疗。

115. 军（警）犬夜间管理应注意哪些事项？

在夜间，军（警）犬通常不需要特别注意，但有几种情况应当引起重视。

① 当产犬舍内有待产孕犬即将分娩时，需要有人值班。

② 当夜间有比较明显或剧烈的天气变化时，如台风、暴雨、冰雹、霜冻、暴雪等，应当提前做好准备，一旦发生情况，可及时采取措施。

③ 防止外来野犬夜间到军（警）犬管理区域活动。

④ 老弱伤病残的犬，要有相应的夜间管理措施。尤其是术后病犬，以及白天无故未进食的犬，要设夜间值班通宵看护。

116. 如何针对季节加强军（警）犬的管理？

(1) 春季

春季是犬发情、配种、繁殖和换毛的季节。管理工作要重点关注发情犬，对其严加管理、梳理被毛、预防皮肤病。

1）加强母犬管理　母犬发情期间，其生理和行为常会发生一些特殊的改变。发情母犬行动不安，常会到处乱走，寻找公犬交配。此时要看管好，不可任其外出自由交配，尤其是优良的纯种犬，以防止品种退化。另外，还要防止母犬走失。

2）关注公犬情绪　公犬常为争抢配偶而争斗，引起受伤。如发现犬受伤应及时治疗。基地化养犬，种公犬多为单独圈养，一般不会出现打斗现象，但要注意此时公犬的情绪，公犬常会因圈养限制其寻找母犬配种而心情不安，其至乱叫，这时要注意管理，以免发生意外。

3）梳理犬被毛　犬在冬天时会长出很厚的被毛，到了春季，逐渐脱落，因此，要经常梳理被毛，否则不清洁的皮肤会发生瘙痒，引起犬抓挠皮肤或摩擦皮肤，有时有可能会把皮肤弄破，引发细菌感染。所以对春季换毛犬要经常梳理，保持皮肤清洁，预防皮肤病发生。

4）保持犬舍卫生　在我国南方及沿海地区，春天雨水比较多，气温较暖，空气潮湿，有利于犬的疥癣、毛囊虫等皮肤寄生虫的生长、繁殖，这时犬容易发生皮肤寄生虫病和真菌病。为此，要经常保持犬舍清洁干燥，及时梳理犬体被毛，预防犬皮肤病的发生。犬舍有大、小便时，可撒熟石灰、草木灰后清扫，这样既可防潮，又可消毒。若用水冲洗，一定要待其风干后才能放犬回舍，使犬不躺在潮湿的地面上，影响犬生长发育甚至发生感冒等疾病。

5）注意预防犬病　春天气温由寒变暖，细菌繁殖加快，活力增强，更容易侵入犬体导致发病，所以必须做到加强消毒，对犬舍彻底清扫。春季是传染病、流行病多发的季节，在各种预防措施中，疫苗的免疫是最为关键的。犬应接种的疫苗主要有狂犬病疫苗、犬瘟热疫苗、犬细小病毒疫苗、犬腺病毒疫苗、犬副流感疫苗、大冠状病毒疫苗、犬钩端螺旋体病疫苗和波氏杆菌疫苗等。定期接种犬五联或六联苗等，防止疾病的发生。接种时间应选在春季疾病流行之前。狂犬病是严重的人兽共患病，军（警）犬必须每年接种。定期驱虫，犬蛔虫、钩虫和球虫是犬常见的消化道寄生虫，一般成犬应在每年的春秋两季分别驱虫1次。关注常见疾病，如胃肠炎、呼吸道疾病、犬胃扩张扭转综合征等。

（2）夏季

夏季气温高，雨水多，军（警）犬的防护措施如果不到位，极易发生疾病，繁育员应了解夏季对犬管理的特点，提前做好防范工作。

1）合理饮食清淡　根据气候变化确定饲喂标准，对犬的饲喂做到不暴食暴饮，饮水要充足、清洁。饲喂的食物（饲料）保持新鲜，未腐烂变质，做到人走饲料清，避免犬吃到变质腐败饲料而产生疾病。

尽可能饲喂颗粒型干饲料，坚决杜绝过量饲喂。避免加重消化系统负担，诱发消化系统疾病。如果用食物喂犬，最好是经加热处理后放凉的新鲜食物，喂给量要适当，不应有剩余。

夏季犬的饲料易发酵、变质，容易引起食物中毒。因此，应随时保持犬的食盆清洁。

2）保持犬体和犬舍清洁　选择早上或晚饭后散放，应避免在烈日下活动。

炎热天气应经常为犬进行冷水浴。发现犬出现呼吸困难、皮温增高、心跳加速等症状时，应赶快用湿冷毛巾冷敷头部，将其移到阴凉通风处，并立即请兽医治疗。

保持犬舍干燥凉爽。犬舍应保持干燥，勤换、勤晒垫褥等铺垫物。用水冲洗犬舍后，一定要待彻底晾干后方能进犬，被雨水淋湿后的犬要及时用毛巾揩干。夏季犬舍要加盖防晒网，尽量使犬舍阴凉通风，防止太阳直射犬身和犬舍，导致犬产生热射病。犬舍温度超过 35℃时，每天要对犬舍地面进行多次冲水降温。对特殊犬（配种犬、孕犬、仔犬和体弱多病犬等）要添置降温设施，如安装空调、电风扇或放置冰块。

注意犬的清洁。要经常清洗犬的身体，特别是眼睛和耳朵，防止皮肤发生湿疹。每日进行梳毛和洗澡，每天清扫犬舍内外，保持周围环境卫生，避免犬因误食脏物或吞食异物而引起肠胃疾病。

3）注意防暑和驱虫　要备齐备足防暑降温药品。做好突发犬病的救治方案，保证犬病能及时得到治疗，防止意外事故的发生并及时给犬驱虫。

犬在空调环境中的时间太久，可能得空调病。特别是在炎热的中午，突然将犬从空调房内带到屋外，或将犬从外边带回开着空调的犬舍里，很容易发生空调病。因此，不要让犬长期处在空调环境下，洗澡后不要直吹空调，严禁犬睡在空调风口下。平时要让它们待在有自然风的环境里；一旦患上空调病，应立即送往医院就诊，不得贻误。

（3）秋季

秋季犬机体代谢旺盛，食欲大增，采食量增加，夏毛开始脱落，秋毛开始长出，同时又是一年中第二个繁殖季节，其管理方法与春季有许多相似之处。秋季食物丰富，应适当增加给食量和质量，为过冬做好体质方面的储备工作。注意梳理被毛，以促进冬毛的生长。深秋之际昼夜温差大，应作好晚间犬舍的保温工作，防止感冒。

（4）冬季

冬季天气寒冷，管理的重点应是防寒保温、预防呼吸道疾病。由于气温降低，机体受寒冷空气袭击或因管理不当，不注意防寒保温，运动后被雨淋风吹及犬舍潮湿等都会引起感冒，严重的会继发气管炎、肺炎等呼吸道疾病。预防感冒的有效措施就是防寒保温，加厚垫褥，并及时更换，保持干燥，防止贼风；在天晴日暖时，应加强户外运动增强体质，提高抗病能力。晒太阳不仅可取暖，阳光中的紫外线还有消毒杀菌的功效，并能促进钙质的吸收，有利于骨骼的生长发育，防止仔犬发生佝偻病。

117. 如何加强极端气候条件下军（警）犬的管理？

（1）高温

① 做好通风换气。

② 在地面和屋顶上喷水。

③ 在犬舍内安装喷雾降温系统。

④ 用水龙头给犬体喷淋，靠水蒸气吸热而降温。

⑤ 在犬舍屋顶上安装遮阳网或者搭凉棚。

⑥ 在犬舍窗户上放置遮阳板。

（2）严寒

① 冬季犬舍应选在避风有阳光的地方。

② 在北方建造的产犬房和幼犬舍，冬季应有取暖设施，一般以安装统一供暖的锅炉暖气为佳。对于没有暖气的幼犬舍可使用电暖气。

③ 冬季可利用阳光充足的中午时间进行散放。

④ 对于年老体弱的军（警）犬，应指定专人负责，适当增加营养，确保不发生问题。

（3）雪灾

对于突然的降雪降温，军（警）犬容易出现应激反应，造成大规模发病。

① 增加供暖力量，保持犬舍正常温度。

② 搞好心理辅导，繁育员应加强与军（警）犬的交流，给予必要的心理疏导。

（4）雨季

① 确保犬舍室内的地面干燥。适时更换草垫，保持犬床干燥。

② 及时清理犬舍卫生。犬因下雨不愿出屋排便而排在室内的大小便，繁育员要及时清理，并注意通风，避免因室内过于潮湿而造成犬皮肤病的发生。

③ 要在活动场的区域搭建临时雨搭。避免犬在进食及饮水时被雨淋到，同时还可以提供一定区域供犬活动，保障犬每日所需的运动量。

④ 要搞好活动场的排水系统。方便雨水排出犬舍，避免活动场地积水，防止犬脚掌长时间浸泡在水中而诱发脚趾溃烂、感染等问题。

⑤ 做好保暖。雨季尤其是秋雨来时，温度常常骤然下降很多，柔弱的仔犬往往经不起这样的温差变化，极易患病。为此，繁育员应完善产犬房舍的保

暖措施，必要时可添置暖灯，务必将仔犬所处环境的温度稳定保持在 15 ℃ 以上，避免温度的骤升和骤降。

118. 护理仔犬要把握哪几个方面？

（1）要注意仔犬吃足初乳

仔犬在出生 1 周内，繁育员要昼夜值班，做好护理工作。要经常给仔犬脐带用碘酒消毒直至脱落。仔犬从出生到断奶，一般 1 个半月至 2 个月断奶。此期间主要注意保温、防压，特别是刚出生的仔犬，它们体内还没有抗体，因此要尽量吃足初乳。

（2）要注意仔犬发育

定期每天称重，一般仔犬出生后 5 天内，日增重平均 50 克左右；在 6～10 日龄，日增重平均 70 克左右；从 11 日龄以后，如果母乳不足，仔犬的体重增长速度可能下降。定期称重，可以从体重的变化情况了解母犬的泌乳能力、仔犬生长状况及是否生病等。如果仔犬没生病，但体重增长较少，则应人工补充奶水。补乳以羊奶为主，要经煮沸消毒后，用奶瓶喂给，温度以 20～30 ℃ 为宜。

（3）要注意仔犬安全

仔犬出生后头 4 天，要经常查看，小心母犬压伤仔犬。7 天以后，遇到风和日丽的好天气时，应将仔犬抱到室外与母犬一起晒太阳，一般一天 2 次，每次半小时左右，以使其能呼吸到新鲜空气。利用阳光中的紫外线杀菌，促进骨骼发育。当幼犬能行走时，可让其到室外走走，开始时间要短，以后可逐渐延长时间。

小型犬在搂抱时，动作要轻，要让犬感到舒适而不挣扎或抗争。一般搂抱犬时，左手平伸托在幼犬的前腿、脖颈下方，右手托在后腿部，抱起后紧靠在胸前，这样既可避免犬咬人，也防止犬因挣扎而摇摆不定。不要用手托在犬的腹部，这会使犬很不舒服。稍大或成年犬则应套好脖圈系上牵引带，让犬随行即可。

要注意产房的温度并保持相对安静，谢绝参观，防止仔犬散落产床外，并注意不要发生踩死、压死或冻死仔犬的事件。要注意保护仔犬眼睛，仔犬出生后 10～14 天才能睁开眼睛，同时产生听觉，此时要避免强光刺激，以免损伤仔犬眼睛。

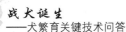

（4）要注意仔犬的日常护理

1）让母犬及时舔干仔犬被毛和肛门　这样有利于仔犬的保温和胎粪的排出。如遇初产母犬或不会舔的母犬，繁育员要耐心调教，并用酒精或热水棉签在仔犬的下腹及肛门周围不断涂擦，以免发生因胎粪排泄不畅而导致仔犬死亡。

2）修爪　在14～21日龄时，如果不对犬进行修爪，新生仔犬吃奶时可能会抓破母犬的下腹或乳房。繁育员可使用婴儿用的指甲剪来为新生仔犬修爪。

3）剪尾　如果新生仔犬所属品种为要求剪尾的，如杜宾犬，繁育员应当给予断尾，一般在产后3～5天进行。

4）去趾　犬有残留趾，如果不剪掉，在犬长大后，可能会妨碍犬的运动，造成不必要的麻烦，因此繁育员要及时将其剪除。去除残留趾的最佳时间是出生后的3～5天内，不可太晚。

5）洗澡　冬季不宜给幼犬洗澡，可以每天用湿毛巾（温度适中）擦拭一次，促进血液循环，保持犬身清洁。洗澡水温度要适中，水温保持在36 ℃左右，洗涤剂最好用宠物香波，人用香波或肥皂可导致幼犬出现皮肤过敏症状。冲水要彻底，不要使浴液残留在犬身上。千万不要用冷水洗澡。每5天可用干洗粉干洗一次，洗时可用毛刷多刷一会儿。不可过度玩耍，令其劳累过度。给幼犬洗澡应在上午或中午温度较高的时间进行，不要在空气湿度大或阴雨天时洗澡。幼犬洗完澡后要用毛巾擦干身体，然后用电吹风吹干，以防感冒。

6）梳理被毛　幼犬每日应梳理毛发1次，这样既可理顺毛发，去除污物，防止寄生虫繁殖，又可促进血液循环，保健皮肤。夏季用温水给幼犬洗澡前，一定要先梳理被毛，将结在一起的毛梳开，并把大块的污垢除去，便于洗净。

7）保护耳孔　给幼犬洗澡时应用棉花塞住耳孔，防止进水引起幼犬中耳炎。

（5）要注意仔犬的免疫驱虫

1）高度重视驱虫　幼犬极易受到各种寄生虫的侵袭，尤其是犬蛔虫，既可通过环境感染幼犬，也可经由母犬胎盘传染。由犬蛔虫在幼犬体内移行而引发肺出血死亡的病例时有发生。犬常见的体内寄生虫有线虫（蛔虫、钩虫、鞭虫）和绦虫，体外寄生虫有蚤、螨、虱等，这些寄生虫多属于人兽共患的寄生虫，对幼犬的发育很不利，轻则引起腹泻便血，重则引起贫血甚至死亡。因此，必须重视幼犬的驱虫工作。

一般在幼犬出生后25日龄进行第一次驱虫，50日龄进行第二次驱虫，3月龄时进行第三次驱虫。常用的驱虫药有伊维菌素、左旋咪唑、抗蠕敏、灭虱精等。驱虫时要注意：驱虫前，幼犬应空腹断食1次，驱虫后3小时内不喂食。喂药后仔细观察，防止过敏中毒发生，一旦发生应及时抢救。妥善处理粪便。粪便应深埋或焚烧，防止被其他犬舔食而引发感染。

2）落实免疫制度　幼犬断奶期时，母源抗体效价急剧降低，很容易受到病原微生物侵袭而引发传染病。幼犬断奶后正是母源抗体消失到犬体自身免疫产生抗体的转折时期，如果免疫程序不正确或免疫效果不佳，极易引发传染病。此期幼犬易患的传染病有犬瘟热、犬细小病毒病、犬病毒性肝炎、犬冠状病毒病及犬窝咳等，其中犬瘟热、犬细小病毒病是当前幼犬发病较多的传染病，也是引发幼犬死亡最多的传染病。幼犬的免疫系统发育不完善，抵抗疾病的能力较差，所以要使犬健康渡过幼年阶段，预防注射必不可少。

幼犬最佳免疫时间为 45 日龄，在无病情况下，给予注射犬五联、犬六联或犬七联疫苗，疫苗一般注射 3 次，每次间隔 15 日，免疫期 1 年。幼犬第一次注射疫苗后 2 周，由于机体还未形成免疫应答而产生抗体，是传染病的高发期。为此，应将其置于相对封闭的环境中，避免与外界的人犬接触，以防感染病原发病。注射疫苗期间应禁用各类药物，少洗澡，避免应激，严防与病犬接触。如果断奶后幼犬未及时注射疫苗即已出现发病症状，则应停止免疫注射。由于传染病具有潜伏期，即使同窝同群中只有一只犬发病，表明此群中已有传染病感染，应改用高免血清、单克隆抗体等有效的抗病毒药物进行治疗或预防。以后的疫苗免疫应等到病愈或最后一次使用血清、单抗 2 周后再进行。

（6）要关注疑难杂症

当新生仔犬受到母犬挤压、遗弃；无力吸吮母乳，不能与同伴竞争母乳；因母犬患乳房炎、乳头炎拒绝哺乳及母犬死亡等特殊情况发生时，可找一个有抚养能力的母犬寄养，或采用人工哺乳的方法。

当仔犬相互吮吸造成皮肤损伤感染或者误将阴部当奶头，吸入尿液引起不良反应或死亡时，应对发病仔犬进行隔离。

当仔犬不能自己排出粪便时，繁育员可用温热湿润的棉球或绒毛巾在仔犬肛门周围轻轻刺激，等排出粪便后，将肛门周围擦拭干净，起到清洁按摩作用，以促进肠道蠕动和顺利排便。同时，在仔犬睡觉时，要盖上毛巾、毯子等物品保温。

119. 如何对妊娠母犬进行管理？

（1）控制温度
犬的早期胚胎死亡高峰主要集中在配种后 10 天左右，此期间受母体体温影响较大，当母犬体温升高在 39.5 ℃以上时，胚胎会出现死亡，因此控制早期妊娠母犬体温在日常管理中尤其重要。

妊娠早期特别是在夏季，妊娠犬舍温度应当控制在 25～30 ℃，以使妊娠母犬处在阴凉舒适环境中，利于安胎。

严禁母犬长时剧烈运动，以免母体产热过高影响受精卵附植（受精卵结束在子宫内的游离阶段，开始附着于子宫）。

尽量避免妊娠母犬长时间应激吠叫，以免由于吠叫而使母体升温。

（2）避免机械刺激

在母犬整个妊娠过程中均有可能出现死胎、流产，因此在日常管理中应尽量避免发生机械刺激。如严禁妊娠母犬剧烈运动、打架，繁育员粗暴驱赶、抱抓等。

（3）加强护理

第一阶段：妊娠第 1～30 天。此时要把母犬和公犬隔离，防止母犬被其他公犬再次交配，刚刚受孕 1～2 周内的母犬要避免咬架和跳跃等剧烈运动，否则容易流产。这个阶段只要保证母犬平时的喂养水平就可以，无需增加太多的肉、蛋等营养和食量，因为此时胎儿生长比较慢，如果增加太多的营养，则极易引发难产。

第二阶段：妊娠第 30～45 天。此时母犬腹中的胎儿开始生长，繁育员能感受到的最直接变化就是母犬尿频。如果原来早晚遛犬各 1 次，那么此时就要每天多加 1～2 次，并适当增加运动量。适当增加营养，肉、蛋、酸奶的喂给一定要少量。胎儿如果吸收太多营养，长得太快，长得过大，生产时也会引发难产现象。

第三阶段：妊娠第 45～60 天。繁育员可以非常明显地看到母犬的肚子鼓起来。到最后几天，繁育员能摸到胎动。这时的母犬就像饿狼一样，食欲旺盛。要控制喂食量，比平时多 20%～50%即可。饲喂要定时、定量，还要定温，不能随意采食。最重要的是合理控制饮食，少吃多餐，保持运动量。

120. 如何对老龄犬进行管理？

老龄犬各项生理机能都开始衰退，需要较稳定、有规律、慢节奏的饲养生活方式。为此要采取科学饮食、适度散放、充分休息的饲养管理模式。

（1）安排专人管护

对于老龄犬，应安排饲养管理经验丰富、有责任心的饲养人员进行专门管护。

（2）保持适度运动

老龄犬的运动机能和神经的控制协调功能都已大幅度下降，关节和骨骼也变得脆弱，不能做复杂、高难度动作或剧烈运动。日常散放就能满足老龄犬的运动需求，即以自由散放的形式进行，但时间不能过长，防止疲劳。冬季在有阳光的环境下适度运动，对老龄犬的健康更有益处。老龄犬喜静不喜动，不像青壮年时期那样顽皮可爱。此期间军（警）犬繁育员应以语言教导为主，耐心和爱犬交流，切忌打骂，尽量让爱犬接受足够的阳光。每次散放时，要尽量避免强制性驱使运动，应以自由散放的形式，由其自己决定是否继续活动还是停下休息。

（3）加强日常护理

1）清洁梳理　老龄犬应坚持每天梳理被毛。梳理被毛不仅可以改善皮肤的血液循环，清除被毛内的污物或寄生虫，期间还可以留意皮肤有无异常的分泌物、肿块、红肿、掉毛等情况。此外还要定期修剪指甲、狼爪，洗澡，擦洗眼、耳、鼻、肛门和阴部等部位和周围。

2）定期检查　老龄犬应做到定期健康检查，每年至少2次，通过检查及时了解健康状况，以便采取措施合理治疗。如老龄犬的口腔卫生，排尿情况和尿液的常规检查，血常规以及血液生化检查，心脏机能的检查等。通过定期检查，对于一些老龄病可以做到早发现早治疗，以免耽误病情。

3）免疫接种　老龄犬随着年龄的增长，抵抗力也逐渐下降，对疾病特别是传染病的抵抗力减弱，更需要通过免疫接种获得免疫力，每年按时接种疫苗更为重要。每年必须定期进行一次免疫接种，出现疫情时，还要加强免疫，而且免疫预防疾病种类应更全；特别是对狂犬病的免疫接种。

（4）创造舒适环境

老龄犬的运动能力、免疫力、体温调节功能都已减退，所以要给它们建立一个舒适的饲养环境，包括犬舍和日常活动场所。犬舍要舒适、干燥，通风良好，设有防暑保温设施，即夏季防暑降温，冬季防寒保温；日常活动场所地面要平坦、柔软、干净，夏季通风阴凉，冬季阳光充足，便于散放运动。

121. 军（警）犬安葬有什么要求？

军（警）犬牺牲、病故或者自然死亡后，饲养单位应当进行无害化处理、妥善安葬。有条件的可以火化处理，建立军（警）犬公墓集中安葬（图11-1）。

图 11-1　军犬公墓

　　因战因公牺牲、荣获三级功勋犬以上奖励、对部队建设作出重要贡献的军（警）犬安葬时，可以举行安葬仪式。

十二、科研是军（警）犬繁育工作的"第一生产力"，军民融合是实现中国军（警）犬繁育事业腾飞的重要平台

122. 为什么说社会化繁育模式是开展军民融合实践的好方法？

通过社会化繁育驯养模式，可以充分利用军民融合平台，最大限度满足繁育和受训犬需求。

（1）社会化繁育驯养军（警）犬的概念

借鉴世界主要军事大国的做法，开展社会化繁育驯养军（警）犬模式指以民间为基础，专业部门为导向，服务军事各领域，坚持"军办民养，藏犬于民，军民融合，用犬打仗"的原则，有效利用民间犬业资源，加强军队与民间犬业的交流与合作，在专业部门的指导下，逐步将母犬繁殖、幼犬培训、受训犬基础训练等工作转移到民间，从而缓解专业犬群规模和基础设施压力，把人、财、物资源投入到军（警）犬繁育技术研发中，提高繁育技术水平等方面。

（2）社会化繁育驯养军（警）犬的优势

社会化繁育驯养军（警）犬试验，解决了制约军（警）犬繁育工作发展的诸多矛盾。

社会化驯养的种犬体质和胆量明显提高，该种犬的发情率、怀孕率、产仔数等方面都明显高于基地集约化驯养的种犬。

社会化繁育的幼犬身体发育情况明显高于基地繁育的幼犬，无论是体重、体长、体高等进行比较，结果差异明显。

从幼犬的综合素质测试结果比较显示，社会化驯养的受训犬的合格率明显高于基地集约化的幼犬，主要表现为衔取欲望强、胆量大、体能好。

社会化驯养减少了经费开支，缓解了人员、场地紧张的压力。通过从农户家中回收受训犬与基地自己繁育受训犬的费用核算比较，一只社会化驯养的受训犬至少可以节约人民币近千元。一方面减少了基地聘用员工数量，节省人员工资；另一方面根据双方签订的合同，基地只向驯养单位提供成犬粮和幼犬粮，种犬怀孕、生产及幼犬的辅料由驯养单位自行解决。

据此计算，如果大规模开展社会化驯养军（警）犬，将大大缓解军（警）犬基地犬舍和场地紧张的压力，培育更多符合国防和军队建设需要的军事用犬。

（3）开展社会化繁育驯养军（警）犬应注意的问题

① 与养犬户签订规范的种幼犬社会化繁育驯养军（警）犬合同。明确规定双方的权利和义务，种公犬不能放到自然户家里，所有繁育的幼犬必须回收。母犬发情后要运回到基地配种，然后再放下去饲养，以提高受胎率，提高自然养犬户的工作热情。

② 加强培训工作。将犬放到有条件的自然户家里，不能放到社会上的犬场和已有犬的家庭里。选派专业人员对养犬户进行饲养管理、疾病防治等知识培训，提高养犬户的饲养管理水平。

③ 定期或不定期地上门指导和督查，全面掌握社会化繁育驯养的种幼犬健康状况和饲养管理情况。

④ 制定严格的奖惩措施，对军（警）犬繁育工作做出突出贡献的农户给予一定的精神和物质奖励，充分调动其工作积极性。

123. 军（警）犬育种有什么新进展？

根据军（警）犬育种的整体发展趋势可以预见，分子育种的深入开展，势必会使犬的育种研究出现一个崭新的局面。

① 以生物技术育种方法和分子遗传标记育种方法为主的军（警）犬新育种方法，将会为我国养犬业发展开辟广阔前景，也是使军（警）犬事业走向可持续发展的重要途径。

② 生物技术和分子技术育种方法的应用并不意味着数量遗传学方法的终结，二者绝不是简单的取代与被取代，而是相互联系、相互依赖的关系。生物技术和分子技术育种方法是数量遗传学方法自身的发展并与其他学科相结合的

产物。因此，其研究和应用也完全是在数量遗传学的基础上进行的，在其应用性状出现的许多现象也需要用数量遗传学来解释，应用结果也需要用数量遗传学的方法来进行分析评估，生物技术和分子技术育种只有依靠数量遗传学才能焕发出应有的生机。

③ 目前许多新军（警）犬育种方法还处在研究阶段，在人工授精、胚胎移植等一些育种技术对犬类动物一些个体因素存在限制的情况下，数量遗传学方法仍将在动物育种改良中占有主导地位。所以，数量遗传学育种方法应在我国军（警）犬育种工作中大力并广泛推广使用。目前犬人工授精技术还不够成熟，进行同期发情研究投入大、成效微，还会给犬饲养管理和疫病防治带来很大困难。

124. 世界前沿的繁殖技术有哪些？军警犬繁殖技术要点是什么？

当前世界繁殖科研工作呈井喷状态，具有前瞻性、实用性的项目大体有以下几个：

1）调控母犬发情排卵技术　主要解决诱导发情、同期发情、超数排卵等问题。

2）监控种犬生殖技术　主要解决激素测定（RIA、EIA）、超声图像法等问题。

3）人工智能授精技术　主要解决人工授精、体外授精、显微授精等问题。

4）控制仔犬性别技术　主要解决精子分离、胚胎性别鉴别（基因探针、基因扩增）、H-Y抗原免疫、子宫内环境调节等问题。

5）胚胎医学工程技术　主要解决胚胎移植、胚胎分割、克隆、细胞核移植、人工子宫技术、胚胎干细胞、胚胎嵌合等问题。

从全军和武警部队研究机构看，军（警）犬繁殖技术重点解决以下几个方面的问题。

1）完善种犬资源库的建设工作　各军（警）犬基地、院校和科研机构，进一步完善军（警）犬人工授精技术，加大优秀种公犬采精储存工作力度，充分利用好优质种犬资源。

2）加大军（警）犬DNA遗传标记技术在繁育中的应用研究工作　充分利用犬DNA数据库，发挥其在军（警）犬血统管理、良种繁育各方面的作用。

3）做好军（警）犬繁育信息收集整理工作　将种犬繁育的后裔信息开展检测、收集，及时反馈到繁育部门，为全面提升军（警）犬繁育工作科技含量奠定基础。

4）强化种犬核心群的建设　严格执行选种制度，坚持从合格的军（警）犬中挑选种犬；繁育机构组织对所属单位的种犬核心群进行检查、考核认证，尤其是要检查引进国外种犬的现状和利用情况，优化军（警）犬种犬核心群结构，提高种犬质量，保持军（警）犬繁育工作持续发展。

5）积极整合科技力量和资源　加强与国内外有关院校、科研机构的横向联系，积极利用社会资源，共同联合开展军民深度融合科研工作。

6）开展配子和胚胎生物技术研究　一方面开展超数排卵和胚胎移植研究，并将其用之于犬的杂交改良和育种，即所谓的 MOET 育种方案。使用这一方案，可以大大加快优良种犬的扩繁速度，也可以用来培育中国特有的军（警）犬品种。另一方面加强犬的体外授精、胚胎体外培养、卵子和胚胎冷冻保存、腔前卵泡培养、卵巢组织冷冻和移植甚至核移植（克隆）等生物技术的研究，作为基础研究和技术储备。

125. 为什么种群是军（警）犬繁育的核心？

种群是用以实现军（警）犬繁育某些特定目标而开展品种保持、培育和繁殖的基础群。种群在自然选择中以"优胜劣汰"为规律，在人工选择中以"高产、优质、高效、低耗"为准则。要注意纠正只要"能繁殖的犬就可作为种犬"的错误认识，避免一些低品质犬充斥到种群中，确实提高种群在军（警）犬繁育工作中的地位。

（1）种群建设的作用

1）种群是军（警）犬繁育的源头　军（警）犬繁育是有目标性的，实现这一目标必须从选种和种群的选配入手，并通过种群的基因重组和遗传改良，使繁育的后代性能逐步趋于理想化。

种群的品质决定着军（警）犬繁育的起点和归宿，并决定着后续的育种手段，也影响着繁育的成败和育种的进程。

如果种群内个体性能均较理想，同时具有较宽的血统和较大的群体，只要固定性状和扩大群体，在短时期内就能达到收效大、进程快的效果。

如果群体内个体性能特点较为分散，其血统和群体的扩大将会延长培育时间，则必须建立适当的基础群进行以系祖建系或群体继代选育来繁育。

如果种群血统不纯、性能各异，只能通过提纯来加以培育。

2）种群是军（警）犬技术工作可持续发展的物质基础 为应对多种安全威胁，完成多样化军事任务，军（警）犬的使用将走向多元化。随着军（警）犬技术工作的深入发展，不仅要扩大军（警）犬的数量，同时要有不同特点的军（警）犬类群来满足不同的使用方向。军（警）犬数量的递增取决于军（警）犬种群的增加，军（警）犬类群的不同有赖于军（警）犬种群的遗传基础和后期的训练，这真实地反映了军（警）犬种群的基础地位。

3）种群是衡量和检验专业单位地位作用的重要指标 我国工作犬系统包括公安、军队、武警、海关、消防等各个行业和部门，每个行业和部门也都有自己的繁育单位，都希望在犬业内占有一席之地。经验表明，拥有或监管的种群越多，规模越大，其繁育的能力和工作犬的覆盖面越大，进而在犬业内的竞争实力和导向能力越强。

4）种群是提高军（警）犬质量的保障 科技进步日新月异，尤其是现代生物技术的突破给生物产业带来了深刻的变化。提高军（警）犬的质量关键在于提高受训犬的品质和训练手段的科技创新，这一切都必须从犬身上做文章。种群是犬群的基础和前提，因此，提高军（警）犬的质量应该充分利用种群这一平台加以实现。

（2）科学划分种群

军（警）犬的种群一般划分为种犬科研群、种犬培育群和种犬繁殖群3个部分，它们呈金字塔结构分布，遵循着基因自上而下流动的原则。我国已形成了军（警）犬二级繁育体系，一级繁育单位任务为跟踪世界工作犬繁育前沿科学技术，从国外引进优良种犬，研制具有我国特色的先进种犬；抓好种犬的保纯与培育等工作。二级繁育单位任务为繁殖工作犬，满足用犬单位的需求。

种犬科研群规模虽然小，但具有核心作用，也被称为核心群。在种群中，种犬科研群的设计与规模尤为重要，它涉及种犬培育群和种犬繁殖群的走向。

1）设计育种方向

① 规划育种目标：国内几个军（警）犬基地种群加强科学交流，制订统一的育种研究目标，实施联合公关育种。

② 遗传基础改良：吸收国际育种成果，进行工作犬基因重组、提纯固定、引入杂交、转基因等。

2）组建育种群

① 培育品系：通过系祖建系、群体继代选育和近交建系三种方法培育新的品系。

② 配套育种：通过群体继代建系法、正反交选择法和配套系的维持与更新，分门别类建立育种群。

③ 保种选育：处理好短期利益与长远利益的矛盾，保持保种任务的区域性平衡，采取多样化的保种方式。

④ 杂交育种：通过简单杂交和复杂杂交进行新品种培育，通过引入杂交和级进杂交进行杂交改良，通过个体杂交和配套系杂交进行新型品种杂种群交试验。

（3）加强种群管理

1）建立高效的科研和育种组织　通常由在全国或全军有影响的犬业学科带头人牵头，实行专家、学者和群众三结合组成的科研小组或繁育组织。

2）建立规划体系　明确研究和育种目标，制订育种方案。

3）建立高品质的种群　充分利用国内外、军内外各犬种资源，逐步实现科研、选种、保种与育种的体系化。

4）整合科技资源　实行军地横向协作、纵向沟通，提高育种和繁殖水平。

5）建立整体联动机制　充分发挥种犬引进、品种保鲜、杂交优势，形成繁育合力。

6）建立质量管理体系　通过建立信息反馈制度、科学检测体系和考核评估办法，促进工作的程序化、标准化，提高繁育工作质量。每1～2年对种群进行普查，充分了解种群的年龄结构、公母结构，以及个体的体况、繁殖性能、军（警）用品质和后裔品质。对种群进行定期训练、定期考核。在条件许可时可对种群进行基因辅助育种。

（4）对种群进行基因辅助育种

对种群进行基因辅助育种，主要有以下几个方法：

1）基因定位和构建基因图谱　通过基因组扫描（标记-QTL连锁分析）、候选基因分析，建立犬性状表型与基因的联系。

2）遗传结构分析　可以分析种群的基因频率与基因型频率，为育种方案提供依据。

3）杂种优势预测　可以利用常规分析和基因组分析，预测杂种优势的效果，制订良好的杂交组合。

4）亲缘鉴定　以系谱分析和DNA分析为手段，强化血统管理，进行亲子、品种等鉴定，控制近交系数的增长，做好种群的提纯与性状固定等工作。

（5）提升种群质量

在传统的育种方法基础上，大力使用大数据、物联网、云计算等现代科学技术，提升繁育工作中的精确性、系统性、规范性。

研制人工智能管理系统，进行计算机辅助育种，对育种进度与效果实施超前评估。

开展超数排卵胚胎移植应用研究，建立 MOET 核心群育种，挖掘优良种公、母犬的潜能。

拓展人工授精技术，建立 A1 育种体系，充分发挥优良种公犬的作用。

（6）关注种群动态

长期以来，人们认为犬的培育是在组建基础群后一代一代地选育，直至达到目标。随着育种观念的转变和现实的需要，人们把种群始终建立在一个动态的群体中。

国外犬业协会监管的种犬群几乎每年都在变化，如德国牧羊犬协会每年开展育种展评，吸收了众多优良种犬充实到种群中，保持了该犬种的领先地位。

我国地方及军队的犬种群组建后，也在进行不断的优化，适时淘汰和引入种犬，确保犬培育尽早取得实效。

种犬的引入可采用个体选择、家系选择和指数选择等常规方法。

126. 当前犬的繁殖生物技术有哪些？

犬的繁殖生物技术，也称为人工辅助繁殖技术（ART），包括人工授精、胚胎移植，以及所有围绕配子和胚胎进行的操作技术。目前我国主要开展人工授精、卵母细胞体外成熟、体外受精、胚胎体外培养、胚胎冷冻保存和胚胎移植等方面的研究。

（1）犬的人工授精技术

人工授精犬与自然交配犬的后代在亲和关系、胆量、衔取欲望等方面，经过科学实验证明没有任何差异，能够稳定遗传犬军（警）用性能，对犬的训练没有任何影响。

第一次有关犬的精液处理和短期保存研究出现在 1960 年。此后，逐渐开发和改进了犬精子冷冻保存的方法。1969 年，第一批冷冻精液人工授精犬仔在美国诞生。

当前在世界范围内利用冻精已生产出大量的犬，在许多国家，犬的人工授精技术已作为常规技术应用。在过去 30 多年里，已研制出许多冷冻精液的方案、精液稀释液和解冻程序。

在输精的方法上，子宫内输精产仔率高于阴道内输精。如果有非侵入性方法，就不用侵入性（外科手术）方法。普遍使用一种手术法进行犬的（子宫内）人工授精。已开发出一种非手术子宫内人工授精法：用一种特殊的子宫内金属插管，在腹侧固定子宫颈时可穿过子宫颈管；或用一种易弯曲的塑料管，借助内窥镜穿过子宫颈。

国内关于犬的冻精研究报道，多为颗粒精液冷冻，冻后存活率偏低，配种受胎率不高。军（警）犬研究机构积极开展犬人工授精技术研究并获得成功。根据国外有关犬冻精研究报道，以及其他动物冻精保存的趋势显示，细管冻精有很大的优越性，目前正在开展犬精液的细管冷冻保存技术的研究。

犬精液冷冻技术能显著提高犬繁育效率，在欧美等国家已经取得了广泛的应用。在犬精液冷冻的实际操作过程中，为了获得最好的冷冻效果，精液采集后应立即或在30分钟内进入冷冻程序。

（2）犬的卵母细胞体外成熟、体外受精和胚胎体外培养技术

目前还没有关于犬卵母细胞体外成熟、体外受精胚胎移植后成功产仔的报道。

研究证明，犬精子在体外可以穿过同种的卵母细胞，可以通过胞浆内精子注射使犬卵母细胞受精，形成雄原核。England等2001年将犬的卵母细胞进行体外成熟、体外授精获得受精卵，移植后20天，用超声波检查受体母犬子宫，观察到4毫米×4毫米×5毫米大小的孕体，但2天后再检查时，孕体消失，原因未查明。虽然这一研究未能获得产仔，却是完全体外化生产犬胚胎移植后妊娠的第一个报道。Renton等于1991年第一次报道了犬卵子从1-细胞合于阶段在体外发育到桑葚胚阶段。只有2个报道显示，犬的体外成熟、体外授精卵发育到8-细胞阶段。EngLand等2001年在获得妊娠的报道中，移植的是1-细胞受精卵（移植的90个受精卵中只有2个为2-细胞胚胎）。Fulton等（1998）进行的犬卵母细胞胞浆内精子注射，只在7.8%的卵母细胞观察到雄原核，但没有卵裂发生。

（3）犬的胚胎移植技术

新采集的犬体内生产的犬胚胎移植后，已经有仔犬产生，但成功率还很低。Tsutsui等（1989）移植8枚桑葚胚给1只受体母犬，产下2只仔犬。而Kinney等（1979）的研究中，从5只自然发情配种后14~15天的母犬采集的28枚胚胎，移植给5只受体母犬，其中2只妊娠，分别产下1只和2只仔犬。受体与供体发情的同期化程度影响胚胎移植后的妊娠率。对于一次性发情的动物，胚胎移植最大的问题是，在发情周期的任何阶段都能诱导发情，以便获得胚胎移植的受体动物。对犬使用促性腺激素、GnRH、多巴胺受体 D2 激动剂（如溴隐亭）可诱导发情，其结果变异很大。但是，这些激素处理方法与犬的胚胎移植结合使用，尚未见报道。

（4）犬的繁殖生物技术发展趋势

与其他家畜和人类相比，犬科动物的繁殖生物技术或 ART 的发展相对缓慢。

精液保存和人工授精技术日趋成熟，效率还可进一步提高。例如降低每次输精的精子数、提高受胎率和窝产仔数，是简易而有效的输精方法。采用牛的卵母细胞体外成熟培养（IVM）技术能使犬的卵母细胞在体外自发恢复减数分裂，也能体外授精和发育。犬的体外成熟率和体外授精率比其他家畜低得多，胚胎发育阶段也还很有限，至今尚未获得体外授精仔犬。需进一步研究犬卵子发生和体内成熟及早期胚胎发育的调控机制，改进体外成熟和授精及其胚胎培养的条件，深入研究犬的妊娠生理和胚胎移植后保证胚胎正常发育所需要的环境。

各国在犬繁殖领域进行了多项新技术研究，如单精子注射、卵母细胞冷冻、卵巢组织冷冻和培养、腔前卵泡的体外发育及其卵母细胞的成熟、核移植等，它们有的在其他动物取得了成功，有的正在探索之中。同样，如果这些技术能在犬身上获得成功，则将对犬的育种产生巨大影响，犬的繁殖控制技术将取得新的突破。

提高犬的繁殖力，是我国军内外犬业工作者亟待解决的重要问题。当前，各系统各部门犬科研工作者做了大量的工作，在许多关键的技术难题上攻关，如冷冻精液和人工授精研究，把握卵泡发育规律、确定排卵时间、定时输精研究，妊娠诊断技术研究，发情控制研究，配子和胚胎生物技术研究等。

127. 为什么要把克隆技术运用到犬繁育上？

"克隆"一词是英文"Clone"的音译，其含义是无性繁殖。克隆动物就是不经过受精过程而获得新个体的方法。传统的动物繁殖一般都是经过精子和卵子的受精作用形成受精卵，受精卵经过发育分化最终成为完整的生物个体，其中来源于父本和母本的遗传物质各贡献一半到合子中；而动物的克隆，就是把供体的遗传物质完全拷贝的过程，克隆动物的方法一般有核移植和胚胎分割，一般多指前者。

克隆技术有助于加速动物育种进程，可以避免自然条件下选种所受到的动物生殖周期和生育效率限制，从而大大缩短育种年限，提高育种效率。克隆技术可以用于动物资源的种质保存，尽可能多地保持地球生物圈内的多样性。克隆技术在犬育种中的广泛使用，无论是在加速犬育种进程上，还是在犬的资源种质保存上都将是革命性的突破。

（1）克隆技术的研究成果

科学家们很早就开始了动物克隆的研究。1952年，英国科学家 Briggs 和 King 首次报道了蛙的核移植研究。1962年英国剑桥大学的 Gurdon 获得了成年克隆蛙。我国已故科学家童第周教授在20世纪60—70年代曾用囊胚细胞进行鱼类细胞核移植工作，获得属间和种间核移植鱼，使我国鱼类克隆技术居于世界领先水平。早期的动物克隆研究仅限于两栖类和鱼类，到20世纪80年代，哺乳动物核移植克隆技术的研究开展起来。根据供核细胞来源的不同，动物克隆可分为胚胎细胞克隆和体细胞克隆。80年代，胚胎细胞克隆的绵羊、牛、猪、兔等动物相继获得成功。1997年英国罗斯林研究所 Wilmut 等利用绵羊乳腺细胞成功克隆获得体细胞核移植后代"多莉"，这一成果开创了哺乳动物体细胞核移植新的里程碑。科学家们通过体细胞核移植技术克隆获得了小鼠、牛、山羊、猪、兔、骡、猫、大鼠、犬等动物。哺乳动物体细胞克隆的成功，世界为之振奋，不仅仅因为它打破了原有的理论，实现了哺乳动物复制的神话，更重要的是其光明的前景和潜在的巨大经济价值。

（2）运用前景

克隆技术可用于家畜胚胎的商业生产中，迅速扩大同基因型优良种群；可以复制濒危的野生动物，有效地保护珍贵的动物遗传资源；可以通过体细胞核移植胚胎的发育研究一系列遗传发育的机制问题，为遗传、发育不良等疾病找到破解之路。

体细胞克隆技术和转基因技术相结合，可以高效地制作转基因动物，即将表达特定蛋白的基因整合到体细胞的基因组中，以这种转基因细胞作供体细胞进行核移植操作，转基因胚胎发育为完整的个体成为转基因动物，依转移的基因不同，从而生产出不同用途的珍贵蛋白。

（3）克隆犬的诞生

2005年8月3日，世界上第一只克隆犬"斯纳皮"在韩国首尔大学诞生。韩国科学家黄禹锡曾在中国工作犬管理协会的报告中讲过克隆犬技术。报告中称，他和同事试验了1 095个胚胎，将它们植入123只犬体内，最终才得到这一只名叫"斯纳皮"的小猎犬。该克隆犬采用的是和克隆羊多莉一样的体细胞

克隆技术，因其供体细胞来源于一只成年公的阿富汗猎犬，遗传信息都来源于
此，因此获得的这只克隆犬也是公的阿富汗猎犬，几乎和体细胞来源的公犬一
模一样。在培育"斯纳皮"的过程中，研究人员从它"母亲"体内取得一个卵
子，将其中的细胞核剔除，再将其"父亲"耳细胞的细胞核注入卵子。然后，
将处理成功的卵细胞植入母犬体内，等待胚胎发育生长直至幼犬出生。

自从 1996 年英国科学家培育出克隆羊"多莉"后，动物克隆技术的发展
速度并没有预想的那样迅速。黄禹锡等人在报告中指出，克隆犬的最大困难是
收集卵子。犬的卵子在发育早期就离开卵巢，在向子宫和输卵管移动的过程中
逐渐成熟。他们最初尝试在排卵过程中收集卵子，然后在试管中将其培育成
熟，但失败了。最后，他们使用一种溶液将移动至输卵管的卵子冲出，才成功
实现了卵子的收集工作。这次研究培育的 1 095 个胚胎只有 3 个成功受孕，其
中 1 个流产，另 1 只幼犬在出生 22 天后因肺炎死亡，只有斯纳皮仍然生存，
显示克隆技术仍然有不足的地方。据黄教授介绍，日前他已成功克隆并批量生
产部分军（警）犬和民间犬。

韩国国立顺天大学教授孔日健指出，克隆犬在克隆技术领域里一直是个难
关，之前的诸多试验都以失败告终。究其原因，犬 1 年仅有 2 次发情期，等犬自
然排卵是获取其卵子的唯一途径。而犬在排卵时卵巢所排出的卵子处于发育早
期，最终在输卵管末端才发育成熟，所以成功提取高质量的犬卵子相当困难。这
一困难，不仅长期制约着克隆犬技术的发展，也是为何至今没有试管犬的原因。

（4）克隆犬技术的发展

韩国的 RNL Bio 生物技术公司将克隆技术应用于商业，开展全球范围的
宠物克隆服务。RNL Bio 生物技术公司和首尔大学合作，于 2008 年为他们的
第一个客户美国剧作家伯楠·麦金尼成功克隆出 5 只比特犬。2007 年年底，
韩国 7 只体细胞克隆犬诞生，这 7 只拉布拉多猎犬是世界首批体细胞克隆的
犬，是韩国专家利用一只名为"Chase"的拉布拉多猎犬的体细胞克隆成功
的。这些克隆出的犬在降生后不久就开始接受训练，它们身上表现出很多缉毒
犬所必备的基因特性。2009 年，韩国专家利用体细胞克隆技术成功获得了 5
只牧羊犬，这 5 只牧羊犬的遗传信息来自美国 911 英雄警犬"特拉克"。"特拉
克"是只优秀的搜救犬，这 5 只小牧羊犬继承了"特拉克"优良的基因，具有
和特拉克一样的天赋，将来也必将成为优秀的搜救犬。

（5）克隆技术在军（警）犬领域的运用

犬体细胞克隆技术，最大的优点就是克隆出生的动物与供体细胞来源的动
物具有几乎 100％相同的基因，可以保持亲代优异的特质。作为军（警）犬，

要求是很高的，比如要有很高的智商、优秀的嗅觉能力、良好的亲和能力等军（警）犬所需的各种特质。通过克隆技术，可以获得和亲代一样的特质，使得这种具有优良基因的军（警）犬代代相传，因此这种新的军（警）犬繁育技术具有得天独厚的优势。尤其是那种具有特殊本领的异常优秀的军（警）犬，普通繁殖技术后代的基因变化会很大，而通过克隆技术可以固定这种优秀军（警）犬的基因，加之日常的训练，就可以获得和它一样优秀的军（警）犬了。

目前军（警）犬克隆技术存在最大的问题就是克隆技术尖端，效率低下。一系列的技术因素严重制约了这种技术在犬类克隆中的发展和应用，这也是很多国家没有研发出克隆犬的主要原因。但是克隆技术在军（警）犬的繁育中具有非常好的应用前景。我们相信，随着技术的不断发展进步，克隆技术必将在军（警）犬的繁育中发挥更大的作用。

128. 如何把基因工程技术运用到犬繁育上？

（1）基因技术

人们常说的基因（gene），也称为遗传因子，是生物遗传的物质基础，是脱氧核糖核酸（DNA）分子上具有遗传信息的特定核苷酸序列的总称，是具有遗传效应的 DNA 分子片段。基因通过复制把遗传信息传递给下一代，使后代出现与亲代相似的性状。

根据科学家已绘成的犬基因草图可以看出，犬的基因数量与人和其他哺乳动物的大体一致，含有大约 25 亿对 DNA 碱基。大约有几万个基因储存着生命孕育、生长、凋亡过程的全部信息，通过复制、表达、修饰完成生命繁衍、细胞分裂和蛋白质合成等重要生理过程。基因是生命的密码，记录和传递着遗传信息。生物体的生、长、病、老、死等一切生命现象都与基因有关。

寻找和调控犬体型外貌和繁殖性能的基因。犬体型外貌和繁殖性能涉及的指标较多，需要一种能够遍布整个基因组，具有分辨率高、重复性好、易于标准化、多态性强等特点的分子标记，进行关联分析。据有关资料介绍，可以将扩增片段长度多态性（AFLP）分析方法应用于寻找与种犬体型外貌和繁殖性能显著相关的特异性标记，进而寻找调控性状的主基因或主效基因。

AFLP 分子标记是在 RAPD 和 RFLP 标记系统基础上发展起来的。AFLP 是通过 DNA 多聚酶链式反应（PGR）扩增基因组 DNA 的模板而产生。DNA 多聚酶利用一段引物以解链后的单链 DNA 为模板，沿着 $5'$ 到 $3'$ 方向把核苷酸连续加在延伸的 $3'$ 羟基上复制 DNA。由于不同物种或不同品种的基因组 DNA

大小不同，对引物所诱导复制的特定 DNA 片段采用 PCR 技术进行扩增，然
后用电泳方法将扩增的 DNA 片段分离，即可使某一品种出现特定的 DNA 带
谱（即扩增片段长度多态性），而在另一品种中可能无此谱带产生。这种通过
引物诱导及 DNA 扩增后得到的 DNA 多态性可作为一种分子标记。

（2）转基因技术

转基因技术是生命科学前沿技术之一。它是指将人工分离和修饰过的外源
基因导入生物体的基因组中，从而使生物体的遗传性状发生改变的技术，可分
为转基因动物与转基因植物两大分支。人们常说的"遗传工程""基因工程"
"遗传转化"均为转基因的同义词。经转基因技术修饰的生物体在媒体上常被
称为"遗传修饰过的生物体"（genetically modified organism，GMO）。通俗
地讲，转基因技术就是指利用分子生物学技术，将某些生物的基因转移到其他
物种中，改造生物的遗传物质，使遗传物质得到改造的生物在性状和消费品质
等方面向人类需要的目标转变。

科学家的初衷是想利用该技术造福人类，使之既可加快农作物和家畜品种
的改良速度，提高人类食物的品质；又可以生产珍贵的药用蛋白，为患者带来
福音。近年来，动物转基因技术发展十分迅猛，除有转基因猪、鼠、鱼、兔、
牛、羊的成功报道外，2009 年，已有转基因犬的成功问世。

世界上已报道了多种生产转基因动物的方法，主要有四类：①融合法，包
括精子载体法、微细胞介导融合等。②化学法，包括 DNA -磷酸钙沉淀法、
DEAE -葡聚糖法、染色体介导法等。③物理法，包括显微注射法、电脉冲法、细
胞冻存法等。④病毒感染法，包括重组 DNA 病毒感染、重组 RNA 病毒感染等。

转基因技术是将外源 DNA 导入细胞的一种技术。转基因技术操作自 1980
年首先在小鼠上获得成功后，迅速被转移到其他动物生产上，在动物育种、医
学等方面产生了重要影响并已显示出巨大的应用潜力，目前已得到了多种转基
因动物，突破了常规育种的限制，实现了基因在动物间的交流，使育种效率大
大提高。如果应用在军（警）犬育种中，可以缩短生长过程、解决某些品种军
（警）犬体型逐年变小等退化问题，还可以提高饲料利用率等。

世界上真正成熟并可以稳定生产转基因动物的方法有以下几种。

1）**核显微注射技术**　是动物转基因技术中最常用的方法，它是指在显微
操作系统辅助下将外源基因注射到受精卵细胞的原核内，注射的外源基因与胚
胎基因组融合后，然后将胚胎进行体外培养，最后移植到受体母犬子宫内发
育。这样分娩的犬体内的每一个细胞都含有新的转基因片段。这种方法的缺点
是效率低、位置效应（外源基因插入位点随机性）造成的表达结果存在不确定

性、动物利用率低等，在反刍动物还存在着繁殖周期长，有较强的时间限制、需要大量的供体和受体动物等特点。

2）精子介导的基因转移技术　指把精子作适当处理后，使其具有携带外源基因的能力，然后用携带有外源基因的精子给发情母犬授精。在母体所生的后代中，就有一定比例的动物是整合外源基因的转基因动物。同显微注射法相比，精子介导的基因转移有两个优点：首先是它的成本很低，只有显微注射法成本的1/10；其次，由于它不涉及进行动物处理，因此，可以用动物的生产群进行试验，以保证每次试验都能够获得成功。该方法是转基因技术中非常有发展前途的一种方法，可以与体外授精、早期胚胎阳性选择和胚胎超低温保存技术相结合，使转基因技术更加实用化、简单化。

3）核移植转基因技术　体细胞核移植和转基因相结合是近年来新出现并广泛使用的一种转基因技术。该方法是先把外源基因导入供体细胞内，使外源基因整合到供体细胞染色体上，然后将供体细胞的细胞核移植到受体细胞——去核卵母细胞，构成重建胚，再把其移植到同期发情的母体，待其妊娠、分娩，便可得到转基因的克隆动物。核移植转基因技术具有两大优点：①同一遗传性状供体核的数量可无限获得；②可通过对供体细胞的遗传改造，加速家畜品种改良或生产转基因动物。

4）基因打靶技术　基因打靶技术是一项新兴的分子生物学技术，包括去除致病或不利基因座位的基因敲除技术，以及将目的基因定点整合到基因组特定位点的基因敲入技术。该技术是利用外源 DNA 与受体细胞染色体 DNA 上的同源序列之间发生重组，并整合在预定位点上，从而改变细胞遗传特性的方法，它的产生是遗传工程领域的一次革命，为发育生物学、分子遗传学、免疫学及医学等学科提供了一个全新、强有力的研究手段。目前基因打靶技术在研究基因的结构和功能、表达与调控、转基因及基因治疗等方面均取得了进展，但基因打靶技术仍存在一些问题，主要是打靶的效率太低。

5）胚胎干细胞（ES）介导的转基因技术　胚胎干细胞是指当受精卵分裂发育成囊胚时内细胞团的细胞，它具有体外培养无限增殖、自我更新和多向分化的特性。无论在体外还是体内环境，ES 细胞都能被诱导分化为机体几乎所有的细胞类型。胚胎干细胞（ES）是早期胚胎经体外分化抑制培养建立的多能性细胞系，在滋养层或条件培养基中具有无限增值能力。从胚泡期胚胎内的细胞群中分离细胞，培养并用外源基因进行转染，外源基因通过随机插入或同源重组的方式整合到 ES 细胞的基因组中。将转入外源基因的 ES 细胞重新导入囊胚或进行克隆，可培育转基因个体。这种技术称为胚胎干细胞（ES）介导的转基因技术。ES 细胞被公认为是最理想的受体细胞，是转基因动物、细胞核移植、基因治疗等研究领域的一种新的试验材料，具有广泛应用前景。但 ES 细胞不易建株，在小鼠上应用比较成功，而在其他大动物上的应用尚处于探索阶段。

转基因技术工作流程：包括外源基因的克隆、表达载体构建、受体细胞准备以及基因转移等，外源基因的人工合成技术、基因调控网络的人工设计发展导致 21 世纪的转基因技术将走向转基因系统生物技术——合成生物学时代。

2009 年 4 月 23 日，英国《新科学家杂志》报道了韩国首尔国立大学李炳春（Byeong-Chun Lee）研究小组通过成纤维细胞克隆技术成功培育出 5 只转红色荧光基因比格犬，这是世界上第一批转基因试验犬，5 只比格犬在紫外光线下都呈现出红色荧光。他们首次利用病毒载体将荧光基因导入成纤维细胞核内，然后将这些成纤维细胞核移植到去核卵细胞内。核移植胚胎经过 1 周时间的体外培养后植入代孕母犬体内。研究人员将 344 个晶胚卵细胞植入 20 只犬体内，最终 7 只母犬成功怀孕。其后由于早期胚胎死亡及意外导致肺炎死亡，最终共有 5 只比格犬存活下来，目前它们非常健康。

（3）对培育新型军（警）犬的作用

笔者研究认为，可以通过转基因技术培育出嗅觉特别灵敏的超级军（警）犬，培育抵抗某些特殊疾病（如狂犬病、犬瘟热、犬细小病毒病等）的犬，培育体大如牛的超大体型军（警）犬，培育放在手掌中具有侦察功能的超小体型的军（警）犬，培育钻到汽车或飞机"心脏"周围进行安全检查的微型军（警）犬等。

129. 如何把胚胎工程技术运用到军（警）犬育种上？

（1）胚胎工程技术内容

胚胎工程包括鲜胚和冻胚移植、胚胎分割、胚胎冷冻、体外受精、胚胎干细胞培养、分离与克隆等技术。

① 胚胎移植及胚胎分割技术对于充分发挥优良母犬的繁殖潜力、扩大良种犬群、提高生产效率、保存品种资源等方面具有重要意义。

② 体外授精技术生产大量供胚胎移植、核移植、转基因等技术的研究与开发中应用的胚胎，从而加速遗传育种的进程。

③ 这些技术在其他动物育种中已被广泛研究和应用，但在犬的育种中由于受犬种动物个体因素、技术条件和实际应用价值等限制，相关研究还比较少，甚至是空白。

④ 胚胎干细胞培养技术在国内外研究起步均较晚，在其他动物的育种中

也尚未进入实用性阶段。

（2）影响胚胎移植的因素

要确保胚胎质量；胚胎采集和移植的期限不能超过周期黄体的寿命；移植过程中不能刺激和损伤生殖腺、生殖管道；供体要求营养状况良好；供体和受体的选择应该是第二次性周期的犬。

1）获得高质量的胚胎　营养状况良好的供体可获得高质量的胚胎。

供体犬的年龄不同，卵的质量也不同，成年母犬和处女母犬的胚胎分别移植到成年母犬体内，其得到的仔犬比率，成年母犬高于处女母犬。

胚胎移植应取桑椹胚阶段，此时能辨别出细胞形态。技术要领在于采卵时间的选择，发育到囊胚阶段则看不清细胞形态，突出透明带，此时不宜移植，桑椹胚和囊胚对受体是有选择性的。总体结构不正常、退化或破碎的胚胎以及空透明带者均应剔除。

2）采集和移植的期限　供体胚胎日龄与受体妊娠率有关，胚胎采集和移植的期限不能超过周期黄体的寿命，不同品种犬卵巢黄体的变化略有差别。

最迟在周期黄体退化之前 2～3 天内完成，犬桑椹胚移植效果较好。冲洗液和培养液是同一物质，多用于 PBS（含灭活犊牛血清磷酸盐缓冲液），只是使用于不同的阶段。为避免体外因素对胚胎的影响，胚胎冲出后应尽快检出，冲洗液应保持在 37 ℃恒温条件下，回收的液体不能低于 30 ℃。

3）移植技术的要求　移植过程中不能刺激和损伤生殖腺、生殖管道。移植时要采取三段法（即两头空，中间是胚胎），带入的液体越少越好，最好不要带入气泡，根据供体胚胎在子宫角内所处的部位，决定受体的移植部位。胚胎从供体犬取出后在体外停留的时间与移植成功率有关，持续时间延长，胚胎活力下降。

4）犬供体和受体的性周期选择　无论人工诱情还是自然发情的犬，供体和受体的选择都应该是第二次性周期的犬，这样的犬子宫内环境稳定，适于移植胚胎的生长发育。

130. 如何研制军（警）犬战备饲料？

（1）项目简介

军（警）犬饲料是保障军（警）犬作战和训练的重要条件。当前我军军（警）犬饲料基本采取采购民用犬粮的方式，虽能满足日常军（警）犬的需求，但是在军（警）犬执行多样化军事任务特别是复杂气候条件下，民用犬粮存在

保质时间短、携带不方便、储存难度高等问题。本研究项目主要用于保障军
（警）犬在野外执行作战和训练任务。项目拟通过分析国内外犬粮特征和军
（警）犬野战条件营养需求，创新性地改变犬粮生产工艺，科学添加不同成分，
使军（警）犬口粮的适口性、营养性、储存性达到最佳状态。项目结题时形成
如下成果：军（警）犬战备饲料干粮样品 20 吨、湿粮样品 20 吨，完成"军
（警）犬战备饲料技术标准草案"报告。

（2）必要性

军（警）犬是我军特殊的武器装备和战斗兵员，而饲料是保障军（警）犬
执行作战任务的重要条件，只有吃得好、吃得科学、吃得健康，才能有战斗
力。目前国内外对军（警）犬日常饲料和营养研究的较多，对野外作战和训练
犬粮研究的较少，本项目研究内容可以填补此空白。

1）立项背景　1950 年我军成立军（警）犬训练机构以来，军（警）犬口
粮采用以采购民用犬粮为主、以自主制作饲料为辅的办法，能够基本满足军
（警）犬日常营养需要，但也存在着一些矛盾问题，如外购犬粮质量良莠不齐、
自制饲料保质期很短、包装携带与战备要求还有差距等。当前国防和军队建设
进入了新时代，军（警）犬实战化训练难度之高、强度之大、标准之严对军
（警）犬饲料和营养提出了更高要求，军（警）犬执行特种作战、边海防巡逻、
反恐维稳等多样化军事行动日益繁重，军（警）犬饲料的保障也必须与时俱
进，满足不同地区、不同环境、不同任务的需求。

① 当前军队购买的民用犬粮只适用日常饲喂和一般性的训练执勤任务，
满足不了军（警）犬在复杂多变环境条件下的高强度作战训练需要。

这次国防和军队深化改革扩大了军（警）犬的编配范围，新的军事训练大
纲对军（警）犬联战联训和实战化训练提出了更高的标准，军（警）犬战备饲
料必须向耐饥饿、富营养、抗疲劳、小模块、多配餐的研究方向发展。本研究
项目主要解决军（警）犬饲料在极端恶劣的环境如高原缺氧、高湿、高温或低
温等条件下，仍能保持较好的适口性、较长的耐腐性、较高的营养性等技术和
营养性能。

② 研究军（警）犬战备饲料，是打破外国技术垄断、实现军（警）犬作
战保障自主化的客观需要。

目前，我军购买的军（警）犬饲料中，玛氏、皇家、雀巢等外资品牌占据
垄断地位，国内还没有一家公司专门研究军用犬粮，尤其是野战犬粮，因为研
究成本高、周期长，更是无人问津。本研究项目拟采取军民融合的办法，联合
地方有关科研力量，开发拥有我国我军自主知识产权的军（警）犬野战饲料，

不仅可保障军（警）犬执行多样化军事任务时的需求，也可以推向市场，满足公安特警、消防等部门的需求，具有重大的军事效益、经济效益和社会效益。

2）申报依据　经调研部队采购的犬粮，只能满足日常饲喂和工作需要。当军（警）犬在野外实战化训练或执行急难险重任务时，环境恶劣，超负荷工作，营养消耗大，易疲劳，急需一种高营养、耐腐蚀、方便带等特点的饲料。本研究项目预计可填补国内相关领域空白。

3）年度急需　本研究项目可以替代普通民用犬粮以及国外保密配方犬粮，为军（警）犬部队大力开展实战化训练提供有力保障，也可以为举办国际军事比武竞赛提供比赛用犬粮。

（3）主要研究内容及应用前景分析

1）研究目标　该项目的研究目标是为了克服现有的民用犬粮储存时间不够长、营养成分不够高、携带运输不方便等问题。待立项研制的军（警）犬战备饲料可以具备耐饥饿、富营养、抗疲劳、小模块、多配餐的特点，满足军（警）犬在野外执行实战化训练和多样化军事任务的营养需求。

具体目标：开发能量高、耐贮藏、包装便利及适用范围广的军（警）犬野战饲料。制定"军（警）犬野战饲料技术标准草案"。建立并完善军（警）犬野战饲料的开发体系，为后续产品开发奠定基础。系统评估军（警）犬野战饲料的使用效果，积累相关研究数据。通过本课题实施，建立联合研发的"军民融合"新模式。培养一批从事军（警）犬野战饲料开发的专业人才。

2）研究内容　调查研究国内外作战、训练用犬粮的优缺点，并检测各自配方成分。

① 制定高能量、高营养技术指标，确定原材料成分和含量：军（警）犬战备饲料不仅是一种简单的充饥品，而且是军（警）犬在战斗环境下赖以生存、保持体力的必需品，应当营养丰富、全面，能防止各种营养物质缺乏症，保持军（警）犬充沛的体力和精力。

② 制定耐贮藏标准，保证保质期在 2.5 年以上：确立保鲜方法和技术，适当控制脂肪含量及水分含量，提高保质期，将战备犬粮保质期超过民用犬粮 1 年以上。

③ 保证犬在复杂环境下的生存率：通过添加活性多肽、益生菌群、寡糖等提高犬的免疫力和恢复力，保证在复杂多变、恶劣的环境下犬的生存率。我国幅员辽阔，气候、地理环境复杂多样，军（警）犬战备饲料要求能在各种恶劣的环境，如高压低温和高温低压等条件下，仍能适应现代战争的需要。

④ 包装便利性：通过采用罐头式包装来保证耐摔、耐压而不影响产品品质，

并且适合携带和保鲜。军（警）犬战备饲料的包装在其战场物流活动中具有特殊的地位，要实现军（警）犬战备饲料调拨、运输、分发快速灵活化，就要提高军（警）犬战备饲料包装的便利性。包装要便于储运、分发、开启和食用。

⑤ 试吃试喂验证效果：通过军（警）犬的试吃试喂，逐步完善配方设计和生产。

3）成果形式　通用型军（警）犬战备饲料干粮样品 20 吨、湿粮样品 20 吨；申请 2 项国防发明专利；制定"军（警）犬战备饲料技术标准草案"。

4）技术指标　能满足不同作战地域、不同作战时节需要。

干粮指标（干基计算）：GB/T 31216—2014

主要营养指标	粗蛋白 28%～30%
	粗脂肪 12%～16%
	能量指标≥4 兆焦
	赖氨酸≥1.0%
	不饱和脂肪酸≥2.8%
	游离总氨基酸含量≥2.0%
	含水率≤8%
保质期	贮藏期≥2.5 年
包装	一次性罐头；230 克/罐

湿粮指标（干基计算）：

主要营养指标	粗蛋白 30%～35%
	粗脂肪 10%～15%
	能量指标≥4 兆焦
	赖氨酸≥1.0%
	不饱和脂肪酸≥2.8%
	游离总氨基酸含量≥2.0%
	含水率 74%～82%
保质期	贮藏期≥2.5 年
包装	一次性罐头；230 克/罐

5）应用前景分析　本项目属全军军（警）犬作战保障研究课题，解决目前军（警）犬参加作战训练时食用民用犬粮不耐贮藏、营养指标要求低等问题，实现军（警）犬-军（警）犬战备饲料-作战环境的有机结合，对提高我军军（警）犬作战给养保障能力具有重大意义。此项目在我军军（警）犬保障领

域仍是一项空白，推广前景广阔。

（4）初步方案

1）**总体方案** 通过采用高新技术、优化加工生产工艺、改善犬粮包装技术、提高储存有效期等措施，使军（警）犬战备饲料具有较好的功能性、安全性、卫生性、营养性、连食性等战术技术性能，以提高军（警）犬的作战能力和生存能力。实现军（警）犬-军（警）犬战备饲料-作战环境的有机结合。在发挥军（警）犬战备饲料功效的过程中，既要最大限度地减少、杜绝可能发生的副作用，又要满足我国的国民经济发展水平、消费水平和军费开支规模要求，做到价廉物美，效费比高。

2）**主要技术分析** 此项目研究的主要难点：①保质期与适口性的矛盾。军（警）犬战备饲料要求必须有足够长的保质期，但适口性要求饲料应当新鲜可口，必须下功夫研究找到这两方面的最佳结合点。②高营养与保健康的矛盾。目前国内外一些高能量饲料容易导致犬大便不成形、发臭，肠道菌群被破坏，给肠道和肾脏造成负担。必须反复试验解决此问题。③携行方便与低成本的矛盾。军（警）犬野外作战要求饲料的包装必须具有耐压、耐腐蚀、小型化等特点，这势必造成包装材料比较昂贵。必须研制出一种环保、耐用、经济的饲料包装材料。

① 军（警）犬战备饲料技术路线图：

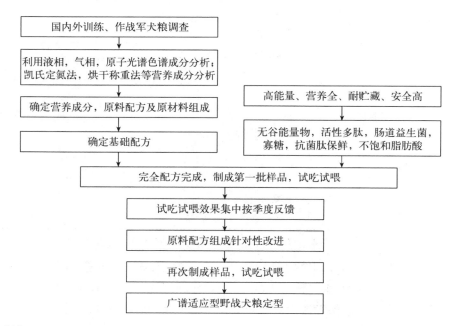

② 本饲料特点及创新点：在研究国内外作战训练犬粮的基础上，结合我国作战需求和犬只特点，针对重大共性关键技术，拟进行以下创新。

基于基因测序的精准营养配方。根据军（警）犬肠道微生物基因测序数据，采用国际前沿的精准营养组方技术，确保军（警）犬肠道微生态平衡，有效提升军（警）犬在作战环境下的免疫力。

天然抗菌肽技术提高贮藏期限。应用具有自主知识产权的抗菌肽技术，无需加入化学防腐剂，并控制脂肪含量在 $10\%\sim16\%$，控制水分含量至 8%，将贮藏期限提高到 2.5 年。

通过小分子活性肽技术提高军（警）犬对复杂战场环境的适应性。在战场高压、高噪声、复杂多变地形情况下，通过加入具有自主知识产权的小分子活性多肽，抑制肠道有害菌的繁殖，提高军（警）犬在复杂战场条件下的适应性。

131. 如何利用克隆技术培育我军新型犬种？

(1) 立项依据

1) 利用克隆技术培育新型军（警）犬是建设世界一流军（警）犬部队的发展趋势　军（警）犬具有灵敏的嗅觉、发达的听觉、凶猛的扑咬能力、敏捷的驰骋力和良好的服从性，是世界各主要军事大国军事力量的重要组成部分，在第一次和第二次世界大战中发挥了重要作用。进入 21 世纪以来，美俄等军事大国仍然大量使用军犬进行边海防巡逻、特种作战、战场搜救等。最近，美军和俄军作为世界一流的军事大国，竞相利用克隆技术培育新型军（警）犬，说明克隆技术在培育新型军（警）犬中起着关键作用，在某种程度上引领着世界军（警）犬技术革命的风向标。

2) 利用克隆技术培育新型军（警）犬是贯彻落实军民融合发展战略的实际步骤　我军自从 20 世纪 50 年代组建第一支军犬队开始，经过近 70 年的建设，军（警）犬力量取得了长足的发展和进步，在应对多种安全威胁、完成多样化军事任务中发挥了重要作用。然而，由于军（警）犬机构编制等级比较低，科研力量比较薄弱，科研经费严重不足，致使军（警）犬科研工作长期在低层次徘徊，影响了军（警）犬力量的健康发展。军（警）犬是典型的可以利用军民融合方式快速发展的技术，如果我军能够与地方公司联合进行军（警）犬克隆工作科研攻关，探索军（警）犬繁育军民融合深度发展的方式方法，就可以利用少的投入，实现培育新型军（警）犬跨越式发展，制造出具有我军特色的军（警）犬杀手铜武器。

3）利用克隆技术培育新型军（警）犬是打破美欧对我技术封锁的客观需要 我军曾分多个批次从国外引进优良种犬，不断改善我军种犬的品质和结构。引进种犬繁育的第一代，其品质与上一代基本无差距，但第二代、第三代逐代下降，说明我们只引进了"装备"，而没有引进"技术"。如果我军不能自主培育新型军（警）犬，则将满足不了军队建设和军事斗争准备的需要。如果我们能够利用国内的克隆技术培育新型军（警）犬，就能打破美欧的技术封锁，实现我军军（警）犬快速批量生产。

（2）拟解决的关键科学问题和主要研究内容

1）本研究技术路线

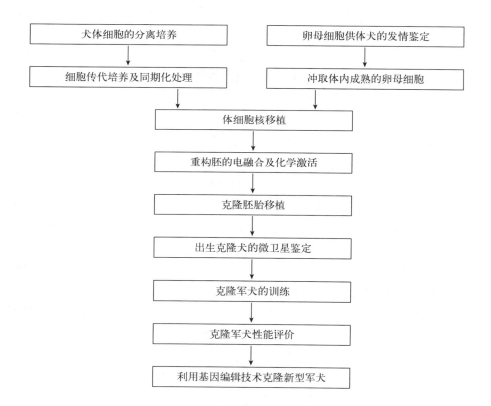

2）拟解决的关键科学问题 以参加 2016 年国际军事比武竞赛的四条军犬作为体细胞供体，利用体细胞克隆技术培育高性能克隆军犬。

对培育的克隆犬，使用与细胞供体的 4 条参赛犬完全相同的训练模式进行系统的训练。

综合评价克隆犬的各项军用性能，并与细胞供体犬进行详细比对，鉴定克隆犬是否具有完全相同的性能。

利用基因编辑技术，剔除细胞供体犬的缺陷基因，添加增强功能基因，再培育出 4 条高于细胞供体犬性能的优秀军犬。

3）主要研究内容　采集 4 只冠军犬的皮肤，分离成纤维细胞作为核供体，以体内成熟的犬卵母细胞为胞质受体进行体细胞核移植，克隆胚胎经过融合、激活后进行胚胎移植，制备体细胞克隆犬，克隆犬出生后，进行微卫星鉴定，与体细胞供体犬进行同一性鉴定。

克隆犬生长至 3 月龄时，开始进行幼训；6 月龄后开始进行亲和训练、基础科目及应用科目训练，所有训练手段均与细胞供体犬相同。

克隆犬经过训练后，进行考核与评估，评价克隆犬与供体犬的工作性能差异。

根据第一阶段克隆军犬验收情况，展开第二阶段利用基因编辑技术克隆犬的研究，培育新型军犬。

（3）研究总体目标

本研究利用体细胞克隆技术，复制具有优秀工作性能的"冠军"犬，克隆犬经过训练，系统比较其与供体犬的各项性能，评价利用该技术批量制备优秀军犬的可行性。

（4）创新性与特色

军犬是我军重要的战略装备，国内尚无其他单位开展优秀军犬的体细胞克隆研究；国际上虽然有克隆军犬及相关研究，但未见相关文献报道；克隆军犬的训练与性能评估目前尚无相关报道，因此本研究具有较高的创新型。通过采用体细胞克隆的方式复制优秀军犬，并对克隆军犬进行训练及评估，将为我国优秀军犬培育奠定基础。

本研究涉及犬胚胎生物技术、军犬繁育及训练等多个学科，将军犬克隆与性能评价相结合，为我国军犬的培育开创新方法。

本项目在充分利用课题组已建立的犬体细胞克隆技术、军犬培育、优秀军犬训练平台的基础上，建立克隆优秀军犬评价体系，填补相关研究领域的空白。

（5）课题设置

课题 1：利用体细胞克隆技术制备优秀军犬

研究目标：利用体细胞克隆技术制备我国特有的优秀军犬，并对克隆犬进行相关分子生物学鉴定，用于后续的军事训练。

研究内容：优秀军犬体细胞分离培养。采集优秀军犬的皮肤组织，利用组织块培养法建立体细胞系，作为核供体用于体细胞克隆。制备体细胞克隆犬。以所选目标犬的体细胞为核供体，以体内成熟的犬卵母细胞为胞质受体进行体细胞克隆，克隆胚胎经过融合、激活后进行胚胎移植，制备克隆犬。克隆犬微卫星鉴定。利用微卫星鉴定的方法，对克隆犬进行同一性判定，鉴定克隆犬与细胞供体犬基因组信息是否一致。

课题2：克隆优秀军犬的训练及性能评价

研究目标：建立并完善克隆优秀军犬训练体系，为后续工作奠定基础；系统评估克隆犬的工作性能，积累相关数据，为采用该方法制备优秀军犬进行技术储备。

研究内容：克隆优秀军犬的训练。克隆犬生长至3月龄时，开始进行幼训；6月龄后开始进行亲和训练、基础科目及应用科目训练，所有训练手段均与细胞供体犬相同。克隆军犬性能评价。克隆犬经过训练后，进行考核与评估，评价克隆犬与供体犬的工作性能差异。

132. 如何研制隐形气味和护理装备？

（1）研制背景

军犬体味非常大，在野外作战中，容易被敌方军犬通过气味发现，暴露我军犬作战单位所处位置、活动区域。军犬在执行多样化军事任务中，作业环境复杂多变，军犬极易产生皮毛打结、厌食、肠胃不适等问题，致使其精神萎靡，影响作业功能。在此背景下，本课题组研发了气味隐身、皮毛护理、肠道保护三位一体的犬用装备，以提高军犬部队的反侦察能力，增强军犬适应野外环境能力，提高军犬机体免疫能力，进而提高了军犬持续作战的能力。

（2）主要构成

军犬作战气味隐身和综合护理装备包括气味隐身装备、皮毛护理装备及益生菌剂装备三部分。

1）气味隐身装备　主要成分为天然植物异味捕捉因子、DO-α异味分解因子、天然植物抗菌剂、水。

2）皮毛护理装备　主要成分为天然弹力光泽因子、天然植物抗菌剂、天然植物保湿剂、复合氨基酸、水。

3）益生菌剂装备　主要成分为蜡状芽孢杆菌、地衣芽孢杆菌、枯草芽孢

杆菌、嗜酸乳杆菌、嗜热乳杆菌、保加利亚乳杆菌、葡甘低聚糖、甘露低聚
糖、蛋白酶、脂肪酶、淀粉酶。

（3）主要功能

1）气味隐身装备　除味剂种类繁多，分成物理除臭剂、化学除臭剂、生
物除臭剂三大主类，经历了第一代遮盖吸附类物理除臭剂、第二代化学试剂除
臭剂以及第三代以植物提取物为研究热门的生物除臭剂发展进程。本装备为第
三代最先进的植物提取物，能做到对环境无污染，对人和动物无刺激，且是除
味效果最佳的产品。

适用犬群：全犬种适用。

产品功效：此产品可快速捕捉并分解异味因子，迅速除臭，5 秒起效，天
然安全，保证犬皮毛清爽的同时净化周围环境。

使用方法：直接喷洒在军犬体表，或留有排泄物等异味源的地方。

使用剂量：每只犬或每平方米喷 3～5 次即可。

保质期：24 个月。

净含量：200 毫升。

储藏条件：阴凉、干燥处保存，避免阳光直射和高温环境。

2）皮毛护理装备　采用特殊的植物提取物，通过喷雾的方式洒在毛发的
表面，可以维持 2～3 天清洁度，防止外界微生物、螨虫和蜱虫的侵扰，有效
提高生存能力和工作效率。

适用犬群：全犬种适用。

产品功效：随时随地解决毛发打结问题，内含弹力光泽因子让犬的皮毛光
亮柔软且富有弹性，让表皮恢复到正常湿度。

使用方法：对于毛发有轻微污渍犬，取适量的精华素均匀涂抹在打结处，
以梳子或者刷子梳理皮毛，理顺后即可。

使用剂量：短毛犬，每次按压泵头 1 次；中长毛犬，每次按压泵头 2 次；
长毛犬，每次按压泵头 3～4 次。

保质期：24 个月。

净含量：180 毫升。

储藏条件：阴凉、干燥处保存，避免阳光直射和高温环境。

3）益生菌剂装备　肠道微生物是除基因本质论之外的另一个决定身体健
康的主要因素。病从口入，从肠道的角度对各种入侵的病原微生物进行预防，
并且通过有益菌的添加使得肠道微生物中有害菌数量降低，提升肠道的健康，
促进食欲和提高免疫力。本装备是从军犬分离出来的专用菌种，契合军犬的肠

道特殊要求，护理肠道作用更突出。

益生菌活菌数：肠道益生菌≥6×10⁹ 个菌落形成单位/克。

性状：本品为浅白色粉末，可溶于水，溶解后为无色透明溶液。

适用犬群：体内驱虫犬，注射疫苗犬，运输迁移犬，有腹泻便秘、急慢性肠炎、消化不良、食欲不振等问题的犬类，且犬龄为 1～6 岁的成年犬。

使用方法：可直接食用或者拌于犬粮中食用，也可溶于 37 ℃ 以下温水冲服。

使用剂量：每 5 日为一疗程，每天服用一次。体重 2 千克以下犬每次 0.5 袋，2～10 千克犬每次 1 袋，10 千克以上犬每次 2 袋。

产品功效：缓解肠功能紊乱；促进营养消化吸收；舒缓应激反应；控制腹泻、便秘、排泄物异味。

注意事项：不能与抗生素共同使用。

保质期：18 个月。

净含量：6.6 克/袋，5 袋/盒。

储存条件：阴凉、干燥处保存。

（4）创新特点

本装备主要针对军犬作战需求，解决了"军犬在作战过程中容易通过自身体味暴露目标、皮毛易打结感染各种疾病、肠胃不适等导致的精神疲惫、难以适应持久作战"等问题。

1）主要创新点　① 军犬气味隐身创新：利用第三代气味消除技术，实现了军犬作战单元本身气味等通过气味分解，达到气味隐身、反侦察功能。

② 军犬皮毛护理创新：利用特有毛发清理和护发剂型进行清洁护理，实现了军犬在野外作战过程中保持皮毛整洁、皮肤舒适无疾病，使军犬能够集中精力进行作业。

③ 军犬肠道保护创新：利用犬专用益生菌菌剂护理肠道，增强免疫，促进进食，实现持久作战能力。

2）主要特点

① 创新性强：迄今为止，隐身技术只是在雷达、战斗机、潜艇等无生命战争装备上使用，在人和军犬上没有应用的范例。近来隐身衣也屡有传闻，未见真实。而在军犬作战这一特殊领域，气味隐身技术也未见使用，本装备能使用无毒无害的植物提取物通过氧化还原反应消除异味，防止对方通过气味进行侦察，创新意义非常显著。

② 技术含量高：首次将全世界最先进的第三代气味消除技术应用到军犬

上，并集合了皮毛防治、肠道护理等一体技术，组合成军犬气味隐身和护理装备。

③ 综合效益大：军犬在使用该装备的情况下，作战过程中达到了气味隐身的效果，能够更好地完成任务，能保护好自身和士兵的安全，实现良好的军事效益、经济效益和社会效益。

十三、繁育资讯是军（警）带犬官兵的精神食粮，也是展示育犬官兵风采的重要窗口

133. 犬有"爱情"吗？

时下，养犬的人越来越多。从一定意义上说，犬的身份逐渐由一个可有可无的宠物（或工作犬）变成了许多家庭（或单位）工作生活中不可或缺的成员。了解和掌握犬的习性，是构建人类与犬类和谐发展的必然要求。人类有"男大当婚，女大当嫁"之说，而犬类呢？它们是如何寻找"伴侣"，完成"恋爱、结婚、生子"三部曲的？带着这些疑问，《当代军犬》杂志社记者深入全国多个军（警）犬基地进行了探访，试图揭开犬类"爱情"生活的神秘面纱。

为增强这次探访的科学性和有效性，记者在出发前对犬的起源及与之相关的各种动物的"爱情"生活进行了专门搜集和认真学习，并根据有关专家学者的意见，确定在不同类型养犬基地各选择一个重点问题进行探访，使之具有一定的广泛性和代表性。

（1）犬与狼"爱情"观不同

第一站，我们来到东北某空军军犬基地。该基地三面环山，树木茂密，绿草成茵，小溪潺潺，犬欢鸟鸣，环境十分优雅。在实地观摩了犬群从清晨 5 点钟"起床出操"到晚上 10 点钟"点名就寝"一日完整的"军营生活"之后，与该基地繁育员 C 进行了交流。

记者：昨天看到你们把犬领到山上进行各种科目训练，这是否与东北原始森林多、适宜虎狼等动物生存的传统有关？

C：每种动物都会选择最适合自己生存的地理环境。东北独有的自然环境

就非常适宜虎狼等动物生存。犬的起源据说是由狼演变而来的，所以我们经常
把犬拉到高山森林中训练，让犬回归大自然，使犬的一些原始习性能够得到保
留和发扬。

记者：既然说犬的原始祖先是不同类型的狼，请问犬的"爱情"生活与狼
是否一样？

C：不一样。生物学家曾经研究过狼的生活习性，狼一般是严格执行一夫
一妻制的，而犬就不一样了。人类由捕杀野生狼转变为饲养野生狼，继而将其
驯化为家犬，这是一个巨大的变革，犬继承了狼很多习性，但也改变了不少习
性，其中"婚恋"就有很大的不同。

记者：狼为什么是"一夫一妻"制？犬反而不是？

C：狼群中存在严格的等级制度，处于最高地位的公狼负责维护狼群的安
定、团结，而母狼则主宰狼群的一切事务。所以说，狼是"女权"制社会。在
发情期，只有当首领的公狼和母狼有权利交配，而其余的则不得享有交配的权
利。为了改变这种制度，有的狼通过争斗来夺取"首领"地位；有的狼逃离原
来的狼群到外处寻找自己的伴侣，组成新的家庭；有的狼争夺"首领"地位失
败后，"卧薪尝胆"，以便以后再图"霸业"。所以，多数狼群中一般只有老公
狼、老母狼和幼狼。特别指出的是母狼之间争夺"皇后"地位的斗争非常激
烈，只有最权威的"皇后"才能做母亲，"皇后"总能严密监视其他母狼的
"恋爱生活"，假若某只母狼与公狼发生了恋情，就会受到猛烈攻击。而犬经过
人类驯化后，由野外群居改为与人类居住，它们往往把自己的主人作为"首
领"，由主人指定它们的婚恋，所以不能够自由恋爱，更不可能实行"一夫一
妻"制度。

记者：犬与狼相比，谁对配偶、子女的感情深一些？

C：狼的感情深一些。狼与狼之间是很有感情的，不仅公狼与母狼之间感
情深厚，而且对其所生子女也非常负责。当一只小狼的父母死了，其他的成年
狼也会担当起抚养小狼的责任。而犬的感情就比较复杂，公犬与母犬在交配后
往往会很快"分手"。特别是母犬对仔犬的感情更为复杂，在生下仔犬一段时
间内母犬很爱仔犬，负责照看仔犬的一切，但在断奶（通常3个月左右）之后
就不管了。公犬对其所生的子母犬则更是漠不关心。主要原因还是犬已把人类
（主人）作为自己的"首领"和伙伴，因此犬对主人及其主人伙伴特别忠诚，
从一定意义上讲，犬对人的感情已代替了犬与犬之间的感情。

（2）犬也有"青春期"

第二站，记者来到广东武警部队某警犬基地，采访了繁育员 Y，该同志为

高级畜牧师，从 1976 年开始养犬，被誉为中国犬业界的泰斗，对犬类生活习性研究深透。Y 在问清记者采访来意后说："到了基地，咱们亲眼看看犬，边看边聊"。于是，我们穿上特制的隔离服，到繁育室、幼犬室、训练室，与不同年龄段的犬近距离进行了"亲密接触"。

记者：人们常说犬类很聪明，它们对异性的追求是出于"性本能"还是因为有情感？

Y：犬的大脑比较发达，其智商、情商大体与 5 岁左右的儿童相当，它们有丰富的心理和细腻的感情。幼犬对自己的性别是无意识的，只有到了性成熟阶段，才会对异性产生"好奇"。

记者：人类有青春期之说，犬是否也有？

Y：犬也有"青春期"。公犬的"青春期"是从 6～12 月龄开始，而母犬则是从 5～21 月龄开始。这个时期的公、母犬生长发育已经成熟，第二性征特点明显，特别是公犬已具备爬胯配种能力。

记者：进入"青春期"的犬有什么表现？

Y：犬一旦进入"青春期"，便已经是成年犬了，此时的它们对异性充满了渴望，很想"谈恋爱"。公犬一旦进入"青春期"，如果没有得到主人的允许，会为难以如愿的"恋爱"而焦虑不安，有时会把"性爱"的对象转向一些不可思议的东西，如主人的腿、猫等其他动物。而母犬的初次发情期会在出生后 3 个半月至 13 个月时到来。有的母犬没有和公犬接触的可能，但它却会表现出一副已经怀孕的样子，如收集报纸等东西并开始做一些类似于建窝的事情，它的乳房会膨胀甚至真的流出乳汁来。有的母犬还会拿来玩偶，像对孩子一样对待它。

记者：对进入"青春期"的犬，主人应注意什么？

Y：主人应让其"单独居住"或进行"外出拴绳"，否则，它们可能"私奔""乱交"。对于犬发生的"自慰行为"，主人应正确看待，这和它的性冲动有关，应当让犬将注意力转移到其他的事情上。

（3）犬靠气味"相识"

第三站，记者来到海军某军犬基地，采访了该基地繁育员 Z，并利用 1 周时间近距离观察了犬在热恋中嬉笑求欢的生活。

记者：这几天我们看到有的犬转着圈地追对方，想嗅对方臀部的气味，这是为什么呢？

Z：这是两只异性犬正在相互打招呼。犬之所以会嗅闻对方的臀部，是因为犬的一个叫做肛门腺的部位会分泌带味道的分泌物。肛门腺是肛门两端的分泌物的出口，这些分泌物存储在一个叫做肛门囊的袋状组织中，会在犬排泄大便的时候从肛门腺分泌出来，因为犬与犬之间的分泌物味道各不相同，所以它就成了犬与犬相识的代替物。

记者：就是说两只犬相亲靠气味来决定是否"投缘"？

Z：是的。我们人类如果相亲，"一见钟情"的因素是多方面的，如身材、容貌、气质等。然而对于犬类来说，对方的体型、脸或是动作等都比气味差很多，与对方相识的线索则是各自的气味，所以气味就成为能否"投缘"的根本因素。

记者：我们看到有的犬让对方嗅，有的却不让嗅，这是为什么呢？

Z：虽说犬通过相互间嗅闻味道可以彼此认识，但是犬内心的想法却似乎是只想知道对方的事情，而不想让对方知道自己的事情。犬想嗅对方的臀部，却想保护自己的臀部，这说明两只犬不"投缘"。

（4）母犬比公犬"薄情"

第四站，记者到火箭军某军犬基地，采访了繁育员 L。

记者：如果允许犬自由恋爱，它们是如何约会的？

L：通常由母犬发出求爱信息，吸引公犬来相亲。母犬在发情期（每年春秋各一次）时，身体会分泌"信息素"来吸引公犬。"信息素"主要为尿液及阴道分泌物。科学家们做过试验，公犬们一旦嗅到那充满诱惑的"信息素"的味道，心将会扑通扑通地跳个不停，变得坐立不安，如果遇到自己喜欢的母犬味道，便更会不顾一切地去寻找。

记者：这么说，犬类相亲有可能是一只母犬约多个公犬？

L：是的，母犬吸引众多的公犬是为了供自己选择。母犬不到临近排卵期，是不会接受任何公犬的。发布求爱信息，是为了吸引各种各样的公犬作为候补直至其排卵。科学家经过试验证明，雌性动物通过游戏等活动行为，来确认未来孩子的父亲将是一名"好"父亲，以确保后代的基因是优秀的。有的求偶行为会持续几个小时，很多母犬只允许在发情期一直和它在一起的公犬与之交配。

记者：这几天我们通过实地观察，对犬的"恋爱"生活有了初步了解，但还有些问题搞不清楚，比如母犬选择公犬作为"恋爱"对象到底有哪些标准？

L：在嗅觉高度灵敏的犬之间，特有的气味决定彼此之间是否投缘。母犬最终选择公犬为"恋爱"对象的标准，主要靠气味。体格相似、犬种一样等都不是犬之间能否成为"恋人"的条件。当母犬接近排卵期时，开始接受公犬，然而在众多的求爱者中到底选择谁呢？这是由母犬的喜好决定的。

记者：发情中的母犬与公犬，最终如何确定"恋爱"关系？

L：雌性动物对性交对象的选择性是很强的。在犬的恋爱中，母犬在选择权上占有绝对的优势，它会根据自己的喜好选择公犬，对于不喜欢的公犬，就会毫不犹豫地将其赶走。

记者：这么说公犬就很"可怜"？

L：公犬的"爱"特别强烈，它会为了见到喜欢的母犬而离家出走。当见不到喜欢的母犬时，有一部分公犬会对着主人或主人的东西做出交配动作，以解决自己的需求。有时一只公犬会同时对数只母犬持有兴趣，它会嗅母犬的头、侧腹等部位来求爱。

记者：从现实看，人类为了禁止犬随意的性行为会对其进行管控，所以无论是公犬还是母犬，都很少能自由恋爱。假如人类指定两只犬进行交配，会是什么结果呢？

L：不管人类怎样为其选择对象，都不一定符合母犬的喜好。当将两只异性犬关在一起时，如果母犬喜欢这个公犬并向其求爱，母犬会在对方面前摇动臀部，发出交配的邀请。然而，如果是自己不中意的公犬靠近的话，母犬就会冲着它吼叫，直到把对方赶走为止，所以作为公犬来说，想要赢得十分挑剔的母犬的爱，是件非常艰难的事。

（5）犬很会谈"恋爱"

第五站，记者来到陆军某军犬繁育研究室，采访了繁育员G。G是全军最年轻的高级畜牧师之一，对军犬恋爱行为颇有研究。他带我们仔细观察了犬的求爱过程，边看边讲解。

记者：如何才能看出两只犬正在"谈恋爱"？

G：只要看到两只异性犬正在互相试探性亲近，就可以初步判断它们正在"谈恋爱"。"恋爱"中的犬常常追逐嬉闹，表现为面对面地向前伸开两前肢，臀部抬高并又突然恢复正常姿势，即互相追逐的特征性行为方式。公犬经常中断求爱行为去排尿，但常有意识地朝着母犬撒尿。有时公犬还接近母犬，并将其前肢跨于母犬背部。

记者：公犬与母犬在恋爱中谁更主动些呢？

G：公犬主动些。你看前面这两只犬，正在"谈恋爱"，那只摇动尾巴的是公犬，站立的那只犬是母犬。公犬正在仔细嗅闻母犬的颈部及肩，母犬任公犬嗅闻，说明它正在接受公犬求爱。你再看，母犬躲开公犬奔跑，公犬则在母犬身后紧紧相追。

记者："恋爱"中的犬都能交配吗？

G：不一定。在"恋爱"过程中，公犬不停地嗅闻母犬的头部及躯体，求爱心切的公犬会花费更多的时间去舔母犬的阴部。此时，在动情期的母犬，在公犬的这种刺激下，常静立不动，并将尾偏向一侧。如果母犬已决定接受交配，便会始终保持这种静立姿势等待公犬的爬胯，公犬则用前肢紧紧抱住母犬的臀部，使母犬屈服。也有些公犬用嘴咬住母犬的颈部，有交配经验的公犬往往直接从母犬背后爬胯，并且阴茎的插入位置也很准确；而无交配经验的公犬往往从侧面或从母犬前方爬胯。如果母犬拒绝交配，只允许与公犬追玩、嬉闹，但不允许公犬舔其外阴部，往往表现为后躯蹲伏或迅速地偏离，并对公犬做出恶意的攻击行为。

记者：人类为了确保优秀工作犬的品质，经常用"名犬"作为种犬，那么选择什么时期交配能够确保成功呢？

G：当母犬越来越接近动情期时，交配成功率高些。在与公犬的互相追逐和探试过程中，当公犬作性要求时，母犬保持静立顺从的次数会越来越多，通常母犬允许公犬插入交配的时间和母犬排卵的时间相一致，经产母犬较处女母犬接受公犬交配的时间要更长。偶尔母犬爬胯公犬并发生骨盆冲插动作，这种母犬爬胯公犬的行为多见于无配种经验的公犬与经产母犬的性行为过程中，随着挑逗行为的继续，公犬终将成功地与母犬完成交配过程。

记者：犬每次交配大约多长时间？什么样的交配才算成功？

G：有配种经验的经产母犬在接受交配时，完成插入过程所需的时间不足1分钟。在公犬爬胯时，接受交配的母犬静立不动，并将尾偏向一侧。公犬骨盆作有节律地冲插活动，一旦阴茎插入母犬阴道，冲插节律明显加快。阴茎插入阴道深部后，阴茎尿道球在阴道内迅速膨胀，并被伸缩后的阴道肌肉紧紧地握住成锁配状态，这种锁配行为是犬性爱达到成功的特征。

记者：如果公犬没有锁配成功，是否就失败呢？

G：我们可以观察到，在交配过程中，一旦公犬没有锁配成功，则公犬将多次重复这种插入行为直到完成。在公犬插入没有成功的情况下，母犬常主动地挑逗公犬，舔舐公犬的生殖器官，摩擦公犬的阴部或胸部，并且经常做出性交姿势。如果母犬要求性交的行为被公犬忽视，那么它将进一步引诱公犬，甚至出现颠倒的爬胯行为，母犬用自己的前肢搭放在公犬的背部或臀部，母犬的这种挑逗行为往往能重新激发起公犬的爬胯。公犬在短暂的舔舐母犬外阴后，将阴茎插入阴道。如果母犬没有到完全接受交配的时期，或者公犬没有交配经验，尽管多次发生求爱行为，也不能完成交配过程。

记者：看起来犬的交配方式与一般家畜极不相同，这是为什么呢？

G：主要是因为公犬的生理器官结构极为特殊。一般家畜的阴茎内没有阴茎骨，而公犬的阴茎内有阴茎骨，交配时不需勃起即可插入母犬的阴道内，阴茎受阴道的刺激后，位于阴茎骨前端的龟头球状海绵体立即充血并迅速膨胀，周径比原来增大1倍左右，于是被母犬的阴道卡住、锁紧，以致阴茎无法脱出，往往很难将两犬分开。在实践中，交配时公犬完成插入并锁配后，常常保持爬胯姿势1分钟或数分钟，然后转身滑下背向母犬，并与母犬成尾对尾的特殊姿态，这时看上去，公犬和母犬犹如屁股粘连在一起的连体犬，交配时间10～45分钟。在锁配过程中，两犬常保持静立姿势。此时母犬很少去尝试解脱这种栓结，且很乐意地任凭公犬拖拉，而且母犬也牵拉自己，这样可以施加对阴茎的压力，增强满足感。当公犬射精完毕后，阴茎海绵体缩小，阴茎方可脱出，使它们分开。交配后的公犬性欲暂时消退，但恢复很快。有时一天内公犬可交配5次左右。

（6）犬生育也讲"科学"

最后一站，记者采访了公安部某警犬疾病研究室繁育员X。X是全国最年轻的高级兽医师之一，对犬的生育问题研究成果比较显著。

记者：为了生育健康的"小宝宝"，我们人类有"三代"以内不得通婚的规定，犬类能否避免近亲结婚的弊端？

X：在野生状态下的动物，为了自身的发展，逐步形成类似"不得近亲结婚"的生存法则。犬的祖先是狼，由于狼群实行"一夫一妻制"，从而避免了"近亲结婚"。而犬在成为人类的特殊成员后，则无"近亲"意识。如果人类不控制犬的"婚恋"行为，则有可能造成父与女、母与子、姐与弟之间的通婚，它们所生的"小宝宝"有可能是先天性缺陷，这对于犬类的发展是很不利的。

记者：如何控制犬类"近亲"结婚？

X：欧美发达国家养犬的历史比较长，他们从实践中认识到犬类应当"五代"内不得通婚。为此，成立了各种各样的犬协会，每只犬的"家谱"都有详细的登记，并且实行了计算机管理，信息资源共享，可以避免出现"近亲"结婚的现象。我国养犬的历史相对较短，对犬的管理还是粗放型的，军队、公安、武警、海关等单位基本自成体系，从国外引进的"种犬"使用不够规范有序，犬类信息不够透明，尤其是一些农村和乡镇，养犬登记不够及时，没"户口"现象比较普遍，这就不可避免地造成"近亲"结婚所带来的隐患。要解决这些问题，应借鉴国外先进经验，成立全国性、权威性的犬组织机构，加强养犬知识宣传教育，强制实施全国"犬类身份证制度"，建立公开透明的"犬户口查询计算机系统"等措施。

记者：人类发明了"试管婴儿"，犬类能不能人工授精？

X：世界上有不少国家对犬做过人工授精试验，但目前成功的比较少，这项工作仍处在试验中。我们相信随着科学技术的发展，这项试验会有突破性进展。

记者：从生物学理论角度看，杂交的后代较上代优秀。请问犬有无杂交试验？

X：有关科研机构多次进行过这方面试验。比如把德犬与马犬杂交，后代确实优秀。但也有失败的，如拉布拉多犬与德犬杂交，后代"四不像"。杂交也有可能使犬的血统不纯，性状发生改变。为了"保纯繁殖"，有的也需要搞"近亲交配"，把后代中的畸形犬淘汰，优秀的作为"种犬"留下。

记者：为了避免犬类在发情期私自交配问题，人类能否给犬节育呢？

X：公犬一旦进入青春期，主人就需要开始考虑给它去势的问题。给公犬去势，它的雄性荷尔蒙会消失，因而攻击性、交配欲有可能会减弱，因追求母犬而烦躁的现象也会有所减少。此外，犬的地盘意识似乎也会变弱。给犬去势后，发生的变化是存在个体差异的，通过给犬实施去势，它确实会变得易于管理。

记者：实施避孕能使犬长寿吗？

X：给母犬实施避孕手术，摘除其子宫和卵巢，可以预防子宫积脓症等疾病。目前没有明显数据可以证明犬避孕后能长寿。

（摘自《当代军犬》2010.03）

134. 大型犬寿命短吗？

体型对于哺乳动物的寿命至关重要：大象和鲸鱼这类大型动物的寿命远长于啮齿类的小型动物。但对于犬类，规律却恰好相反。例如，袖珍的吉娃娃能活 15 年，而它们的近亲——体格硕大的大丹犬却通常只能活 8 年。

近期一项研究表明，其原因可能是在快速生长、不断耗能的幼犬体内会生成更多有害的氧自由基。当生物生长时，细胞会分解食物，以产生机体所需的分子燃料，但不速之客——氧自由基随之而来，它们能够快速损害细胞膜，并最终导致癌症或其他疾病。虽然抗氧化剂能够中和这些自由基，然而机体产生的能力越多，所需的抗氧化剂相应也更多。

在不同体型的成年犬的细胞中，能量和自由基数量大致相等。但在幼犬细胞中，这一平衡被打破。成年大型犬和小型犬拥有相当数量的抗氧化剂，但大型幼犬的自由基远多于抗氧化剂。

（摘自《文摘报》2017.05.30）

135. 世界首只基因编辑犬诞生在哪个国家?

日前,有媒体报道称,我国自主培育了首例体细胞克隆犬,也是世界首例基因编辑克隆犬。报道认为,这不仅标志着中国成为全球第二个独立掌握克隆犬技术的国家,也意味着宠物犬的商业克隆技术在我国正走向现实。

2017年5月28日,比格犬"龙龙"在北京西北郊的昌平科技园区出生。"'龙龙'的诞生意味着我国成为继韩国之后,第二个独立掌握犬体细胞克隆技术的国家。"钟友刚说。

"龙龙"不仅是我国首例体细胞克隆犬,还是世界首例基因编辑动脉粥样硬化疾病模型犬"苹果"的体细胞克隆后代。换句话说,"龙龙"是世界首例基因编辑克隆犬。

(摘自《中国经济网》2017.07.08)

136. 犬产仔的世界纪录是多少只?

2017年9月9日晚,在沈阳市大东区,一只"高产"犬妈妈正在进行产后输液,就在几天前,它陆续产下了31只小犬崽。

犬妈妈的主人杨先生介绍,这是一只俄罗斯中亚牧羊犬,年龄3岁,名字叫白虎。

通常情况下,俄罗斯中亚牧羊犬幼崽市场价位5000元起步。

(摘自《腾讯新闻》2017.09.10)

137. 目前世界上7种最著名的克隆哺乳动物是什么?

老鼠:苏联科学家于1987年繁殖了3只克隆小鼠。

羊:1997年,英国科学家伊恩·威尔马特克隆了一只名叫"多莉"的羊。

猫:克隆猫于2001年12月在得克萨斯农业与机械大学诞生。

骡子:2003年美国培育出一只名叫"爱达荷宝石"的克隆骡子。

犬:首只克隆犬于2005年4月24日诞生于韩国首尔大学。

骆驼:2009年4月8日,克隆骆驼"因贾兹"出生。

猴:2018年1月,2只克隆猴在中国科学院神经科学研究所非人灵长类研究平台诞生。

(摘自《参考消息》2018.3.20)

138. 幼犬几周时最惹人爱？

心理学教授、亚利桑那州立大学犬科学合作实验室主任克莱夫·威恩领导的一项新研究表明，犬对人类的吸引力在大约 8 周大时达到顶峰，也就是母犬给它们断奶然后让它们自己照顾自己的那个时间点。

威恩说："大约在七八周时，它们的母犬厌倦了它们，要把它们赶出犬窝，它们将不得不自谋生路。这一时期，正是它们对人类最有吸引力之时。"

（摘自《参考消息》2018.5.17）

139. 被克隆次数最多的动物是什么？

世界上克隆次数最多的犬"奇迹米莉"被科学家克隆了 49 次，旨在找到它创纪录的矮小身材的原因。

它们都是根据一只名为"奇迹米莉"的小型犬吉娃娃克隆而来的。

据称，"奇迹米莉"出生时体重不到 28 g，可蜷缩在一把茶匙里，这让兽医猜测它可能活不下来。

自 2012 年以来，"奇迹米莉"一直保持着"世界上现存最小的犬"的吉尼斯世界纪录。它身高不足 10 cm。体重刚刚超过 454 g——相当于一个大苹果。

它娇小的身躯受到了全世界的喜爱。

（摘自《参考消息》2018.7.10）

附录 1 种犬资格认证标准

种犬资格认证主要从体型外貌、血统系谱、神经类型、生理机能 4 个方面进行认证，每项分数 100 分。种犬资格认证计算公式：

$$G_1 = 0.4W + 0.2X + 0.2S_1 + 0.2S_2$$

式中：G_1——种犬资格认证总分；

$\quad\quad\quad W$——体型外貌；

$\quad\quad\quad X$——血统系谱；

$\quad\quad\quad S_1$——神经类型；

$\quad\quad\quad S_2$——生理机能。

总分 70 分以上认定为种犬。

一、体型外貌

1. 评定项目

体型、毛色、头颈部、躯干部、四肢、步态以及尾。

2. 评定标准

（1）德国牧羊犬

① 各部位匀称，身体结构紧凑、坚实。公母犬性特征明显，生殖器官发育正常。体尺比例恰当，体高与体长之比为（8.3～9）：10，胸深与体高比例为 47：100。公犬体高 60～65 厘米，体长 68～72 厘米，肩高 59～63 厘米，胸围 69～73 厘米，胸深 28～30 厘米，体重 30～40 千克；母犬体高 55～60 厘米，体长 63～67 厘米，肩高 54～68 厘米，胸围 64～68 厘米，胸深 26～28 厘米，体重 22～32 千克。

② 毛直而稠密，有光泽，有绒毛层，头部、腿部侧毛较短，毛色为黑色、黑色带黄褐色斑纹、狼青。

③ 头呈楔形，额段适中，两耳间距适中，额与吻等长。

④ 眼睛大小适中，左右对称，呈杏仁状，为棕褐色。

⑤ 耳大小适中，直立向前，耳基部较厚，其他部位薄厚均匀。

⑥ 鼻梁直，鼻头大小适中，鼻镜为黑色。嘴唇紧缩。

⑦ 牙齿 42 颗，位置正确，排列整齐，上腭必须可以覆盖下腭，呈剪式咬合。

⑧ 颈部长短适宜、有力。

⑨ 背腰平直或微弓，肋骨形状适宜，臀部以 23°微向下斜。

⑩ 爪子呈圆形，脚趾间应该紧密，有半圆状的拱形。四肢强健，肌肉发达，趾部紧密。在前肢桡尺部和后趾跖部与地面垂直时，肩胛骨与肱骨角度为 95°～100°；肱骨与桡尺角度为 135°～145°；髋骨与股骨的角度为 90°～100°；股骨与胫腓骨角度为 130°；胫腓骨与跖骨角度为 120°。

⑪ 体态匀称、协调、轻松。

⑫ 尾呈马刀形，过飞节，大小适中，毛丰满，兴奋时弓状稍向上翘起。

（2）马利努阿犬

① 各部位匀称，身体结构紧凑、坚实。生殖器官发育正常，公母犬性特征明显。体尺比例恰当。公犬体高 61～66 厘米，体长 62～68 厘米，肩高60～65 厘米，胸围 67～73 厘米，胸深 27～29 厘米，体重 24～28 千克；母犬体高 56～61 厘米，体长 56～62 厘米，肩高 55～60 厘米，胸围 64～70 厘米，胸深 25～27 厘米，体重 20～26 千克。

② 毛直而稠密，针毛层密、直而粗糙，绒毛层较少。毛色为浅黄褐色到深褐色，有黑色毛尖，多数犬颈部有一圈灰白色被毛，胸前有白色斑点。

③ 头呈楔形，大小与身体相称，外形轮廓明显，干燥，额顶部平坦，口吻部为黑色。

④ 眼睛呈杏仁形，暗褐色或杏黑色。

⑤ 耳呈三角形，直立，大小适中。

⑥ 鼻梁直，额段适度，鼻镜为黑色。

⑦ 牙齿 42 颗，位置正确，排列整齐，呈剪式或钳式咬合。

⑧ 颈部肌肉紧凑，无松弛皮肤。

⑨ 鬐甲突出，背腰平直，收腹明显、背腰线接近水平。

⑩ 四肢健壮，肌肉发达，前肢直立，跗关节有弹性，脚趾并拢，脚垫厚结实，爪短而健壮，脚圆形（猫爪脚）。

⑪ 行走轻松，步态协调。

⑫ 尾呈剑状或钩状，安静时自然下垂，兴奋时翘尾或稍卷。

（3）拉布拉多犬

① 各部位轮廓明显，结合良好。外形匀称，呈方形。骨骼紧密，肌肉结实、发达。体高与体长接近，外观肌肉结实。公犬体高 56～62 厘米，体重

227

27～34 千克；母犬体高 53～59 厘米，体重 25～32 千克。

② 毛短而紧密，针毛紧密，绒毛层较少。毛色有黄色、黑色或巧克力色，皮肤富有弹性。

③ 头大小适宜，外形轮廓明显，皮下结缔组织少，吻部长短适中。

④ 眼呈杏仁形，暗褐色或深褐色。

⑤ 两耳自然下垂，大小适中。

⑥ 鼻梁平直，鼻镜黑色或深褐色。

⑦ 牙齿 42 颗，呈剪式咬合。

⑧ 四肢强健，肌肉发达，无松弛皮褶。

⑨ 胸宽而深，背腰平直，背腰线接近水平，腰臀部结合紧凑。

⑩ 四肢健壮，前肢笔直，肘部不弯曲，大腿肌肉发达，跗关节强有弹性，脚趾紧密，脚垫厚而结实。

⑪ 步态灵活，伸展有弹性，步幅均等。

⑫ 水獭尾，尾根到尾尖逐渐变细，尾小不过飞节。

（4）罗威纳犬

① 各部位匀称，身体结构紧凑、坚实。生殖器官发育正常，公母犬性特征明显。体尺比例恰当，体高与体长之比为 9：10，胸深与体高之比为 1：2。公犬体高 61～68 厘米，体长 67～75 厘米，肩高 59～66 厘米，胸围 84～90 厘米，胸深 30～34 厘米，体重 45～50 千克；母犬体高 56～63 厘米，体长 62～70 厘米，肩高 54～61 厘米，胸围 78～84 厘米，胸深 28～32 厘米，体重 35～40 千克。

② 毛直而稠密，平滑而富有光泽，颈部与股部有绒毛层，股后部生长。毛呈黑色带褐色斑，界限明显，脸颊部、嘴、腹、四肢及两眼上方均为褐色。

③ 头长度适中，耳间距较宽，额部适中，上下腭强而宽，额部与吻部比例为 3：2，颌面平整。

④ 眼大小适中，呈杏仁形，适度深陷，棕褐色。

⑤ 耳呈三角形，下垂，警惕时耳与颅顶平，耳内缘紧贴头部，耳尖约位于颊中部。

⑥ 鼻梁直，基部宽，鼻镜为黑色，吻粗短，嘴唇为黑色。

⑦ 牙齿 42 颗，位置正确，排列整齐，呈剪式咬合。

⑧ 颈部肌肉发达，微拱，无松弛皮肤。

⑨ 鬐甲高而长，背腰平直，运动或站立时背部与地面呈水平状。胸部深而宽，前胸明显，肋形状适宜，臀部微斜。腹下线微上收。

⑩ 四肢健壮，肌肉发达，趾部紧密，脚垫厚结实，爪短呈黑色。

⑪ 步幅匀称，步态协调，呈小步快跑状，前伸与后推有力，前腿与后腿不内外摆动，后腿足迹接触前腿足迹。跑动时前躯和后躯相互协调而背部保持平稳。

（5）杜宾犬

① 体型中等，近似方形。外貌纤细，干燥。结构紧密、匀称。肌肉发达，关节强健。体尺比例恰当。体高、肩高和体尺比例为 1∶1∶1。公犬体高 66～71 厘米，体重 30～40 千克；母犬体高 61～66 厘米，体重 28～40 千克。

② 毛短、硬、粗而贴身，毛为黑、红、蓝、栗色，斑迹分布符合要求。

③ 头长而干燥，呈钝楔形。

④ 眼呈杏仁形。

⑤ 耳片大而下垂，呈 V 形。

⑥ 腭丰满有力，唇紧贴腭部，鼻镜黑色。

⑦ 牙齿 42 颗，排列整齐，呈剪式咬合。

⑧ 颈长而干燥，四肢强壮，肌肉发达，呈拱形，从头部到躯干部逐步加粗。

⑨ 鬐甲明显高于背线，背腰平直、强健，背短而坚实，腰宽而肌肉发达，胸宽，肋骨扩张良好，收腹明显。

⑩ 四肢健壮，前肢笔直，后趾肌肉发达，膝关节明显，后腿腿距明显宽于前腿腿距，猫形爪，趾紧凑，拱起。

⑪ 步态协调，轻快，迅敏，后肢推动力良好。

⑫ 鞭状尾，自然下垂，长度到飞节。如果人工断尾整齐美观。

（6）昆明犬

① 各部位匀称，身体结构紧凑、坚实。公母犬性特征明显，体尺比例恰当，体长略大于体高。公犬体高 61～70 厘米，体长 66～76 厘米，肩高 60～68 厘米，胸围 70～80 厘米，胸深 30～34 厘米，体重 35～40 千克；母犬体高 58～66 厘米，体长 65～74 厘米，肩高 58～61 厘米，胸围 70～78 厘米，胸深 26～32 厘米，体重 30～35 千克。

② 毛直而稠密，针毛层密、毛直而粗糙，绒毛层较少。毛色有狼青色、草黄色和黑背黄腹。

③ 头部呈楔形，外形轮廓明显，吻部比颈部稍长或等长。

④ 眼呈杏仁形，暗褐色或杏黄色。

⑤ 耳呈三角形，两耳自然直立，大小适中，活动灵活。

⑥ 鼻梁直，基部宽，鼻镜为黑色，吻粗短，嘴唇为黑色。

⑦ 牙齿42颗，位置正确，排列整齐，呈剪式咬合。

⑧ 颈部肌肉发达，无松弛皮肤。

⑨ 鬐甲突出，背腰平直，胸部向后经腹部升高而收腹，腹围较小，背腰线接近水平。

⑩ 四肢健壮，肌肉发达，前肢直立，肘部不弯曲，掌部与垂直线成角度小于20°，大腿部肌肉发达，股骨与胫腓骨成145°，跖骨与胫腓骨成156°。跗关节强、脚趾紧贴、脚垫厚结实，爪深色，趾间毛短，色一致。

⑪ 步态伸展，平滑有节奏。

⑫ 尾呈剑状或钩状，自然下垂。

3. 评分细则

（1）德国牧羊犬

① 总体外貌满分25分。身体不紧凑扣2分，胸深超出标准范围1厘米扣2分，其他体尺任何一项超出标准2厘米扣2分。体高低于肩高扣2分。体高与体长比例不符扣2分。

② 被毛满分5分。卷毛扣3分。

③ 头部满分8分。耳间距过窄或过宽扣3分，额部与吻部不符扣1分，额段不明显扣2分。

④ 眼睛满分2分。眼睛小扣1分，颜色不正扣1分。

⑤ 耳朵满分5分。耳过大或过小扣1分，耳朵残缺或畸形扣3分。

⑥ 口鼻满分7分。鼻梁不直扣3分，吻部过细扣2分，嘴唇不紧扣2分。

⑦ 牙齿满分5分。牙齿咬合不良扣2分，牙齿整齐度差扣1分。

⑧ 颈部满分3分。颈部肌肉不发达扣1分，颈部过短各扣1分。

⑨ 躯干部满分18分。肋骨不均扣4分，背腰过窄扣2分。

⑩ 四肢及关节满分10分。关节角偏差10%以内扣4分，趾松扣1分。

⑪ 步态满分10分。步态不协调扣5分。

⑫ 尾部满分2分。尾过短或过长扣1分，卷尾扣1分。

⑬ 有下列情况之一的，不适合作为种犬使用：性特征不明显；公犬单、双侧隐睾；母犬乳头少于4对；被毛超长；眼不呈杏仁状，不对称；耳半立、不立；鼻镜非黑色；缺1颗犬牙或其他牙齿2颗以上，上超、下超咬合；凹背、凸背；关节角度偏差大于10%；跑步时四肢外展。

（2）马利努阿犬

① 总体外貌满分25分。胸围较小，比例不相称扣2分，胸深超出体高

45%扣2分，肩高比体高低每偏差1厘米扣1分。

②被毛满分5分。耳朵绒毛多扣1分，被毛出现沙白扣2分，脚趾之间出现少量长毛扣1分，皮肤弹性差扣1分，毛色过浅或过深扣1分。

③头部满分8分。颈部皮肤松弛扣4分，外廓不明显扣3分，口吻部不呈黑色扣2分。

④眼睛满分2分。眼睛不呈杏仁形扣1分。

⑤耳朵满分5分。耳过大或过小扣2分。

⑥口鼻满分7分。额段不明显扣2分。

⑦牙齿满分5分。牙齿咬合不良扣2分，牙齿整齐度差扣1分。

⑧颈部满分3分。颈部肌肉不发达扣1分，颈部过短各扣1分。

⑨躯干部满分18分。收腹不明显扣2分，肋骨不均扣2分。

⑩四肢及关节满分10分。趾松扣2分，其他不符合要求的各扣2分。

⑪步态满分10分。步态不协调扣3分。

⑫尾部满分2分。尾钩状过长扣1分，尾长不达飞节扣1分。

⑬有下列情况之一的，不适合作为种犬使用：性特征不明显；公犬单、双侧隐睾；母犬乳头少于4对；被毛超长；浅色眼球；耳半立或不立；鼻镜缺乏色素、红鼻镜、嘴唇粉红色；缺犬齿或2颗以上门齿，上超或下超咬合；凹背、凸背；跑动时四肢外展；严重卷尾、扭尾。

（3）拉布拉多犬

①总体外貌满分20分。外形不匀称扣2分，比例不协调扣2分，骨骼、肌肉不符合标准扣2分，体高超出标准2厘米扣4分。

②被毛满分5分。杂毛色扣2分，皮肤弹性差扣2分。

③头部满分10分。外形轮廓不明显扣2分，颈部与头部结合不明显扣1分，颈部皮肤明显松弛扣2分。

④眼睛满分3分。眼睛过小扣1分。

⑤耳朵满分8分。耳内缘不紧贴头部扣1分，耳尖超出颊中部扣2分。

⑥口鼻满分4分。鼻镜颜色过浅扣1分。

⑦牙齿满分6分。牙齿咬合不良扣2分。

⑧颈部满分5分。肌肉不发达扣1分，颈部过短扣1分，转动不灵活扣1分，皮肤松弛扣2分。

⑨躯干部满分12分。背腰过窄扣3分，腰臀结合不良扣4分。

⑩四肢及关节满分10分。脚趾松散扣5分。

⑪步态满分10分。步态不正扣3分，步幅摇摆不均扣4分。

⑫ 尾部满分2分。尾过短或过长扣1分，尾端无毛扣1分。

⑬ 有下列情况之一的，不适合作为种犬使用：性特征明显缺失；立耳或半立耳；鼻镜颜色与毛色不符；缺犬齿1颗或其他牙齿2颗以上，上超或下超咬合；关节强拘、跛行；严重卷尾、扭尾。

（4）罗威纳犬

① 总体外貌满分20分。体尺任何一项超过标准范围2厘米扣4分，体高与肩高相等扣1分，体高与体长比例不符扣2分，胸深与体高比例不相符扣1分。

② 被毛满分5分。色斑界限不明显扣1分，棕褐色斑记不明显扣2分。

③ 头部满分10分。耳间距过窄扣1分，额部与吻部不符扣2分。

④ 眼睛满分3分。眼不呈杏仁状扣1分。

⑤ 耳朵满分6分。耳内缘不紧贴头部扣1分，耳尖超出颊中部扣2分。

⑥ 口鼻满分10分。吻部过细扣2分。

⑦ 牙齿满分8分。牙齿咬合不良扣2分，牙齿整齐度差扣1分。

⑧ 颈部满分3分。颈部过短或肌肉不发达扣1分，颈部皮肤松弛扣1分。

⑨ 躯干部满分15分。鬐甲不突出扣2分，收腹不明显扣1分，肋骨不均或畸形扣4分，背腰过窄扣2分。

⑩ 四肢及关节满分10分。脚趾松散扣2分。

⑪ 步态满分10分。步态不协调扣2分。

⑫ 有下列情况之一的，不适合作为种犬使用：性特征不明显，公犬单、双侧隐睾；母犬乳头少于4对；体高与体长相等或体高大于体长，体尺任何一项超出标准范围5厘米以上，体高低于肩高；被毛超长；头长度超长；浅色眼球；鼻镜缺乏色素、嘴唇粉红色；缺犬齿或其他牙齿2颗以上，上超或下超咬合；凹背、凸背；跑步时四肢外展。

（5）杜宾犬

① 总体外貌满分20分。体高超出标准范围3～4厘米扣4分，体高和体长比例不相符扣2分，体高与肩高比例不符扣2分。

② 被毛满分5分。被毛过长、过软、过细、不贴身各扣1分，斑记不符合要求扣1分。

③ 头部满分7分。头部整体特征不符合要求扣2分。

④ 眼睛满分3分。眼睛不符合要求扣1分。

⑤ 耳朵满分6分。耳片小扣1分，不下垂扣1分，耳形不呈V形扣1分。（自然生长，没有做过立耳手术）

⑥ 口鼻满分 10 分。腭无力扣 1 分，嘴唇松弛扣 1 分，鼻镜其他颜色扣 1 分。

⑦ 牙齿满分 6 分。牙齿咬合不良扣 1 分，牙齿整齐度差扣 1 分。

⑧ 颈部满分 3 分。颈部肌肉不发达扣 1 分，颈长与头和躯干不协调扣 1 分，从头部到躯干部无明显加粗扣 1 分。

⑨ 躯干部满分 15 分。鬐甲不明显扣 1 分，背腰不强健扣 1 分，胸、肋骨结构不符合要求扣 1 分，收腹不明显扣 1 分。

⑩ 四肢及关节满分 10 分。前后肢不符合要求扣 1 分，腿距不符合要求扣 1 分，爪不符合要求扣 1 分。

⑪ 步态满分 10 分。跑动时身体不协调扣 3 分。

⑫ 尾部满分 5 分。人工断尾整齐美观。

⑬ 有下列情况之一的，不适合作为种犬使用：公犬单、双侧隐睾；母犬乳头少于 4 对。

（6）昆明犬

① 总体外貌满分 25 分。胸围较小，比例不相称扣 2 分，胸深超出体高的一半扣 5 分，肩高、体高每偏差 1 厘米扣 1 分。

② 被毛满分 5 分。狼青色含黄毛明显的扣 1 分，黑背但腹毛黄色不明显的扣 1 分，耳朵绒毛多扣 1 分，背毛出现沙白的扣 1 分，脚趾间出现少量长毛的扣 1 分。除草黄犬外，背毛卷的扣 2 分。

③ 头部满分 8 分。头部楔形不明显扣 2 分，外廓不明显扣 1 分，嘴唇非黑色扣 1 分。

④ 眼睛满分 2 分。不呈杏仁形扣 1 分。

⑤ 耳朵满分 5 分。耳过大或过长扣 2 分。

⑥ 口鼻满分 7 分。吻部过细扣 2 分。

⑦ 牙齿满分 5 分。牙齿咬合不良扣 2 分，牙齿整齐度差扣 1 分。

⑧ 颈部满分 3 分。颈部过短或肌肉不发达扣 1 分，颈部皮肤松弛扣 1 分。

⑨ 躯干部满分 18 分。收腹不明显扣 2 分，肋骨不均或畸形扣 2 分，背腰过窄扣 1 分。

⑩ 四肢及关节满分 10 分。脚趾松散扣 1 分，关节角偏差 5% 扣 1 分。

⑪ 步态满分 10 分。步幅稍有差异扣 1 分，轻微摇摆扣 2 分，步态僵硬扣 2 分。

⑫ 尾部满分 2 分。尾端无毛扣 1 分。

⑬ 有下列情况之一的，不适合作为种犬使用：性特征不明显，公犬单、

双侧隐睾；母犬乳头少于 4 对；体高与体长相等或体高大于体长，体尺任何一项超出标注范围 5 厘米以上，体高低于肩高；明显白毛、银灰色、橘黄色、棕红色、蓝色、中毛、长毛、趾间明显长毛；颈部松弛、眼眶外明显呈黑色形成四眼犬；耳半立或不立；鼻镜缺乏色素、红鼻镜、嘴唇粉红色；缺犬齿或其他牙齿 2 颗以上，上超或下超咬合；凹背、凸背；爪白色；严重卷尾、扭尾。

二、血统系谱

1. 评定项目

血统纪录、遗传信息。

2. 评定标准

血统纪录完整，祖先三代来源清楚，公母犬在祖先四代之内无血缘关系；遗传信息中祖上两代都具有二级以上种犬资格。

3. 评分细则

（1）血统纪录满分 40 分

血统登记不全或祖先三代来源不清扣 20 分；祖先四代之内有血缘关系扣 20 分。人工选择育种方向时，可不予考虑。

（2）遗传信息满分 60 分

父母代及（外）祖父母代均为一级种犬或具有相应资格的不扣分；其中有任何一项为二级种犬资格的扣 5 分；其中有任何一项低于二级或不详的扣 10 分。

三、神经类型

1. 评定项目

兴奋与抑制强度、均衡性、灵活性。

2. 评定标准

犬的兴奋与抑制过程强而均衡，相互转化灵活。

3. 评分细则

兴奋强度项目满分 20 分，抑制强度项目满分 20 分，均衡性项目满分 30 分，相互转换灵活性项目满分 30 分。总分 20 分以下不适合作为种犬使用。

（1）兴奋强度

当犬吃东西的时候，犬的主人以急响器或鞭炮等由远而近地在食盆旁边发出响声，观察犬对这一声音的刺激反应。

① 听到响声就停止吃食，但不离开食盆，仅表现探求反应后又继续吃食，

扣 3～5 分；

② 最初听到响声而离开食盆，然后又走进食盆照常吃食，不再对音响发生反应，扣 5～10 分；

③ 对音响无反应而继续吃食，不扣分；

④ 被声音刺激所抑制而不再吃食的犬，不计分。

（2）抑制强度

当犬进食时，主人用口令或机械刺激让犬停止进食，判定犬的抑制程度。

① 犬被刺激所抑制，不再进食，不扣分；

② 犬受刺激后离开食物，而后又走进食物，继续进食，扣 3～5 分；

③ 犬受刺激后停止进食，但不离开食物，而后继续进食。扣 5～10 分；

④ 犬不受刺激影响，继续进食，不计分。

（3）均衡性

根据兴奋强度和抑制强度来判定犬的神经能力均衡性。

① 兴奋强度和抑制强度分差小于 5 分，为均衡性好，不扣分；

② 兴奋强度和抑制强度分差 6～10 分，为均衡性较好，扣 5～10 分；

③ 兴奋强度和抑制强度分差 11～15 分，为均衡性较差，扣 10～20 分；

④ 兴奋强度和抑制强度分差 16 分以上，不计分。

（4）灵活性

主人发出"非"的口令（抑制性）后，立即又发出"来"的口令（兴奋性），犬完成上述动作后，再下达相反顺序的口令，根据犬的反应速度来检验犬的灵活性。

① 动作反应迅速，不扣分；

② 动作反应迟缓，扣 10～20 分；

③ 不能按口令完成规定动作，不计分。

四、生理机能

1. 评定项目

感觉生理，生殖生理。

2. 评定标准

（1）感觉生理

听力、视力良好，嗅觉灵敏，嗅认方式好。

（2）生殖生理

① 公犬精子品质高，活泼、无畸形，精子活力在 0.6 以上，精液量为 5～

80毫升，每毫升精液中精子数为1.25（0.4～5.4）亿个，pH为6.4（6.1～7.0）；

② 公犬遇到发情期的母犬，能够表现出正常的兴奋性、求偶、勃起、爬胯、交配、射精、交配结束等性行为。

③ 母犬发情周期稳定，卵子发育正常；

④ 母犬易接受交配；

⑤ 犬无生殖系统和其他重要器官疾病（公犬无睾丸炎、阴茎损伤、包皮炎、前列腺疾病、先天性不孕症、雌化综合征等疾病；母犬无阴道炎、卵巢炎、卵巢囊肿、输卵管炎、子宫内膜炎、子宫蓄脓、子宫脱垂等疾病）；损伤（肢骨骨折、中轴骨骨裂等）；严重的神经系统疾病；严重的消化道系统疾病；严重的皮肤病；严重的寄生虫病等。

3. 评分细则

感觉生理30分，生殖生理70分。

（1）感觉生理

① 听觉。犬的主人在距离犬10米的地方隐蔽呼叫犬名，犬积极探究并寻主人，四次以上呼唤仍无反应的，判定为失格。

② 视觉。手持物品在距离犬3米处上下左右晃动，犬能随手的晃动方向移动头部，目光始终注视物品，犬不能做出反应的，判定为失格。

③ 嗅觉。手持物品让犬嗅闻后，抛入2米以外的草坪中，犬能积极寻找并发现物品。犬不能发现物品的，判定为失格。

（2）生殖生理

① 精子畸形，公犬精液量、精子密度、精子活力低于正常值，精液pH偏离正常范围，均为失格。

② 公犬遇到发情期的母犬，性反射不强扣10分，爬胯不确实扣10分，不能自主完成交配扣10分，无性反射或不能完成交配为失格。

③ 母犬发情周期不规律扣10分，发情期不稳定扣10分，卵子发育不正常为失格。

④ 母犬不易接受交配扣10分，阴道狭窄但可以完成交配扣10分，阴道狭窄无法完成交配为失格。

⑤ 犬患有生殖系统和其他重要器官疾病为失格。

附录 2　幼犬考核标准

考核在幼犬满 8 月龄时进行，内容包括幼犬的生长发育、胆量、衔取和服从性四个部分。

一、幼犬生长发育考核标准

幼犬发育正常，奔跑迅速、有力、灵活。

二、胆量考核标准

① 幼犬能在人群中自由穿梭。
② 对陌生人的牵引没有明显恐惧心理。
③ 能迅速适应各种环境并适应声光训练和乘车训练。

三、衔取考核标准

① 对繁育员的物品逗引，幼犬有较强的注意力，并追抢物品。
② 幼犬能连续兴奋地衔回抛至 10 米以外的物品。

四、服从性考核标准

对繁育员下达的口令做出相应的回答性动作，动作迅速准确，兴奋性高。

附录 3　犬的正常生理指数

项　目	正常值
平均寿命	9~15 岁
平均性成熟年龄	6~12 月龄
平均体成熟年龄（适配年龄）	9~15 月龄
成年犬体重	5~60 千克
性周期	126~240 天
妊娠期	58~63 天
哺乳期	50~60 天
最佳配种时间	阴道出血后 9~13 天
直肠体温	幼犬 38~39 ℃ 成犬 37.5~38.5 ℃
脉搏（股动脉）	80~120 次/分（幼犬） 68~80 次/分（成犬）
呼吸	14~32 次/分（幼犬） 10~15 次/分（成犬）
血压	舒张压 4.0~5.3 千帕 收缩压 16.0~18.7 千帕
总血量	占体重的 7%（每千克体重 86.3 毫升） 全身循环占 54% 肝脏储存占 20% 脾脏储存占 16% 皮肤储存占 10%
氧气消耗量	每千克体重 7~10 毫升/分
心脏输出量	14 毫升/分（中型犬）
主要脏器占体重的百分比	肝脏 2.94% 肺脏 0.94% 心脏 0.85% 脑 0.59% 肾脏 0.30% 甲状腺 0.02% 脾脏 0.95% 肾上腺 0.01%

附录 4 犬的营养需要量

营养物质	成　犬	仔　犬
蛋白质（克）	4.4	8.8
脂肪（克）	1.3	2.6
矿物质（毫克）		
钙	200.0	400.0
磷	160.0	320.0
钾	220.0	220.0
钠	330.0	530.0
镁	11.0	22.0
铁	1.30	1.30
铜	0.17	0.17
钴	0.055	0.055
锰	0.110	0.220
锌	0.110	0.220
碘	0.033	0.066
维生素		
维生素 A（国际单位）	99.0	198.0
维生素 D（国际单位）	6.6	20
维生素 E（毫克）	2.0	2.2
维生素 B_{12}（微克）	0.7	0.7
叶酸（微克）	4.4	8.8
硫胺素（微克）	20.0	20.0
核黄素（微克）	44.0	88.0
吡哆醇（微克）	22.0	55.0
泛酸（微克）	51.0	99.0
烟酸（微克）	242.0	397.0
胆碱（微克）	25.0	55.0
维生素 K（微克）	33.0	66.3

附录 5　军（警）犬能量的供应标准

正常情况下，成年犬吸收的能量与消耗的能量是比较平衡的。处于生长发育期和怀孕、哺乳期的犬，有相当一部分能量用于体重的增加或胚胎发育及泌乳。无论大、中、小型品种，其幼犬的平均能量需求量为每千克体重 0.63～0.75 兆焦；成年小型犬为每千克体重 0.33 兆焦。中型犬为每千克体重 0.25 兆焦；大型犬为每千克体重 0.17 兆焦。军（警）犬所需能量供应标准的参考值见附表 5-1。

附表 5-1　军（警）犬所需能量供应标准参考值

类　别	单位体重能量需要（兆焦/千克）	与基础标准比值	示范体重（千克）	所需总能量（兆焦）	严寒季节约增加 15%	炎热季节约减少 15%
中等勤务犬	0.28	1.00	28	7.97	9.16	6.77
受训幼犬	0.5	1.76	25	12.6	14.4	10.7
配种公犬	0.34	1.20	35	12	13.8	10.2
前期孕犬	0.42	1.47	30	12.6	14.4	10.7
后期孕犬	0.57	2.00	34	19.3	22.3	16.4
仔犬	0.75	2.65	3	2.26	2.6	1.92
幼犬	0.63	2.25	15	9.41	11.9	8
哺乳母犬	0.43	1.50	26	11.1	12.8	13
未成年犬	0.38	1.32	24	9.04	10.4	7.68

注：成年犬基础代谢所需能量为每千克体重 0.28 兆焦。

附录6 各类犬每天给食次数

类　别	饲喂次数	说　明
仔犬	3～5	出生 12～15 天后至 40 天，在母犬哺乳的基础上每天补饲 3～5 次；40 天至 3 月龄每天饲喂 3～4 次
幼犬	3～4	每餐食量逐渐增加，饲喂次数可逐渐减少。前 2 个月喂 4 次，后 3 个月喂 3 次
育成犬	2～3	采取幼犬饲料与成犬饲料混合饲喂的方式，并逐步过度至饲喂成犬饲料
成年犬	1～2	消化机能规律化，饱食的犬胃 8 小时后排空，冬季寒区的犬可增加 1 次

附录 7　年龄与牙齿对应状况

年　　龄	牙齿状况
19～28 日龄	乳切齿长出
21～28 日龄	第 3 乳前臼齿长出
21～35 日龄	乳犬齿长出
21～42 日龄	第 4 乳前臼齿长出
28～42 日龄	第 2 乳前臼齿长出
2 月龄	全部乳齿长出
3～4 月龄	第 1、2 永久切齿长出
4～5 月龄	第 1 永久前臼齿长出
4～6 月龄	永久犬齿长出，上下颌第 1 永久后臼齿长出
4～7 月龄	第 2 永久后臼齿长出
5～6 月龄	第 3 永久切齿长出
5～7 月龄	第 2、3、4 永久前臼齿长齐
6～9 月龄	下颌第 3 永久后臼齿长出
9～12 月龄	全部换为永久齿
1 岁	永久齿长齐、洁白、光亮、切齿有尖突，无磨损
1 岁半	下颌第 1 切齿尖端有磨损
2 岁半	下颌第 2 切齿尖端有磨损
3 岁半	上颌第 1 切齿尖端有磨损
4 岁半	上颌第 2 切齿尖端有磨损
5 岁	下颌第 3 切齿尖端开始磨损，第 1、2 切齿为矩形。犬齿开始磨损
6 岁	上颌第 3 切齿有磨损，犬齿钝圆，下颌切齿有磨损
7 岁	下颌第 1 切齿到齿根部，磨面呈椭圆形
8 岁	下颌第 1 切齿的磨面向前方倾斜
10 岁	下颌第 2、上颌第 1 切齿的磨面呈椭圆形
16 岁	切齿脱落
20 岁	犬齿脱落

附录 8　不同品种母犬的平均妊娠周期

序　　号	犬　　种	平均妊娠周期（天）	变异范围（天）
1	拳击犬	63.5	59～68
2	长毛大牧羊犬	62.4	59～66
3	短毛德国小猎犬	62.5	59～67
4	杜伯门犬	62.8	58～68
5	钢毛狐犬	62.6	59～67
6	德国牧羊犬	62.1	58～65
7	大丹犬	62.6	60～65
8	北京犬	61.4	57～65
9	短毛波音达犬	62.3	58～66
10	钢毛波音达犬	62.2	58～66
11	小型贵宾犬	61.6	59～66
12	标准贵宾犬	61.5	58～66
13	玩具贵宾犬	61.8	58～67
14	可卡犬	62.4	59～66

附录9 不同品种犬的窝产仔数

序　　号	犬　　种	平均产仔数（只）	变异范围（只）
1	万能犬	7.6	1～10
2	贝生吉犬	5.5	1～8
3	比格犬	5.6	1～9
4	贝林登犬	5.6	1～11
5	血猩	6.1	2～10
6	波士顿犬	3.6	1～7
7	拳师犬	6.4	1～12
8	杂交牛头犬	5.9	2～10
9	斗牛犬	6.2	1～7
10	凯恩犬	3.6	1～7
11	吉娃娃	3.4	1～6
12	松狮犬	4.6	2～9
13	柯利犬	7.9	2～13
14	长毛腊肠犬	3.1	1～6
15	短毛腊肠犬	4.8	2～9
16	钢毛腊肠犬	4.5	2～10
17	大麦町犬	5.8	1～9
18	丹第丁蒙犬	5.3	1～7
19	杜伯门犬	7.6	1～13
20	挪威麋猩	6	1～13
21	狐猩	7.3	1～7
22	德国牧羊犬	8	2～15
23	灵猩	6.8	1～13
24	布鲁塞尔格林芬犬	4	1～8
25	匈牙利牧羊犬	6.7	1～15
26	爱尔兰犬	6.1	1～15
27	凯利兰犬	4.7	1～9

（续）

序　号	犬　　　种	平均产仔数（只）	变异范围（只）
28	湖畔犬	3.3	1～6
29	曼彻斯特犬	4.7	1～7
30	马士提夫犬	7.7	2～15
31	小型特利犬	3.4	1～5
32	纽芬兰犬	6.3	1～10
33	诺里奇犬	2.8	1～12
34	短毛狐犬	4.1	1～8
35	蝴蝶犬	2.6	1～5
36	北京犬	3.4	1～6
37	波音达犬	6.7	1～12
38	短毛波音达	7.6	1～15
39	钢毛波音达	8.1	1～16
40	博美犬	2	1～5
41	小型贵宾犬	4.3	1～7
42	标准贵宾犬	6.4	1～10
43	玩具贵宾犬	4.8	1～7
44	法国斗牛犬	5.8	1～10
45	拉布拉多犬	7.8	2～14
46	罗威那犬	7.5	1～12
47	萨摩耶犬	6	2～10
48	苏格兰犬	4.9	1～6
49	爱尔兰牧羊犬	7.2	1～15
50	西伯利亚爱斯基摩犬	5.9	3～11
51	威尔斯柯基犬	5.5	3～8
52	惠比特犬	4.4	1～7

参 考 文 献

公安部消防局，2013. 公安消防部队搜救犬训练与管理教程［M］. 北京：长城出版社 .

家庭生活百科编委会，2009. 实用养犬 1 000 问（彩色图解升级版）［M］. 2 版 . 长春：吉林
　科学技术出版社 .

刘庆，张文才，李泰山，2003. 幼犬的饲养管理与培训［M］. 长春：吉林科学技术出版社 .

叶俊华，范泉水，周士兵，2010. 中外名犬品种标准［M］. 沈阳：辽宁科学技术出版社 .

叶俊华，2003. 犬繁育技术大全［M］. 沈阳：辽宁科学技术出版社 .

张春新，2015. 军犬训养技法新论［M］. 北京：解放军出版社 .

总参谋部军务部，2012. 军犬繁育员训练教材［M］. 南京：南京玉河印刷厂 .

后　　记

　　我是一名普通的军犬工作者，军龄近40年，与犬接触的时间快半个世纪了。

　　记得小时候，我们家乡几乎是户户养犬，走亲访友，身后总要带着一条犬。只要有一个陌生人到了村里，从村头到村尾，犬的吠叫声肯定会此起彼伏，叫个不停，犬看家护院的作用非常明显。然而，由于当时人们都在为了"吃饱肚子"而奋斗，犬的繁育和饲养知识严重匮乏，犬交配纯属"顺其自然"，近亲繁殖、不当繁殖比比皆是；犬得了病，缺医少药，纯靠犬"自身抵抗"，因咬斗而亡、得病而死者常有发生。记得我上中学那年，邻村犬得了瘟疫，镇政府要求我们村必须对所有犬进行扑杀深埋，一时间人喊犬叫，乱成一团。我们家的"赛虎"被"打犬队"捉走时，犬凄惨的哀嚎声引得家里人禁不住伤心落泪。过了好长一阵子，村里有个大叔才从县城集市上买了一对"狼犬"进行繁殖，村里的犬又逐渐多了起来。但是，由于近亲繁殖的缘故，有只犬齿歪牙咧，长相怪异，村里有人认为它是"鬼怪附体"，是"瘟疫犬"，要"活埋处死"，一时间又搞得人心惶惶。多亏镇里兽医正在村里巡诊，判断这是"基因窜种"，村里的犬才避免了一场"飞来横祸"。那个时候我就萌生了一个念头，如果有一本能够让普通老百姓看得懂的犬繁育和饲养方面的书就好了，科学繁殖和卫生防疫太重要了。

　　我入伍后，有2/3的时间在军区（战区）机关从事士兵队伍建设和军（警）犬管理、训练工作，特别是担任《当代军犬》杂志主编以来，有大量的时间可以研究军（警）犬的繁育和卫生防疫等技术，这就为编写这方面的书籍、实现儿时的梦想提供了可能。

　　真正筹划思考动笔写这本书的时间是2012年，中间断断续续，历时6年终于收笔。第一步，收集归纳资料。将凡是能收集到的国内外繁育方面的各类书刊、网络信息分门别类，整理了100多万字。第二步，去伪存真求新。请军内外专家学者对这些资料鉴别，剔除有错误缺陷或陈旧过时的资料，把最新的技术、最管用的办法保留下来。第三步，搭建"四梁八柱"。写文章做学问，最忌讳的是重复走前人的"思路"，嚼他人嚼过的"馍"。怎么能够在写法、内容上有所创新，使这本书看起来能够"别致"些呢？着实让我"煞费心机""寝食难安"。搜肠刮肚地罗列了几十种提纲，最长的一稿达3万多字，废弃的文字更是不计其数。经征求有关专家意见，经过多番唇枪舌剑的激烈"争辩"后，书的总体框架结构总算取得了多数专家的认同。第四步，撰写推敲打磨。我虽然是做文字工作的，但以起草首长讲话、工作总结、法规文件等公文为主，对于"码"技术类文字，只能算是个新手。科技类的书，要求文字非常严谨，表述规范、简洁。而畅销类的书，要求语言活泼，接地气、抓人心、有温度。我尝试着把两者结合起来写，尽量用乡村百姓、基层战士听得懂的语言来描写战犬诞生过程中遇到的各类具体技术问题。写作期间，我也遇到了许多矛盾和困难，费尽心思编写的名词解释在专家审读时多次遭到"否决"，绞尽脑汁编排的段落得不到学者的"认同"，可以说是在不断的"批评声"和"挫折感"中，凭着一股子不服输的劲头，才最终完成了这部作品。

我非常赞成法国思想家伏尔泰说过的一段话："人生最美好的是梦想，梦想减轻了我们的苦恼，在希望的愿景里，人们把艰辛和孤寂作为砥砺，把汗水、尴尬无声地吞到肚子里，化作不断前行的动力。"《战犬诞生》这部书能够出版，把孩童时的梦想变成现实，实在太不容易了。现在我脑海里除了挥洒汗水、泪水以及诸多的不易和艰辛外，最大的感受是"感谢"两个字。因为在我人生的每一个重要关口、每一次遇到困难挫折时，总有"贵人相助"，让我在泥泞交加、磕磕绊绊的行程里，能够不断地从摔倒中爬起来，在疲惫里咬牙坚持，一心向往、抵达梦想。

首先感谢的是原北京军区、中部战区机关与我朝夕相处的战友们。这本书动笔构思于军队改革前，我在北京军区司令部军务部工作，这个单位文化底蕴深厚，对各类公文的起草要求非常严，标准非常高，这就为编撰这本书高起点站位、超视野立意、大框架构思奠定了坚实基础。我永远不会忘记李建波、张文生、刘刚、任建庭、刘占清、王瑞清、马社学、姜玮、朱德友、周新涛、高建伟、陶长根、陈德东等部（处）长和参谋们对我工作的厚爱和支持；这本书编撰成稿于军队改革后，我在中部战区政治工作部兵员和文职人员局办公，这是个集合了全军各军兵种优秀军务、干部人才的单位，为编撰这本书提供了全新视角，注入了鲜活力量，补充了多种元素。我永远不会忘记张玉海、徐彤、徐云伟、杨庆利、李杰、周立德、王建新、韩寿山、王克义、拜颖鑫、陈明芳等局（处）长及各位干事对我工作的关照和帮助。

特别感谢全国军（警）犬领域的战友们。中央军委政治工作部兵员和文职人员局赵钧、李斌、夏隽、赵帅、方瑜，陆军政治工作部兵员和文职人员局温兵、倪勇波、李哲，北京军犬繁育训练基地陈长林、宋剑飞、张可、刘超凯、王铁军、康丕勇、刘成功、余春等军犬工作领导和管理者为本书提供了业务指南；公安部南京警犬研究所强京宁、郭守堂，南昌警犬基地叶俊华、关健，沈阳警犬学校刘庆、周士兵，中国农业出版社刘博浩、黄向阳、周锦玉，北部战区某军犬队的张春新等领导和同志们，对本书给予了技术指导；特别是被誉为"犬业泰斗"的中国工程院夏咸柱院士、"犬业少帅"的范泉水少将还专门为本书写了序；全国知名专家和学者许越先、乔玉峰、吴金凤、梅建勋、谢海京、邹兴贵、李赢、李保华、吴军辉、侯宏亮、刘颖、张弛、苏超等在百忙之中对本书多次进行审读，提出具体修改意见，并给予我热情温暖的鼓励。我感到这些专家学者饱含真情实意的意见和建议，不仅仅对我个人，也对全军和武警部队军犬工作者以及全国爱犬人士有着巨大激励精神、鼓舞士气和鞭策工作的作用，所以也选摘部分与读者分享。

还要感谢《当代军犬》杂志社及热爱军（警）犬的战友们。张利跃、王伟、赵天、徐文光、孙大文、李宁、李啸、陈跃、乔畅、王冉、王国红、崔森叶、朱启明等为撰写此书做了大量基础性工作，石庄伟、单玉青、段方忠、李维康、赵薪宇、孙正泽、陈凯强、张尧杰、王录志、吴鹏举、高凯、王宇生、王甲明、夏文哲、高光敏、庞雪雁、樊孟琪、孙颖等为此书进行了校对。

时光荏苒，岁月如梭。转眼间我已接近《军官法》规定的最高服役年限了。回想军旅生涯，基本上是忙忙碌碌，平平淡淡，少有建树。我记得林语堂说过："只要有问题跟着，你就不会懒惰。为解决时时引诱你去想的问题，需要克服种种困难去解决它，就能长进知识。"我穿军装的时间屈指可数，然而列入思考和研究的问题还非常多，比如《中国军（警）犬建设发展大事记》《军务工作的前世今生》等，尽管这些课题题量很大，要面对的困难和问题很多，写作功力也越来越"力不从心"，但是为了使自己变得精神上"富有"和思想上"厚重"，我决不会懒惰，更不会停止用大脑去思考、用键盘去"敲打"。即使将来退休后，我也会竭尽所能用我笨拙的文字继续书写与矛盾和问题作"斗争"的心路历程，让读者在某个太阳初升的早晨或夕阳西下的黄昏，能够分享"艰辛成了歌声、不易演变成诗行"的惬意，此生将无憾。

此外，本书图片均由《当代军犬》杂志社图片库提供。这些图片都是全军和武警部队军犬工作者、社会爱犬人士提供的。由于时间久远，有的作者已无法联系，敬请作者看到本书时，与《当代军犬》杂志社编辑部联系，按我社标准支付稿酬。

2018 年 9 月 20 日　于北京西山八大处

专家审读摘编

中国农业科学院原副院长　　许越先：

　　读完双喜同志编著的《战犬诞生》，我感到很吃惊。当初他请我为这部书审读时，我觉得犬繁育已经有那么多人写了，如果再多一部，未必会有太大意义。一个从事士官队伍建设和军（警）犬技术研究的人去写犬的繁育，能写成什么样子，我当时心里没有数，而且有一点点不以为然。可当我看了这本书之后，感觉非常惊讶，发现他对繁育工作的研究很深透，与众不同。

　　第一，作品的信息量非常大。作者为了写好这本书，用6年多时间，搜集了大量军内外、国内外关于犬繁育的各种信息，尤其是近年来公安、武警、军队、海关等行业和系统组织工作犬繁育知识和技能竞赛的经验做法，积累的资料摞起来足有1米多高，不可谓不下功夫。但这还不是太难，更难能可贵的是对繁育工作的思考和研究，对资料进行筛选和再加工，这也是考验水平的地方，作者在这方面做得不错。

　　第二，作品的纵深感非常强。作者从犬的起源和遗传性写起，几乎把犬繁育涉及的各类知识、各项工作全都写进去了。搞繁育的人都知道，犬是由狼进化而来，军（警）犬的优秀品质主要来源于基因遗传，本书对为什么要重视种犬的选择，怎样组织交配、接生仔犬、注意卫生防疫等，由远及近地娓娓道来。这种写法，符合读者的阅读习惯，也与繁育工作自身的客观规律相吻合。

　　第三，作品的创新点非常多。犬繁育是一个军民两用的题材。关于这个题材的图书以前有人写，今后还会有人写。双喜编著的《战犬诞生》在国内同类书籍中有不少创新和亮点。如利用军民深度融合平台把犬繁育科研搞上去，推广当前世界最新的犬繁育技术成果，解决基层一线对繁育技术最关心的重难点问题，等等。可以说这本书代表了国内目前研究犬繁育的较高水平。我也相信这本书能够经得起时间和实践的检验，成为具有权威性的作品之一。

原农业部畜牧司　乔玉峰:

2018年上半年与樊双喜同志探讨了军(警)犬与社会犬融合发展、生物技术等问题。前段时间我阅读了他新著的《战犬诞生》,因为我长期在畜牧领域工作,所以对这个作品有一种自然的亲近感。

读完这本书,我有三点感受。

第一,这是一部气魄宏大、全景式地呈现军(警)犬繁育技术工程的大气之作。这本军(警)犬繁育书不仅仅从技术的角度,而是把繁育作为国防和军队建设的重要基础工作来看待,从犬的遗传基因谈起,立体展现军(警)犬繁育涉及的各个学科、各个元素、各个环节的全过程工作。这里面既写了部队信息化建设对军(警)犬基因品质、神经类型、作战能力的特殊要求,又介绍了种犬选择、配种时机、孕犬护理等,还有仔犬接生、幼犬培训、卫生防疫、科研创新等内容。可以说,这是一部回顾繁育工作前世今生的历史画卷。

第二,这是一部思考深刻,把繁育工作放在形成军(警)犬战斗力,促进军事斗争准备大背景下进行叙述的厚重之作。作者把繁育工作与军(警)犬形成战斗力的关系,军(警)犬与部队军事斗争准备的关系,繁育人员与军(警)犬的关系都讲清楚了,这个是我原来没有想到的。一般写犬的繁育都是直接进入,这部作品不是这样,而是从更高层次来思考。有一句俗话:"麻雀虽小,五脏齐全"。繁育这项工作虽然在国防和军队建设中占的比重非常之小,但是却涉及人才培养、犬舍建设、生物、工程、医疗等方方面面的工作,所以这部作品的思想容量非常大、信息资料非常多,是一部非常厚重的作品。

第三,这是一部饱含感情、把满足基层繁育人员需求当做全书创作主旨的动人之作。作者长期在军(警)犬领域工作,把"为无言战友呐喊、为基层官兵助力"作为座右铭。所以他在写这本书的时候是带着浓烈的感情写的。书中对基层战士常常感到孤独和无助的矛盾问题逐一进行了解答。比如:如何判断母犬发情,母犬发生空怀、死胎、难产怎么办,如何做剖腹产手术,如何对犬进行消毒、驱虫、卫生防疫等。同时,又将基因定位、转基因技术、犬体细胞克隆、移植技术等一些当前世界犬繁育的最新科技成果介绍给读者。可以说这本书真实体现了军事斗争准备对军(警)犬作业能力的要求,真实反映了基层官兵对军(警)犬繁育知识的渴求,真实展现了世界新科技革命给繁育工作带来的挑战和希望。实事求是地说,如果对军(警)犬事业不是真爱,不可能写出这样与读者心贴心、有温度的作品。

公安部南京警犬研究所　吴金凤：

我认识樊主编已有不少年头，每次在业界活动中相遇，我们总能相谈甚欢。樊主编是个热情而善谈的人，也是个稳重而有趣的人。他的知识面很广、话题很多，既有对国外政局形势的看法，也有对国内改革、发展和未来的期待，既有犬业界的大事，也有编辑界的小情，无不涉猎。

樊主编是个喜欢跟文字打交道的人，且好学而钻研。从战士开始就善于"舞文弄墨"。他做过文书、通信排长、战友报社特约撰稿人、《当代军犬》主编等。即使在部队中职位不断上升，工作不断变化，樊主编依旧怀有一颗文学青年的心，笔耕不止。他先后编著或参编 20 余部军事管理和军（警）犬专业类书籍，在多种媒体发表文章数百篇。

他的《犬与国防》《军（警）犬训法战法》《外军军犬资料集》《军（警）犬搜人与搜物》《军犬基础训练》等专业书籍的出版，为犬业发展做出了一定贡献。

樊主编此次电话邀约，让我给此书审核，说实话我感到十分忐忑。当看完《战犬诞生》一书后，顿觉眼前一亮——原来，专业的书籍也可以拥有如此轻松有趣的风格！

樊主编花了 6 年时间收集、筛选、整理资料，并精心编撰出版了这本书，可谓是奉献给读者的饕餮大餐。该书形式活泼，内容丰富，文字通俗易懂，容易掌握和操作，不失为一本关于犬饲养繁育的兼具知识性和趣味性的好书。

玛氏宠物护理学院院长　梅建勋博士：

首先，这是一本技术性的书籍，引用了大量的历史文献，以军（警）犬培育作为抓手，逐渐展开至选种、犬舍、食物与营养、产前与产后护理、疾病防护、犬的行为和训练。如果作者的意图是要推出一本军（警）犬繁育者的实用性手册，那么本书确实做到了这一点，而且非常出色。许多问题要做到读懂并非易事，例如，遗传学等方面的内容，需要读者具备一定的科学素养。作者一方面用宏大的篇幅向读者展示，繁育需要诸多领域的知识和技能，思维和视角不能局限，以此书为线索可以延伸到更广阔的领域；另一方面，作者也在善意地提醒繁育者，不能仅仅依靠实际操作经验，需要在知识深度上下苦功夫，技能和知识都不能偏颇。

另外，这是一本有情怀的书。作者对于军（警）犬和军（警）犬事业的热爱是真挚的，平日里他利用一切场合大声疾呼我们的军（警）犬繁育和训练需要标准化、实战化，他心中的目标不仅是我国尽快赶上世界一流水平，他的梦想更是引领世界。书中的这些知识和观点都是他平日里一点一滴的积累，很多都是他从国外拿到的第一手资料。表面上很多都是技术性的表达，但如果了解作者本人，就会深深理解他是在用一种含蓄的方式表达他急迫的心情。

军（警）犬和宠物犬在培育目标上具有显著的不同，军（警）犬要求有更高的体能、机敏和服从，繁殖和培育是两个重要的环节，后天的养殖更受到繁育员的影响，营养这一因素往往是既被重视又被忽略。重视是指每个繁育员都认为营养很重要，忽略是指并没有掌握正确的营养性干预方法，而过多地依赖于经验。多年来，我们对于营养仍然是以"补"作为出发点的，除非身体发胖，才意识到要"少吃点"。我们不得不说，这些理解过于粗糙和简单化了。"食补"这一观念在中国人心中往往代表了"正向的""积极的"或者"有益的"，但如果从中医学角度出发，阴阳平衡才是正向的、积极的和有益的，现代营养学在这点上也是与中医学不谋而合的，或者也可以认为这是一个哲学上的共通目标。

很高兴看到本书有专门的篇幅强调了防止食物霉变。对于含有植物类原料的宠物食品，防止霉变关系到军（警）犬的健康与生死。令人遗憾的是，世界上目前还没有一种公认的能够人为消灭霉菌毒素的方法，即使加热也不能，因此，对于霉变更多的是"防"。自制食物由于缺少监控手段，往往风险更大。除霉变之外，肉类中的沙门氏菌也是"杀手"，自制食物过程中，贮存和检测不当也是造成犬类死亡的原因之一。

感谢作者的良苦用心！衷心祝愿本书能够成为军（警）犬繁育者的良师益友，为我国军（警）犬事业的蓬勃发展添加腾飞的翅膀！

哆吉生物董事长　谢海京：

在接到为樊双喜大校的著作《战犬诞生》审读的邀请时，我的内心又激动又忐忑。激动的是在军民融合成为当今社会发展大趋势的大背景下，作为一家关注宠物犬健康的企业，能够为军（警）犬事业贡献绵薄之力。忐忑的是，对于一本专业书籍，我是否能够领悟到作者用数十年时间积淀下来的精华。然而，在通读完这本书之后，我顿时觉得烟消云散，畅快淋漓。

这本书从大处着眼，小处着手。在全国和全军强化国防意识和责任担当的今天，樊双喜大校能够不忘初心，把时间和精力用在了比重虽微小，但直接关乎军队战斗力及国防力量提升的军（警）犬管理工作中。在编纂时，樊双喜大校用了6年多的时间搜集和整理资料，走向基层，真操实干，在一线工作中实际操作并且总结经验。整本书从理论到实操，逻辑清晰，鞭辟入里，即便是没有在军队生活和工作过的人，也能看出些门道。可以想象，这样深入浅出的描述，与樊双喜大校数十年如一日细致入微的观察、坚持不懈的潜心研究和总结是密不可分的。这样的行为无不体现着樊双喜大校作为一名军人，在工作中思考国防、关注国防、聚焦国防，以责无旁贷、舍我其谁的使命感和责任感，切实担当起支持国防、建设国防的重要职责。

与此同时，樊双喜大校通过这本书也唤起了哆吉生物——一家中国企业的使命感。在筹备哆吉生物的过程中，我经常提到一句话，这句话后来也成为哆吉生物的企业使命，哆吉生物要扛起民族品牌的大旗，我们要时刻秉持"以婴儿食品标准打造宠物健康食品""以奢侈品护理标准打造宠物洗护用品""以人用药品标准打造宠物用药"的态度致力于此项事业，真正将哆吉生物打造成宠物界的"华为"，以实业报国，扬我国威！哆吉生物目前已与新西兰梅西大学分子遗传实验室、法国马赛生物化学实验室、中国农业大学动物营养重点实验室等六大实验室达成战略合作，拥有由中共中央组织部"千人计划"、中国科学院"百人计划"、前美国宝洁首席科学家在内的数十位国际领先科学家组成的科研团队，在落实"深入实施军民融合发展战略"的计划中，哆吉生物愿依托军民融合发展平台，助力科技成果转化，将创新成果转化为军队战斗力，在立志成为我国探索军民融合发展企业排头兵的同时，以实际行动助力国防力量建设，积极践行企业责任！

最后，祝《战犬诞生》这一佳作能够帮助到更多人，感染到更多人，感动到更多人！

海军某军犬队队长　邹兴贵：

军（警）犬经过多年的应用发展，已成为我国武装力量的特殊武器装备，现正广泛应用于重要设施的警戒守卫、边海防巡逻、刑事侦查、场地安检、反恐维稳、应急救援等工作中，发挥其他装备不能替代的特殊作用，是一支重要的武装力量。进入新时代，军（警）犬在军事行动和非战争行动中的出色表现得到全社会的广泛赞誉，从事军（警）犬专业人才的突出作用受到各级各界的普遍认同。

　　繁育是军（警）犬工作的基础，只有扎实做好军（警）犬繁育这项系统工程，实战化训练，才能最终达到目的。樊社长编写的《战犬诞生》一书，涉及军（警）犬育种、饲养管理、产犬管理、幼犬训练、犬病防治、繁育科研等有关军（警）犬繁育工作的各个方面。内容丰富，语言朴素，通俗易懂，系统适用，是一部很好的军（警）犬专业用书。

　　军（警）犬作用的发挥，离不开基层带犬官兵。正是有这些甘于吃苦、爱岗敬业的广大官兵，军（警）犬事业才能不断发展壮大。本书的编写出版，为从事军（警）犬的专业人员提供了很好的参考资料，特别是对全军军犬专业士兵来说，是一本很好的课外参考书，必将受到全军广大带犬官兵的喜爱。希望本书的出版，对提升我军军犬业务工作也发挥作用。

空军某军犬队队长　　李赢：

　　靡不有初，鲜克有终。做好一件事情容易，做精一件事情很难；用一年时间去做一件事情容易，用一生去做一件事情很难，做好、做透、做成体系难上加难。

　　樊社长从事军（警）犬工作数十年，建树极多，硕果颇丰，如今又有新作《战犬诞生》，我有幸于付梓前拜读，获益匪浅。常言说"思想决定出路，方向胜过走路"。干我们这一行，对这句话体验颇深，没有好的教科书、操作手册，在实际工作中难免要走弯路。一个人走弯路就够让人沮丧了，如果一个专业的军犬、警犬队伍集体走弯路，那简直就是渎职了。樊社长的这本书首先解决的就是少走弯路的问题。我建议初入行的新手，以及已经有了一定繁育经验的老同志，或者虽然不在军队、警队中但有志于繁育出能够达到军警要求工作犬的朋友，都看看这本书。新人可以将其作为教材；行家里手可以以此为参考，互作印证；其他朋友可以借此一窥军队和警队繁育工作犬的个中诀窍——各取所需，包你会有所收获。

　　樊社长还在这本书里为大家提供了另外一个妙用，就是视野补充。军（警）犬的专业要求使得其繁育要求极高，而对不了解这个行业的人来说，繁育可能就是指配种和养仔犬。但翻开这本书来看，一定会暗自惊叹：这里面竟然有这么多的门道。门道门道，领进门了就懂了怎么走道，不进门怎么走也是绕道，甚至是邪门歪道。

　　我已经把书介绍给您了，进不进门就看您自己了。

火箭军某军犬队队长　　李保华：

军（警）犬是我国武装力量的一种特殊"武器装备"。在重要设施的警戒守卫、边海防巡逻、搜毒搜爆、反恐维稳、救援行动等工作中具有特殊的功能和作用，是我国武装力量的重要战斗力组成。

近年来，军（警）犬出色的作业能力和军（警）犬专业人才突出作用的发挥受到社会各界普遍关注。这对军（警）犬工作提出了更高的标准和要求。

在军（警）犬工作中，繁育是基础、训练是关键、使用是目的、疾病防治是保障。"九层之台，起于累土"，繁育工作便是军（警）犬工作的"地基"，同时也是一项系统工程。这本书涉及军（警）犬育种、饲养管理、产犬管理、幼犬训练、犬病防治、高新繁殖科技等有关军（警）犬繁育工作的方方面面。语言朴素、内容翔实、通俗易懂、系统适用，却又不失恢弘气魄，像一幅画卷徐徐展开，将军（警）犬繁育工作的来龙去脉完全呈现在读者眼前。

军（警）犬是忠诚的卫士、无言的战友、沉默的朋友，军（警）犬工作者是一群有信仰、有大爱、肯钻研、能吃苦的人。本书不仅适用于军（警）犬专业技术人才的培养、教学科研人员的水平提升，对社会各界犬业工作者和爱好者也是非常有价值的参考书。

武警广州警犬基地主任　　吴军辉：

自古以来，犬就有用于军事作战的记载。16世纪西班牙查理五世皇帝在与法军对垒中，曾驱使犬参加作战的历史是犬用于军事的最早记录。同一时代我国明朝军事巨著《武备志》同样有犬用于军事方面的记载和描述。近现代，军犬用于军事的事例则俯拾皆是。随着军（警）犬作战技术的深入研究和创新，军（警）犬在实战条件下的使用能力不断提高，使用领域也在不断拓宽。在这样的背景下，繁育出数量众多、质量优良的军（警）犬显得尤为重要。《战犬诞生》一书正是在此背景下编写出版的。

在实现强军目标、深化国防和军队改革发展的历史进程中，基层繁育人员渴望贡献自己的力量。但繁育知识的匮乏，军（警）犬科技化繁育研究不深也是广泛存在于基层的不争事实。本书将军（警）犬繁育过程中的重点、难点和盲点一一呈现，对军（警）犬繁育工作中存在的问题进行了全面系统的解答。给基层官兵更好地为部队贡献力量铺垫了基石，使全面提升军（警）犬战斗力有了更好的依托。

浏览目录后再阅读正文是我的一个小小的阅读习惯。通过浏览，我发现该书中的每一个标题都充满了新意，让人兴趣盎然。都说"兴趣是最好的老师"，通过标题就已经让人对此书产生极大的兴趣，忍不住有了阅读的欲望。通读全文，果然发现它与众不同。樊双喜同志将一部枯燥乏味、以教学为目的的教科书，变成了一部充满趣味的"故事类"图书。读它就仿佛有一位睿智老者站在你面前对你进行谆谆教诲，更像一位多年的老友与你侃侃而谈。

该书的内容涉及范围之广，解析问题之深，让人为之惊叹。该书从犬的"前世今生"讲起，中间从种犬选留、产房建设、饲料选配、装备选择、配种组织、孕期护理、仔犬培育、卫生和防疫等方面一直讲到犬的"科技繁殖"，在最后更是讲到了犬与犬的"爱情"和犬与人的羁绊。该书一步步地将军（警）犬繁育文化呈现在我们面前。这就使得本书不只是一本在课堂上的教科书，更是一本"繁育人"值得放在案头反复学习、反复品味的繁育工作指南。

北京军区善后工作办公室上校军官　侯宏亮：

老樊是谁？

老樊，名双喜，是《当代军犬》杂志社法人代表，社长兼主编，主任记者，中国畜牧兽医学会犬学分会副理事长，大校军衔。他是我的老战友、老上级、老师长。记得1996年初次见面（他是军区军务部参谋，我是团军务股参谋），出于内心尊重，称呼首长，他不应，曰，我不是领导！称呼老哥，他不依，斥，军人哪能俗气？称呼老师，他摆手，嗔，我可没有"资质"！如何称呼？我是老兵，叫我老樊。

老樊！自此，这一接地气称呼算是确定。

老樊长期工作在军务战线，由于业务关系，整天忙于下部队检查指导，回机关撰写文件，到基层征求意见，找战友研究问题，工作紧张有序，生活简单明洁，说话声音不高，走路速度很快。他和传说中喜欢皱眉、生气瞪眼、表情严肃的"军务"干部相去甚远。

老樊喜欢锻炼，生活朴素简单，健壮的体魄得益于良好的生活习惯。在交通工具发达的今天，除非紧急工作需要，老樊日常出行喜欢"绿色方式"——能骑车不坐车，能徒步不骑行。为此，有人把老樊此举当成"小气"说事。老樊不以为然，身体是革命的本钱，哪能光说不练，再说，锻炼可以让大脑更好的"升级"，思考一些事情，酝酿一篇小文，一举多得，何乐而不为？谈笑间，脚步已走远。望其举手投足，无论疾走还是跑步，迈腿摆臂之间尽显军人做派，是在队列动作基础上的"提速"而已。8 小时之外，一身已经看不出原色的老款运动服是老樊的标配，要说好处，老樊都有自己的解释，可快走，能跑步，可以席地而坐，能够任意屈伸，不影响手脚干事，不影响脑子想事，方便！

老樊是个勤快人。常拿"欲行文，先做人"警示自己。由于工作性质加之个性使然，无论下基层还是做文案，都是一股劲走到底不知疲倦，干事要把何人何处何因何果理清楚，不出成果不收兵；无论搞创作还是去采访，准会三句话不离本行有板有眼，行文要把你说我说他说史说琢磨透，语不惊人誓不休。品读老樊作品，文心文采清雅，文胆文气朴拙，如沐春风，兵味十足。

老樊精力充沛，著作颇丰。作为《当代军犬》的领军者，从文章创作到文稿编审，从理论研究到成果转化，可谓一步一个脚印。多年来，他不仅把杂志编辑这个"主业"抓得红红火火，还把理论研究相关"副业"搞得有声有色。学海无涯，老樊始终在跋涉、在探索，著有爱国拥军科普篇《犬与国防》，爱军强军实战篇《军（警）犬训法战法》，倾力倾情大爱篇《士官婚恋研究》，严管深爱谋略篇《谈精细化管理》，侠肝义胆柔情篇《伤病残士兵工作手册》《怎样当好士官》，更有放眼世界国际篇《外军军犬训练资料集》《外军特战部队军犬配备使用》等专著问世。有幸偶得一部，篇篇爱不释手。

老樊是个热心人。听说老樊近期又有大作《战犬诞生》即将出炉，作为他的"粉丝"，我的心里痒痒，期待先读为快。老樊虽然立场坚定，但经不住我的软磨硬泡，有幸在公开发表之前得以"尝鲜""解馋"。

《战犬诞生》有些与众不同。在"鸡汤文化""行内秘籍""独家披露"流行文学面前，此书没有我说你做好为人师的"高姿态"，没有自问自答枯燥乏味的"老套路"，没有谈天论地故作高深的"酸爽味"。叙事说理充满趣味性，立足讲实话、说白话，情理交融，不说大话。研究问题充满科普性，着眼摆事实，注重讲道理，立竿见影，一针见血。文化传播充满操作性，外行一看能懂，内行一点就通，细致入微，内外兼顾。把脉问诊充满实用性，不仅找症结，还要开方子，良药未必苦口，忠言不再逆耳。研究探索充满前瞻性，自觉讲政治，体现敢担当，立意站位高，落地有作为。没有提着嗓子喊口令的队列动作，没有端着架子上大课的严肃说辞。细细品读，感受良多，犹如和专家盘腿聊天，好像与战友促膝交谈。这不是一般意义的课堂教材，这是一部平战结合的必备宝典。

《战犬诞生》是一部犬学全书。她从军（警）犬的养、育、训、用、管各方面切入，从已知到未知，从当前到未来，立体多维分割，全面进行阐述。她是"犬友们"的枕边丛书，她是引导员的操作手册，她是指挥员的克敌锦囊，她是"发烧友"的难求之鉴。她是我们与无言战友——军（警）犬如何精诚合作的行为指南。

《战犬诞生》是一部命题作业。都是干材实料，没有虚构玄幻，不是为了码字"出书"，而是为了"破题"解难。于是乎，可能会让个别"看热闹"的同志有些"遗憾"，因为她没有按照"常理出牌"——和那些文字不够图片凑的"画书"相比，缺少了一些"视觉冲击力"，但她提高了书籍的阅读品质。

《战犬诞生》是一部醒脑良方。她让训导员摆脱了我是"饲养员"的单一想法，她让训导员告别了我是"养犬人"的为难情绪，她让训导员树立了我是"战斗员"的必胜信心，她让训导员提高了用好"杀手锏"基本素养。

文化在于彼此交流，灵感来自思想碰撞。《战犬诞生》正向我们走来，需要我们接纳她、包容她、爱护她！

我作为《战犬诞生》的前期读者，目前看，我对她的认识还不够全面，但愿她给大家带来阅读快乐的同时，也能得到大家的真知灼见。

好作品，要分享！

图书在版编目（CIP）数据

战犬诞生：犬繁育关键技术问答／樊双喜
编著．—北京：中国农业出版社，2019.1
ISBN 978 - 7 - 109 - 24661 - 4

Ⅰ.①战…　Ⅱ.①樊…　Ⅲ.①军犬-良种繁育-问题
解答②警犬-良种繁育-问题解答　Ⅳ.①S829.22 - 44

中国版本图书馆 CIP 数据核字（2018）第 222040 号

中国农业出版社出版
（北京市朝阳区麦子店街 18 号楼）
（邮政编码 100125）
责任编辑　周锦玉　肖　邦

北京通州皇家印刷厂印刷　新华书店北京发行所发行
2019 年 1 月第 1 版　2019 年 1 月北京第 1 次印刷

开本：700mm×1000mm 1/16　印张：17.75　插页：2
字数：295 千字
定价：70.00 元
（凡本版图书出现印刷、装订错误，请向出版社发行部调换）